国家社科基金项目“我国南方流域水权制度建设及政策优化研究”（编号 19BJY078）最终成果

我国南方流域水权制度建设考察报告

刘世庆 巨 栋 洪昌红 王骏涛 王水平 著

人民出版社

前 言

本书是国家社科基金项目“我国南方流域水权制度建设及政策优化研究”最终成果。课题组力图运用水科学和经济科学的理论和实践，探索针对我国不同区域特别是南方北方不同水情具有政策有效性的战略和举措。2011 年中央一号文件指出，水是生命之源、生产之要、生态之基，随着我国社会经济发展，不仅催生巨大的用水消费需求，同时也造成严重的生态环境问题，全国范围内普遍存在水资源紧缺与浪费并存的现象，原有的水资源制度模式已难以适应多变的发展形势和要求。我国自 1987 年在黄河流域以省、自治区、直辖市为单位实行分水及之后探索水权改革以来，经过 30 多年的试验，取得很大成就。2014 年经过全国试点，全国水权制度框架已基本建立，在水权确权登记和多模式水权交易等领域均有重大突破。但我国水权制度建设带有深厚的北方基因，对南方流域的政策需求反映不足，南方流域水权制度建设和政策安排的有效性迫切要求现行水权制度进一步改革、调整和优化。

2019 年以来，课题组努力克服新冠疫情对研究工作的影响，先后赴北京、武汉、广州、深圳、成都、宜宾、凉山等地区开展水权制度建设专题调研，与国内十数家涉水管理和科研机构进行座谈交流。分别前往中国水利水电科学研究院、水利部长江水利委员会水资源管理局、交通运输部长江航务管理局座谈交流，全面了解南方流域水权制度建设的进展，重点探寻丰水流域水权制度建设的总体特征；前往四川省水利厅、四川省交通厅航务管理局、四川省水利科学研究院等，深度了解四川省水权制度建设的总体情况和主要方向，重点探寻长江上游水权制度建设的主要挑战；前往四川省都江堰管理局及其东风渠管理处、人民渠第一管理处、外江管理处、黑龙滩灌区管理处，以及成都市水务局、凉山州水利局、中国三峡集团流域管理中心向溪管理分中心等管理单位开展典型考察，从生态水权、农户水权、引水工程等角度深度探寻丰水水权制度建设的关键环节；前往水利部珠江水利委员会、广东省水利水电科学研究院、深圳市水务局进一步了解珠江流域水权制度建设的经验和模式，为南方流域水权制度建设探索可循规律和突破方向。

根据调研收获和前期积累，本研究提出南方流域水权制度建设具备较强的时代意义和世界价值，但在水资源稀缺性不突出的丰水地区开展水权制度建设面临明显的理论困境，需确立用水需求和过程管理一个核心，从水权内涵和制度逻辑二层次进行突破，锚定分水有体、兴水有序、治水有效三维度建设目标，理顺四层次制度关系，锁定六方面主要问题并开展政策优化和制度创新，重点推进南方流域水权确权、交易、立法和政策保障，进而在流域、区域、灌区等多个层次开展实践探索，为丰水地区水权制度建设提供中国方案。具体内容如下：

一是提出南方流域水权制度建设具备三大时代意义和两项世界价值。南方流域水权制度建设有利于我国筑实后“三条红线”时代的全国水资源配置策略轴心，完善全球气候变革下的我国流域水环境综合治理框架，推动形成流域人民走向共同富裕的资源制度方案，进而拓展全球丰水地区水资源的配置逻辑，推动构建以水资源为纽带的人类命运共同体。

二是发现南方流域水权制度建设的六方面特征。具体包括：对流域水情认识陷入明显误区，认为南方水资源丰富不缺水；各流域间发展差异显著，对水权制度建设提出多样诉求；水质性缺水问题相对突出，水质水量协同需求显著提升；各省市水权意识大幅提高，但强化水权制度理解成为当务之急；用水总量控制指标按区分配已经完成，但落实初始水权分配成为最大阻碍；信息化管理水平滞后，涉水基础设施条件成为重要制约。

三是提出南方流域水权制度建设的“二三四”体系，即二层基础逻辑、三大关键环节、四项矛盾关系。二层基础逻辑包括拓展传统水权理论内涵，对涉水资源和利益进行广泛的制度安排；降低水权制度的精确性和去理想化，根据水生态空间特征进行区域化的针对性制度建设。三大关键环节是指水权配置无体、水权使用失序、水权管理低效，构成南方流域水权制度建设的三方面基本制约，相应地，分水有体、兴水有序、治水有效也成为南方流域水权制度建设的基本原则和主要目标。四项矛盾关系包括，流域水权和区域水权的空间关系，取水水权和基流水权的时序关系，“三生”水权和产业水权的类别关系，以及生存水权和发展水权的层次关系。

四是提出南方流域水权制度建设的六项政策举措。深化自然、社会系统耦合的流域综合调查，开展水量、水质有机协同的水资源环境评价，推进区域、产业初始水权的两层分配，加快灌区、政区水权制度建设的两类试点，完善计量、工程等涉水基础设施的协同支撑，强化人才、科技等水权制度建设的双重保障。

五是提出南方流域水权制度建设的具体路径。从流域、政区、灌区、行业等层次完善水权确权的体系及方法，从交易论证主要内容、程序、范围、水平年、区域现状，水权出让的合理性和可行性分析，水权受让方取得水权的合理性、可行性和可靠性，水权交易取退水影响分析等方面明确南方流域水权交易的技术要点，从水权交易规则与流程上进一步明确南方流域水权交易的政策保障，从可交易水权定义、交易主体、交易条件、交易期限和价格、政府监管作用等层次明确南方流域水权制度建设的立法思路。

六是开展南方流域水权制度建设的典型案例分析和专题研究。总结广东、江西、江苏、贵州等地的区域水权制度建设经验，梳理东江流域水权制度建设做法，分析深圳市与广东省政府间的收储水权配置案例，同时借鉴德国、俄罗斯等国家以及科罗拉多河、伏尔加河等丰水流域的水资源管理和水权制度建设经验，为南方流域水权制度建设探寻更多经验规律。

综上，当下我国发展进入新时代，水资源“三条红线”管理的制度刚性约束增强，南方流域水资源管理面临重大历史任务，南方流域水权制度建设刻不容缓，本研究将提供可行路径和政策方向。

另外，如无特别说明，本书所用数据主要来源于相应年份的统计年鉴和水资源公报。

目　录

第一篇　总　论

第二篇　分　论

第三篇 国内调查

附　录　国际经验

第一篇　总　论

第一章　绪　论

水权制度是推动水资源市场化配置和高效利用的重要基础，我国已有水权制度体系基于北方干旱地区实践建立，对南方丰水流域问题的关注度和针对性不足。本章充分梳理南方流域水权研究的政策基础和法理依据，总结我国南方流域大江大河水资源管理面临的重点难点问题，提出南方流域水权建设的现实需求，为后文水权分配、确权和交易提供逻辑基础。

一、研究背景

（一）政策基础

2005 年，国务院提出在深化经济体制改革进程中，应当把推进水权制度建设作为重要内容。2006 年，《中华人民共和国国民经济和社会发展第十一个五年规划纲要》提出“建立国家初始水权分配制度和水权转让制度”。2011 年，中央一号文件中，明确提出“建立和完善国家水权制度，充分运用市场机制优化配置水资源”。2012 年，国务院出台《国务院关于实行最严格水资源管理制度的意见》，提出“建立健全水权制度，积极培育水市场，鼓励开展水权交易，运用市场机制合理配置水资源”。2012 年底，党的十八大报告在大力推进生态文明建设的重要战略部署中，明确提出积极开展水权交易试点。2013 年，党的十八届三中全会《决定》中，明确提出“推行水权交易制度”。2014 年 3 月，习近平总书记关于保障水安全的重要讲话中，对推进建立水权制度、培育水权交易市场提出明确要求。

2005 年水利部就已出台《水利部关于水权转让的若干意见》《关于印发水权制度建设框架的通知》两份文件，规范和引导水权转让和相关制度建设。

2014年以来，水利部更是密集部署水权制度建设相关工作。《水利部关于深化水利改革的指导意见》提出“建立健全水权制度”及“开展水权交易试点”。6月19日，陈雷部长主持研讨水权水市场建设有关问题，要求“加快推进水权水市场建设，逐步建立归属清晰、权责明确、监管有效、流转顺畅的国家水权制度体系和水市场格局”。2014年7月1日，水利部印发《关于开展水权试点工作的通知》，将河南、宁夏、江西、湖北、内蒙古、甘肃和广东7省区列为全国水权交易试点。

《建设项目水资源论证导则》第9.1.5条规定，通过水权转让方式获得取水水源的建设项目，应开展水权转让可行性专题研究，重点分析论证水权转让的必要性和可行性、受让方用水需求、出让方水权指标、转让方式和转让影响等内容。随着水权试点工作的不断推进，水权交易案例势必有所增加，迫切需要开展水权交易技术论证，对水权交易过程中涉及诸多交易合理性、可行性、可靠性和对第三方的影响等问题进行充分的论证。然而，我国目前缺乏相应的水权交易技术论证指导体系，难以规范和指导各种类型的水权交易论证报告的编制。开展水权交易论证技术要求研究，有利于确保水权交易的合理性、可行性和科学性，维护水权交易各方的合法权益，推动水权试点工作顺利开展；同时，南方流域研究并制定水权交易论证技术要求，有利于健全水权交易制度，为水行政主管部门对水权交易的监督和管理提供重要的技术支撑。

（二）法理依据

《中华人民共和国水法》；《取水许可与水资源费征收管理条例》；《取水许可管理办法》（水利部令第34号）；《水权交易管理暂行办法》；《建设项目水资源论证导则》（SL 322）等。

二、南方流域水资源现状

（一）南方流域水资源整体情况

南方流域系长江流域、珠江流域、东南诸河区和西南诸河区四大流域片区，覆盖省份包括江苏、安徽、浙江、上海、湖北、湖南、江西、福建、云南、贵州、四川、重庆、广西、广东、海南、香港、澳门、台湾等行政区的部分或全部区域。大部分地区位于季风气候区，气候资源十分丰富，水资源相对丰沛。多年平均降雨量约为 1200 毫米，多年平均水资源量约为 22500 亿立方米，约占全国水资源总量的 80%，其中地表水资源量约为 22300 亿立方米。2020 年，南方 4 区用水总量为 3131.6 亿立方米，约占全国用水总量的 53.9%，其中农业用水 1684.4 亿立方米，占南方用水总量的 53.8%，工业用水占 25.6%，生活用水占 18.2%，生态环境补水占 2.4%。南方各流域片区 2020 年的主要用水指标见表 1–1，西南诸河区的万元 GDP 用水量是全国的 2 倍，整体用水水平较低；工业用水方面，珠江区和东南诸河区的万元工业增加值用水量低于全国，但长江区和西南诸河区分别是全国的 1.6 倍和 1.3 倍，工业用水效率有待进一步提高；农业用水方面，除长江区耕地实际灌溉亩均用水量与全国相近之外，其余片区均高于全国，尤其珠江区用水量近乎全国的 2 倍，农业用水形式过于粗放。整体而言，南方 4 区汇集了我国大部分经济发达和人口密集的省份，是我国经济社会发展的重要区域，但由于长期以来粗放的经济发展方式，导致南方诸多省份付出的资源环境代价较大，在水资源领域尤为突出。

表 1–1 2020 年南方各流域片区主要用水指标

流域片区	人均综合用水量 / 立方米	万元 GDP 用水量 / 立方米	万元工业增加值用水量 / 立方米	耕地实际灌溉亩均用水量 / 立方米	人均生活用水量 /L/d	
					城镇居民	农村居民
长江区	427	53.2	52.9	399	157	108
太湖流域	511	33.6	59.8	469	161	107
珠江区	372	51.1	26.4	679	167	122
东南诸河区	328	33.0	21.0	459	139	130
西南诸河区	478	114.1	41.8	429	132	85
全国	412	57.2	32.9	356	134	100

资料来源：《2020 年中国水资源公报》。

虽然南方流域降雨丰沛，多年平均降雨量约为 1200 毫米，水资源量丰富，但存在水资源时空分布与生产力布局不相匹配，水资源的年际、年内变化剧烈，以及大量水资源以洪水形式流入大海而难以利用的问题；同时，南方流域涉及省区的用水效率亟待提高，特别是工业和农业的用水水平尚有很大的提升空间，如表1–2所示，南方不少省份的万元GDP用水量和万元工业增加值用水量高于全国平均，一些发达地区，如上海、江苏，其万元工业增加值用水量近乎全国水平的2倍；大部分南方省份的耕地实际灌溉亩均用水量远高于全国平均，华南三省的用水量是全国水平的2倍；许多省份的农田灌溉水有效利用系数低于全国平均，用水形式仍显粗放。

表1–2　2020年南方各省主要用水指标

行政区	人均综合用水量/立方米	万元GDP用水量/立方米	万元工业增加值用水量/立方米	耕地实际灌溉亩均用水量/立方米	农田灌溉水有效利用系数	人均生活用水量（升/日）	
						城镇居民	农村居民
上海	393	25.2	60.0	489	0.738	160	96
江苏	675	55.7	62.8	423	0.616	159	101
浙江	256	25.4	15.8	329	0.602	132	110
安徽	440	69.4	68.9	236	0.551	141	94
福建	441	41.7	26.1	637	0.557	146	133
江西	540	95.0	56.3	598	0.515	157	98
湖北	477	64.2	54.5	304	0.528	172	108
湖南	459	73.0	46.9	484	0.541	145	121
广东	323	36.6	20.7	730	0.514	168	133
广西	522	117.8	66.5	764	0.509	185	127
海南	440	79.6	28.6	749	0.572	186	131
重庆	219	28.0	24.5	319	0.504	164	94
四川	283	48.7	17.5	359	0.484	154	120
贵州	234	50.5	40.5	307	0.486	119	78
云南	331	63.6	30.3	373	0.492	132	84
全国	412	57.2	32.9	356	0.565	134	100

资料来源：《2020年中国水资源公报》。

尽管2020年南方流域绝大部分省区用水总量指标并未超过国务院办公厅印发的《实行最严格水资源管理制度考核办法》要求（见表1–2），但部分省份用水总量接近控制指标值，随着未来经济社会的进一步发展，用水需求将会继续扩大，或可能出现用水短缺问题。另一方面，一些省区内部分地级行政区的用水总量已超过其用水总量控制指标，如广东省广州市2020年用水总量为59.9亿立方米，超过其控制指标（49.52亿立方米）约10.4亿立方米。从用水结构来看，农业用水仍然是南方流域的主要用水。据表1–3，南方4区2020年用水总量3131.6亿立方米，其中农业用水量1684.4亿立方米，占总用水的53.8%；西南诸河区的农业用水量占比超过80%，农业用水占比最低的长江区也达到50.2%。综上所述，南方流域水资源丰沛，但依然面临用水短缺和用水效率低下的问题，农业用水形式相对粗放，工业用水仍有一定的节水潜力，整体具有较大的节水空间。

表1–3 南方各省区最严格水资源管理用水总量控制指标

行政区	2020年用水总量（亿立方米）	用水总量控制指标（亿立方米）		
		2015年	2020年	2030年
上海	97.5	122.07	129.35	133.52
江苏	572.0	508.00	524.15	527.68
浙江	163.9	229.49	244.40	254.67
安徽	268.3	273.45	270.84	276.75
福建	183.0	215.00	223.00	233.00
江西	244.1	250.00	260.00	264.63
湖北	278.9	315.51	365.91	368.91
湖南	305.1	344.00	359.75	359.77
广东	405.1	457.61	456.04	450.18
广西	261.1	304.00	309.00	314.00
海南	44.0	49.40	50.30	56.00
重庆	70.1	94.06	97.13	105.58
四川	236.9	273.14	321.64	339.43
贵州	90.1	117.35	134.39	143.33
云南	156.0	184.88	214.63	226.82

资料来源：《2020年中国水资源公报》，国务院办公厅《实行最严格水资源管理制度考核办法》。

表 1-4　南方各流域分区 2020 年用水结构

单位：亿立方米

水资源一级区	生活用水量	工业用水量	其中直流火（核）电	农业用水量	人工生态环境补水量	用水总量
长江区	330.2	599.8	386.3	981.8	45.7	1957.6
珠江区	160.3	127.7	51.9	472.3	12.66	772.9
东南诸河区	67.1	67.7	13.5	145.3	15.0	295.1
西南诸河区	12.1	7.0	0	84.9	2.0	106.1
南方 4 区	569.7	802.2	451.7	1684.4	75.3	3131.6

资料来源：《2020 年中国水资源公报》。

（二）南方地区主要流域水资源现状

1. 长江流域

长江全长约 6300 公里，流域面积 180 万平方公里，约占中国陆地面积的 20%，是中国第一、世界第三大河，其发源于“世界屋脊”青藏高原的唐古拉山脉各拉丹冬峰西南侧，自西向东横跨中国的西南、东部和中部地区，其干流和支流流经青海、西藏、甘肃、陕西、河南、贵州、四川、云南、重庆、湖北、湖南、江西、安徽、江苏、上海、浙江、广东、广西等 19 个省、自治区、直辖市，于崇明岛以东注入东海。宜宾市以上称为金沙江，宜宾市至宜昌市为长江上游，宜昌市至湖口县为长江中游，湖口县至出海口为长江下游。

长江流域自然地理特征主要有三。一是降水量丰富，流域多年平均降水量为 1067 毫米，由于地域辽阔，地形复杂，季风气候十分典型，年降水量和暴雨的时空分布很不均匀，年内降雨主要集中在汛期 4—9 月。二是水资源量丰富，多年平均水资源量为 9959 亿立方米，约占全国的 36%，居国内各大江河之首，每年长江供水量超过 2000 亿立方米，支撑流域经济社会供水安全。三是水能资源富集，水利资源理论蕴藏量达 30.05 万兆瓦，年电量 2.67 万亿千瓦时，约占全国的 40%。

长江流域经济社会发展特征有二。一是人口相对密集，流域人口约 4 亿，占全国 1/3，平均人口密度大于 220 人 / 平方公里，特别是长江三角洲、成都平原和长江中下游平原，地区人口密度达600—900人/平方公里。二是经济规模较大，长江流域经济社会发展依托于长江经济带建设，长江经济带覆盖沿江的上海、江苏、浙江等11个省市，生产总值超过全国平均水平40%，且呈逐年稳定上升趋势，其中第三产业增速相对较快。

2. 珠江流域

珠江流域片包括珠江流域、韩江流域、澜沧江以东国际河流（不含澜沧江），流域面积45.37万平方公里，其中中国境内流域面积44.21万平方公里。西江为珠江的主干流，发源于云南省曲靖市沾益县境内的马雄山，在广东省珠海市的磨刀门注入南海，干流全长2214公里。珠江流域多年平均降水量为1200—2000毫米，流域降水量地区分布呈自东向西递减，受地形变化等因素影响形成众多的降雨高、低值区；降雨量年份分配不均匀，4—9月降雨量约占全年的70%—85%。珠江流域多年平均径流量3381亿立方米(地表水资源量)，多年平均水资源总量5201亿立方米，占全国的18.3%，居全国第二。

珠江流域涉及云南、贵州、广西、广东、湖南和江西6省（自治区）46个地（州）市、215个县及香港、澳门特别行政区。流域上下游经济社会发展严重不均，上游云、贵、黔等省区自然条件较差，经济总量不高，下游珠江三角洲地区毗邻港澳，区位条件优越，是我国最早实行改革开放的地区，全国重要的经济中心之一，各项经济发展指标均位于全国前列。

3. 东南诸河

东南诸河区是指中国东南部除长江和珠江以外的独流入海的中小河流所在的流域，包括钱塘江、浙东诸河、浙南诸河、闽东诸河、闽江、闽南诸河、台澎金马诸河等，涉及浙江、福建、台湾、安徽、江西等5个省级行政区，总面积24.46万平方公里。因东南地区地形以平原和丘陵为主，缺少孕育大江大河的条件，所以该地区的河流多短小急促，闽江和钱塘江为区内最大的两条河流。东南诸河区位于季风气候区，其多年平均降雨量为1662.4毫米（不含台澎金马诸河），降雨地区分布呈由南向北、由东向西递减趋势。片区水资源总量为1995.4亿立方米，水资源地区分布不均，水系中上游地区水多人少，而下游地区人口密集，经济发达，水资源偏少，沿海部分地区水资源短缺。

4. 西南诸河

西南诸河位于我国西南边陲，面积约77万平方公里，涉及云南、西藏、青海、新疆等4省（自治区），自西向东有七大水系：藏西诸河、藏南诸河（含藏南内陆河）、雅鲁藏布江、滇西诸河、怒江、澜沧江、元江。西南诸河区多年平均降雨量约为1090毫米，水资源总量为5312亿立方米，水能资源理论蕴藏量约2.95亿千瓦。西南诸河流域总面积85.14万平方公里，流域内多高山、高原、峡谷，地势陡峻，因此人稀、耕地少、人口不足2000万人，耕地2689万亩，水资源总量高达5853.3亿立方米，人均水资源占有量约为3.2万立方米，亩均水量2.2万立方米，分别为全国人均、亩均水量的15倍和12倍。绝大部分水资源未得到利用。每年出境水量接近5800亿立方米。

三、南方流域水资源管理配置面临的关键问题

（一）水资源时空分布不均

受南方流域地形复杂多样、地势起伏不定等因素的影响，降雨高低值区众多，且高值区多年平均降雨量和多年平均径流深多是低值区的数倍。此外，一些沿海地区城市降雨径流较少，且过境水量难以利用，致使其受缺水威胁。同时，南方流域的自然降雨在时间上高度集中于汛期4—9月，主要以洪水形式出现并迅速流向大海，成为不可支配的水资源。水资源时空分布极不均匀。流域中下游经济发达地区用水需求量激增，但蓄水能力不足，水资源短缺问题突出；上游地区调蓄能力相对较强，但需水量相对较小，水资源未充分利用；一些地区资源性缺水严重；西江水量丰富，但利用率较低。南方地区水资源时空分布与生产力布局不相匹配，造成水资源供需矛盾日益突出。

（二）城市供需水矛盾突出

以水权试点省区之一的广东省为例，2020年广东省人均水资源量仅为1296立方米（低于全国人均2200立方米的水平，为世界人均水资源量的1/4），广东省的人均水资源量只处于全国中等水平。水资源量相对丰富而人口密度较低的清远、韶关和河源市多年人均水资源量可达6000立方米，而水资

源量相对较少但城市化率高、人口密集的珠江三角洲地区城市的人均水资源量则十分低，现为全国节水型城市的深圳市（127 立方米）、东莞市（219 立方米）为广东省人均水资源量最少的两个市。另以湖北省为例，2020 年湖北省人均水资源量最高的城市为恩施州，达 9297 立方米，而经济最为发达的武汉市人均水资源量仅为 791 立方米，仅为恩施州的 9%左右。按照国际标准，人均水资源量低于 1000 立方米为重度缺水，而低于 500 立方米已为极度缺水。

（三）水质性缺水危机严峻

南方地区水热条件好，降雨多，水网发达，一些生产活动，如种植、畜禽养殖、水产养殖等，极易引发面源污染；此外，我国南方依然有许多农村生活垃圾采用焚烧或简单填埋的方式，生活污染未经处理随意排放现象严重，再加上水土流失问题严重，污染易扩散，污染形势较为严峻。据 2020 年中国生态环境状况公报显示，南方 4 个流域片区中，长江流域、珠江流域和东南诸河区的水质较为良好，均无劣 V 类水质断面，西南诸河区 63 个河流断面中，劣 V 类断面占比 3.2%。太湖轻度污染，主要污染指标为总磷，全湖和各湖区均为轻度富营养状态；巢湖水质状况亦为轻度污染，主要污染指标为总磷，全湖、东半湖和西半湖均为轻度富营养状况，环湖河流亦为轻度污染状态。

（四）水资源利用效率较低

2020 年，南方 4 区除西南诸河区以外，其余三个流域片区城乡人均生活用水量均高于全国，特别是珠江区，其城乡人均生活用水分别为 167L/d 和 122L/d，比全国高 33L/d 和 22L/d，由此可见，我国南方流域城乡用水均存在较大的节水潜力。此外，长江区万元工业增加值用水量 52.9 立方米，远高于全国用水量，该片区内一些发达省市，如上海、江苏，其万元工业增加值用水量（60.0 立方米、62.9 立方米）近乎全国的 2 倍，高耗能、高耗水的行业依然存在。南方 4 区的耕地实际灌溉亩均用水量均高于全国，南方诸多省市的农田灌溉水有效利用系数较低，主要由于渠灌造成的大量水资源的渗漏，造成水资源的浪费。

近年来南方流域的生态用水已有所增加，但 2020 年南方 4 区人工生态环境补水仅占总用水量的2.4%，随着未来工业发展和城市化进程的加快，生态用水量可能将继续被挤占，生态环境用水得不到保障，导致环境被破坏，对资源的可持续利用和社会经济的可持续发展都有一定的影响。

（五）水资源管理能效不足

南方因水资源相对丰富，一些省份基层水资源管理缺乏足够重视，管理粗放，存在基层水资源管理人员配置不足、知识结构不合理等现象。此外，水资源管理经费保障不足，尚未建立长效投入保障机制。由于南方流域所处的地理位置、气候条件和经济社会发展的模式，导致社会节水意识与经济社会发展要求存在较大差距，主要表现在节水意识薄弱、缺水意识认识不足、节水型社会建设推进较慢、市场激励机制不够完善、节水技术推广力度小、管理体制不完善及节水政策和措施不到位等方面，导致用水效率较低，特别是农业用水形式相对粗放，许多省份农业用水水平不高。

四、南方流域水权制度建设的现实需求

从南方流域水资源的现状及存在的问题可以看出，研究南方地区水权制度建设问题具有十分必要的现实意义。一方面，水权交易不仅是政府提高水资源利用效率、优化配置水资源的重要手段，也是打破区域、企业用水瓶颈的重要措施。另一方面，随着最严格水资源管理制度的实施，水权分配与管理已不仅限于流域或者省级行政区层面，而是进一步细化至县、区级行政单元至用水户，迫切需要相应的水权交易制度来规范与指导水权的转让行为。

（一）行政区域间交易需求

目前，南方地区一些省、市的用水总量已超过或逼近其用水总量控制指标，如深圳市2020年用水总量20.7亿立方米，逼近其控制指标21.13亿立方米，且根据深圳市经济社会发展状况预测其2030年用水量将达到30亿立方米，远超用水总量控制指标。随着经济社会不断发展，各城市对水资源需求的快速增长与最严格水资源管理制度下用水总量控制的矛盾将日益突出。在这种情况

下，用水紧张的城市可通过水权交易，向水量富余的城市购买水权，用于生产和建设，促进当地经济社会的建设与发展。出售水权的城市也通过水权交易获得一定的资金用于节水改造和城市的基础建设与发展。

（二）企业用水户间的交易需求

当某企业扩大生产规模或延长生产时间导致需水量提升，在用水总量指标管控下，一般很难在水行政主管部门处申请到更多的用水指标，特别是在指标总量稀缺的当下。若该企业仅能实现有限的节水量或由于节水导致投入明显增加时，需通过开展水权转让从水资源利用效率较低且较易通过节水形成多余水权的企业处购买用水指标。目前，南方流域发展较快区域内的大量企业面临这类情况，如珠三角地区的恒运热电厂、旺隆热电厂均因发电时长的增加需要向广州市水务局申请新增水量，一直没有得到批准，限制了电厂的供电量及经济效益。

（三）政府预留水权竞争性配置需求

在初始水权分配之初，政府会预留一部分发展预留水量，为满足未来可能出现的重大发展战略调整与重新布局，当某行政区的多家重大企业（项目）同时上马但可配置的水资源量有限时，政府可通过预留水量的竞争性配置发放配额，从一定程度上体现水资源的价值与稀缺性。

（四）农业向非农业水权转换需求

南方流域受生态农业和生态水利影响深远，水利和农田水利设施配置不足，灌溉水有效利用系数较低，在灌区现代化改造的大背景下，南方流域农业节水潜力空间巨大，农业向农业、服务业进行水权交易也具有广阔空间，按节水投资主体可简单分为两类。一是政府投资，通过渠系改造实现节水并将节余指标收储形成区域发展预留水量；二是企业出资，需建设节水工程和引调水工程实现节余水权与节余水量均能够有效配置，从而实现灵活交易和跨区域转让。

第二章　理论内涵与时代意义

我国已有水权制度建设实践主要以北方流域为主，相关水权制度建设理论逻辑也以北方地区贫水流域展开，对南方地区丰水流域的理论研究相对不足，在水资源稀缺性不突出的前提下开展水权制度建设面临一定理论困境和制度盲区，亟须从制度针对性和有效性视角出发梳理南方流域水权制度建设理论逻辑。特别是当下我国发展进入新时代，水资源“三条红线”管理的制度刚性约束增强，经济增长“南北差距”显现，我国经济人口迅速向南方集中，流域水资源“指标”稀缺性突出，南方流域水权制度建设的时代价值凸显。

一、丰水地区水权制度的理论内涵与制度逻辑

（一）两层次基础逻辑

传统水权理论主要是基于缺水地区情况构建，本质是围绕水资源供给小于需求的用水关系展开，南方流域属于丰水地区，区域用水关系与北方流域有较大差别，水权制度建设需重构其理论逻辑，可从南北用水关系差异着手。

北方流域水资源贫乏，区域发展用水需求普遍难以完全满足，水资源稀缺性突出，水资源管理必当以供定需，水权制度建设基于区域最大可用水量展开，水权制度约束与实际资源约束水平基本相当，从而水权分配与水资源配置的情况高度匹配，水权分配使得区域用水关系更加清晰有序；水权实现与水资源使用的过程基本重合，河道外取用水行为全程可控使得已分配水权能够完整实现；水权管理与水资源管理的边界基本吻合，水权管理成为涉水利益配置管理的基本准则，则涵盖水权分配、使用和管理的科学制度方案，能够有效促进北方水资源配置高效、公平和可持续，从而支撑流域经济高质量发展。

南方流域水资源丰富，区域发展用水需求能够基本满足并仍有富余，水资源稀缺性并未得到广泛重视，目前水资源管理重点在于用水行为时序调节，从而缓解区域用水矛盾，常态的水权制度方案难以解决多变的涉水问题，水权制度建设面临基础逻辑困局，具体体现在三个方面。一是水权分配缺乏科学参考，若照搬北方经验基于区域最大可用水量展开则缺乏实际意义，水权交易等节水措施实施必要性不足。二是水权实现缺乏计量保障，南方流域整体用水计量设施不足且水系复杂难以实现用水全程监管，水权分配方案无法落到实处。三是水权管理缺乏可控手段，南方流域水资源利用途径和功能多样，涉及水利、航运、农业、生态、自然资源等多个部门，对水权管控、监督和激励等机制设置和能力建设要求较高。“三条红线”管理下，全国各省区用水总量控制指标划定，南方流域水权分配准则确立，水权稀缺性显现，配合各流域水量分配和跨界断面径流保障，覆盖全国的水权分配方案基本形成，随着当下水流产权确权工作推进，重要水域、岸线等水生态空间范围及其权属划定，南方流域水权分配困境破解逻辑基本形成，目前关键难题在于水权实现和水权管理，核心在于水权实现过程。

南方流域水权实现的关键在于回答两个问题，一是使用怎样的理论逻辑来明确水权制度建设的基本目标，二是建立怎样的制度方案来从保障这一目标实现，这可从南方丰水流域用水矛盾和实际情况出发分析。南方流域水权实现过程与北方有较大区别，由于农业用水确权到户短期内可行性不足，农业节水交易到工业城镇的水权交易模式和精细化水权管理缺乏广泛推广基础，加之复杂的用水利益关系，导致用水总量控制难以对实际用水行为形成较强的规制力量，从而获得较高的水资源配置效率。南方流域水权制度建设的基本逻辑应当是拓展传统水权理论内涵，降低水权制度的精确性和去理想化，以水生态空间特征为基础，对涉水资源和利益进行广泛的制度安排，而非追求严格的资源权属清晰。初步可进行区域水权、流域水权、灌区水权等细化实现，后逐步根据水生态空间特征进行区域化的针对性制度建设。

（二）三维度建设目标

水权配置无体、水权使用失序、水权管理低效，构成南方流域水权制度建设的三方面基本制约，相应地，分水有体、兴水有序、治水有效也成为南方流域水权制度建设的基本原则和主要目标。

分水有体是指建立体系完善的南方流域的水权分配和交易制度，主要包括推进流域水量分配与区域用水总量控制的衔接，开展上下游、干支流、各区域间初始水权分配，河道内用水和河道外用水的分配等，创新推进以跨流域调水为标的的水权交易模式、上下游市场化水权交易模式、跨省区水权交易模式、取水权和排污权二元转换制度等，适时探索以农户节水和渠系防渗节水为标的的水权交易模式，建立体系完善的配水规则。

兴水有序是指建立秩序合理的南方流域水权使用制度，主要是根据南方流域水情区情优化取水许可制度、项目水资源论证审批制度等，明确不同类型水权使用关系、权重及排序，完善“三生”水权使用制度、行业水权使用制度等，适时探索水权确权至农户的登记制度，形成科学有序的用水时序。

治水有效是指建立科学高效的南方流域水权管理和保护制度，主要包括用水户水权使用监管、奖励与补偿，水权分配和交易的监测、资金筹集和清算，水权监管的风险防范、纠纷处理和共建共享制度，进一步强化水量管理和水质管控，形成完整有效的管水策略。

上述关系中，分水有体是基础，完善的水权配置体系能够推进流域水资源高效利用，促进用水户合理取水用水，同时让水权管理有章可循。兴水有序是核心，科学的水权使用秩序直接指导着水权分配和交易，也是水权管理和保护的核心目标，其中生活和生态水权在使用秩序中前置需要水权配置和水权管理来协同实现。治水有效是保障，严格的水权管理和保护制度必须以水权分配和交易为抓手，依托流域治理手段和多部门协同，确保水权使用秩序符合区域发展和流域治理的要求。

因此，制度建设和政策优化方向需要从流域生态系统出发，将以上体系落实在具体的政策中，重点是水权制度与其他制度进行融合，特别是要与排污权制度、生态补偿机制、产业调整机制、公众参与机制、市场培育机制等相关制度及管理落实等相衔接，真正建成有体、有序、有效的南方流域水权制度体系。

（三）四层次制度关系

流域水权和区域水权的空间关系。流域是水资源的空间载体，也是水权制度建设的主要源头；区域是用水户的空间载体，也是水权制度建设的基本单元；将流域水权向行政区域进行逐级分配是水权制度建设的基础工作，是水资源利用与水权制度在空间上的衔接。南方流域水权和区域水权制度的空间关系复杂，主要体现在两个方面。一是流域水权与区域水权空间衔接关系。北方流域以黄淮海水系和松辽水系为主，由黄委会等部委派出机构进行流域综合管理，水权分配的体制逻辑清晰顺畅，同一省份内一般只涉及1—2条大型流域，基层行政区域取水口高度统一，流域水权分配至区域后，区域当年可用水量则按当年流域水量进行同比例增减，有完整的计量设施保障区域水权实现，从而实现流域水权可以统领区域水权。南方流域水系复杂，干支流、上下游层次嵌套，跨界流域广泛存在，往往一条二级支流水量就相当于整条黄河，导致流域水资源与区域用水户间的匹配关系错综复杂，使得流域水权与区域水权之间难以形成清晰的空间衔接，特别是上下游间水权关系更是千丝万缕，同一行政区域在不同流域中面临上游、下游多个身份，水权分配、实现和管理的难度极大。二是流域水权、区域水权、工程水权的空间层次关系。南方流域干支流水利工程密布，航运、电力、灌溉、调节等枢纽设施繁多，长江委等机构仅管理流域干流，各大支流上工程管理单位配置的资源量非常可观，这些单位多为企业或事业性质，出于自身发展需要以及不同隶属关系，成为介于流域和区域间的重要利益方，使得流域水权落实到区域的过程中产生新的空间层次，水权分配问题更加复杂。

取水水权和基流水权的时序关系。取水水权和基流水权本质是河道内外水权分配问题，南方流域河道内外水权关系相对复杂，关键在于河道内用水涉及航运、电力、生态、景观等多个方面，用水需求庞大，导致枯水期用水矛盾十分突出。目前已经开展的各大流域水量分配主要是围绕这一问题展开，对关键断面的下泄流量进行数字化管控，其主要依据为航运、电力、生态等类别用水对河道径流量的需求水平。但目前来看，长江、珠江等典型南方流域经济发展和人口集中都存在加速趋势，河道外用水规模提升已经明显影响到河道内用水，而河道外用水属于常态化取水，直接影响到航运、发电等对水位变幅相对敏感的行业。因此，河道外取水与河道内各个产业用水的时序和层次关系需进行统筹安排，从而实现水资源利用高效、公平和可持续，创新水权制度应为破题之道。

“三生”水权和产业水权的类别关系。目前我国将水资源利用分为农业、工业、生活和生态四类，其中农业、工业用水均为服务于生产过程，生活用水则包含了城镇和乡村区域的公共用水和居民用水，生态用水则主要包括湿地补水和河道冲刷，可见其划分逻辑是根据水资源的“生命之源、生产之要、生态之基”的三大功能展开，并非基于实际的用水过程。目前南方流域各类产业的用水规模、时间和水质要求具有较大差异，涉水纠纷常常发生在不同产业或行业的用水规模和次序间，调节用水矛盾需从产业用水入手，细化“三生”水权至产业甚至行业水权层次，进而对经济社会发展水平和结构进行识别和管控。特别考虑到南方流域相比北方其航运、电力、化工、纺织等产业用水量明显更大，航运、电力对水质要求较低，但生态、景观、生活、农业灌溉则对取水水质有着一定要求，而农业、生活、化工、纺织等用水则对水质有着明显污染，这样的取水排水规模和时序引发的水质水量关系在不同河道表现出不同的矛盾问题，因此通过产业水权分配即控制取水许可审批规模，从而优化调整区域产业结构时，应当妥善协调各类用水关系及多方利益主体，保障流域整体发展利益。

生存水权和发展水权的层次关系。根据南方流域水权制度建设的基础逻辑，其水权分配、实现和管理的关键在于对用水规模和时序的调节，这种规模和时序的调节体现在不同区域或不同用途间，因而有必要按最终用途将可分配水权进一步划为生存和发展两个层次。生存水权包括城乡居民生活用水、农业基本用水和河道生态基流，是保障生命存续和发展的基本权利；发展水权包括工业、建筑业、服务业用水等，是促进区域经济可持续发展的进阶权益。实际中，由于不同区域不同行业可能在同一时间对同一河段水量有较大需求，从而产生水事纠纷，水权分配、实现均需优先保障基本农业生产和居民用水，当面临农业灌溉扩容和人口增长等情况时，则需进一步权衡当时生存和发展水权的层次关系，结合农业和人口政策进行水权协调配置和科学管理。

二、丰水地区水权制度概念拓展与内涵阐释

正确掌握和明晰界定符合不同条件下的水权概念，是研究水权制度的前提和基础。目前，关于水权的概念存在多种争议，尚未形成统一的定论，但可以根据自身的国情和水情特点，选择和界定符合一定条件下的水权概念和基础理论，为南方流域水权制度的研究提供理论支撑。

（一）水权的定义

1. 广义的水权定义

广义的水权是以所有权为基础的一组“权利束”，即“多权论”中提到的各种涉水权利。由于水资源的自然和社会属性及其对国计民生的重要性，世界上绝大多数国家水权实行公有制。我国《宪法》《水法》均规定水资源属于国家所有。水资源的国家所有表明其管理与保护的主体是国家，政府拥有水资源最后的决定权。这有利于水资源的集中管理和有效利用，也体现了水资源的公共性和各区域用水的公平性。在此之上，政府根据水资源分散开发利用需求，把使用权、收益权、处分权和转让权分别赋予不同的主体，地方政府、企业和消费者可以转让或购买初次分配的水资源，以此满足经济社会发展用水需求。在这一过程中，政府通过建立水资源有偿使用制度明晰权利关系，并且可以允许在有效的监管下，市场主体依法进行使用权的有偿转让。即国家可以赋予单位和个人开发、利用水资源的权利，从而使得该单位或个人成为水权使用的主体，我国《水法》中对此亦有规定：国家鼓励单位和个人依法开发、利用水资源，并保护其合法权益。

2. 狭义的水权定义

狭义上的水权就是指水资源的使用权，即依法授予取用者的权利，具体权能包括使用、收益和处置。水资源的使用可分为消耗性和非消耗性两种。消耗性使用指用水过程会实际耗费部分水量，或者用水行为导致水质变差而影响再次使用，实际中主要体现在工农业生产用水或生活用水中。非消耗性使用是指借助于水体的水力、水能和水温等特性，把水当作一种载体或手段而进行工具性使用的行为方式，在这个过程中水量和水质皆不会发生显著变化，如航运和

水力发电等活动[①]。从实践的角度来看，水权是一种具有一定经济价值并可以进行转让的用水限额，这种限额可以通过法律或法规的形式加以确认。国务院460号令（即《取水许可和水资源费征收管理条例》）中明确取水权可以有条件地转让和变更。

现代水权制度在国际法和世界各国水法规中都有所体现，按所有权性质可分为私有制水权和公有制水权两大类，后又普遍实行可交易的水权制度。1999年12月7日，联合国大会通过的《发展权》决议中提出“食物权和清洁水权是基本人权”。2002年11月26日联合国大会通过的《第15号一般性意见：水权〈经济、社会及文化权利国际公约〉》将水权明确宣告为一项基本人权。近年来，联合国的《2019年世界水发展报告：不让任何人掉队》中强调“水权不能与其他人权分离”。从国别来看，世界各国的水权制度以一系列法律法规作为基础和保障，墨西哥《宪法》规定水是国家所拥有的财产，英国《水资源法》规定水属于国家所有，日本的《河川法》规定河流属于公共财产，法国的《水法》规定水是国家共同资产的一部分，美国《俄勒冈州水法》对该州水资源管理机构、水资源的所有权和使用权以及水法制订的依据都作了详细的说明。

目前，我国的水权制度建设仍处于初级阶段，现有的取水许可制度只是实现了水资源所有权和使用权的分离，鉴于我国水资源所有权归属国家所有的法律现实，但又为了能够将灵活的市场机制引进水资源配置领域，因此，现阶段水权制度建设主要是建立健全水资源的使用权制度。

（二）水权的分类

作为一种产权，水权具有一般产权的基本特性，即资源性、权属性、使用性、合法性和市场性。另外，根据水资源的特点和产权理论，水权具有排他性、转移性、持久性、分割性和流动性等区别于其他资源权的特性，其中排他性和转移性是水权的最重要的特性。水权的排他性是指水权主体在一个特定的方式下拥有水资源权利的属性，即除了所有者外没有其他人可以拥有同一水资源权利的属性。水权的转移性是指水资源的所有者具有使用权让渡和出售给他

---

① 单以红：《水权市场建设与运作研究》，河海大学2007年博士学位论文。

人的权利属性。水权的类型可以从不同角度加以划分，但主要是根据水权的基本特性和功能差异性进行分类，而水权的基本特性分类主要关注的是水权的排他性，水权的分类见图 2-1。

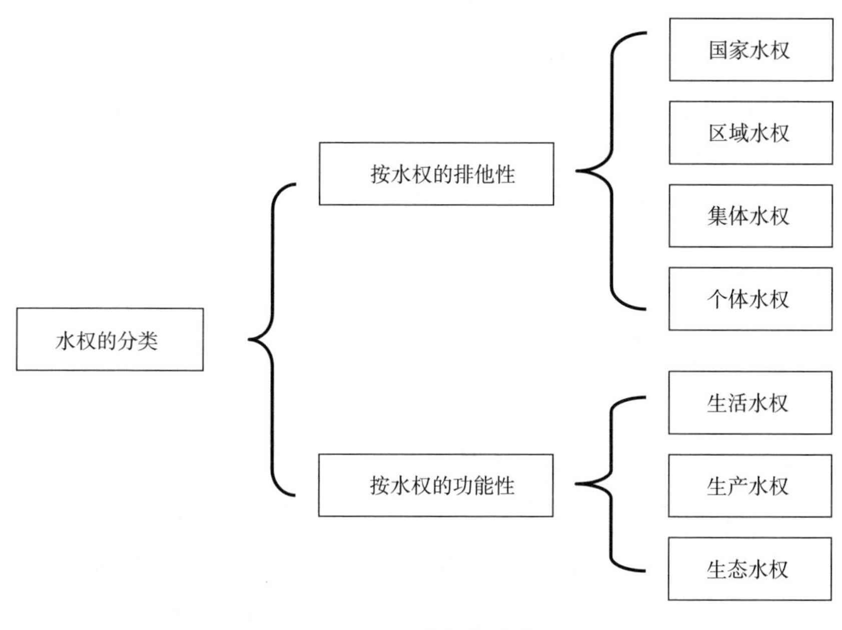

图 2-1　水权的分类

1. 按照水权的排他性分类

根据水权排他性范围可分国家、流域、区域、集体和私有等水权类别，排他性依次减弱，权责划分程度依次提升。国家水权是指在国境范围内所有居民都可以享有的水权，对于国家内部而言，这种水权体现了水资源的公共属性，但对于国与国之间而言，仍体现出水权排他性的基本特征。区域水权是指以行政区划为基本单位、由区域政府管理、在该区域范围内所有居民可以共同享有的水权。[①] 区域水权的排他性体现在对域外用户，但由于水资源分布往往不均，即使对域内用户并无明显排他性，但是实际中仍需要在跨区域调节。集体水权指由某个组织或集体拥有的水权，其排他性体现在对组织以外的成员获取水权时，集体水权一般是通过社会机制进行配置。私人水权是个人可以使用、支配

① 沈满洪:《水权交易制度研究》，浙江大学 2004 年博士论文。

的水权，其排他性最强，不具有明显的调节能力。

2. 按照水权功能分类

根据用水户最终用水途径可分为“三生水权”，即生产水权、生活水权和生态水权。其划分可参考我国统计年鉴中对水资源的划分方法，生产水权包括工业、农业灌溉、航运、水电等，生活水权包括城乡居民家庭和市政水权；生态水权主要是河道内基流和环境用水水权。首先是生活水，权属于生存性水权，水权分配和交易梯次均需靠前；其次是满足河流水域生态环境维持健康发展的生态水权，这部分水权亦需要优先考虑；最后是生产水权，这类水权往往具有较强的竞争性。

（三）水权的分配

水权分配涉及政治、社会、经济、生态、文化多领域，以及国家、流域、区域和用户多层次，因而成为多目标、框架性、非结构化的多主体决策问题。水权的分配从阶段上来看，涉及初始分配和之后的再分配问题，水权的初始分配是由政府宏观控制，体现了水资源公共属性的特点，而再分配则属于水权交易范畴。水权分配主要按照公平性、有效性、可持续性、政府主导和民主协商等原则进行。目前，有关水权分配的学说主要有私有水权学说和公共水权学说两大类，其中私有水权学说又包括了河岸学说和占用学说两类，其根源主要来自于十八世纪的欧美国家关于水权分配的法理。私有水权学说分配原则的核心是先占先有和自由支配，但缺乏可持续利用的宏观调控以及不同地区间的平衡协调性。公共水权学说源自于苏联的水资源管理理论与实践，其核心思想主要包括水资源的所有权和使用权分离、水资源用途服从国家规划、水资源用量服从行政分配。公共水权学说充分体现了水权分配的公平性和可持续性原则，目前我国也采用公共水权法律制度。

基于我国现有的国情与水情，在水权分配时应从宏观战略和实际操作两个层面进行原则性划分。在宏观战略层面上，需要考虑水权分配的总体性原则，即分配的原则和思路主要是指导性或导向性的；而在实际操作层面上，侧重于水权分配的技术手段和方法等，具有阶段性、可操作性和具体性等特征。综合国内外有关水权分配的方法和原则，总体可以归为两类：第一类主要是以宏观性政策规划文件为依据作为分配方案，如总量控制、流域分水、用水定额管理、计划用水等；第二类是根据用户具体的需求作为分配方案，如分质授权、地表水与地下水统筹分配、预留生态需水、用水优先序、第三方无损害等。

针对南方流域一个水资源时空分布不均、区域经济发展亦不均匀的情况，在水权初次分配时需要统筹考虑，将宏观性政策指导原则、整体规划性成果与具体的实际需求相结合，在宏观层面以总量控制和定额管理为分配依据，在实际操作层面优先考虑最基本的生活、生态需水，其次是根据区域经济发展的需求考虑地区的生产用水。生产用水的初次分配需要考虑先进生产力需求优先和相同产业发展水资源生成地需求优先原则。当初次水权分配至下一级行政区甚至企业和个人时，微观层面的水权再分配就需要完善水权交易制度，使得有限的水资源发挥最大的效益，并促使各级用水户积极培养节水的动力。

三、南方流域水权制度建设的时代意义和世界价值

（一）三大时代意义

筑实后“三条红线”时代的全国水资源配置策略轴心。2013年《实行最严格水资源管理制度的考核办法》颁布，全国水资源配置进入制度约束时代，用水总量控制指标成为各地区发展必须考量的前置因素，南方流域的丰水优势已然被显著压缩。对比南北地区水资源总量和用水总量控制指标情况可以发现，从水资源总量看，近20年来南方流域年度水资源统计量均超过北方地区的4倍，差距最小也在3倍以上，最大时则超过5倍。从用水总量控制指标看，区域用水增长潜力被进一步划定，2015年南方可用水资源量指标合计3773.75亿立方米、2020年合计3997.42亿立方米、2030年合计4094.04亿立方米，分别是北方地区的1.46、1.48、1.41倍，制度约束下水资源“南多北少”对用水总量的影响差异已大幅缩小。2020年“三条红线”考核指标进入新一轮考核周期和调整窗口，用水总量控制指标的刚性约束将进一步加强，用水效率、水功能区纳污等红线控制水平也将进一步提升。“三条红线”时代全国水资源配置格局可望基于制度约束展开，围绕用水时序配置推进南方流域水权制度建

设，将与北方地区水权制度建设联动，进一步筑牢夯实全国水资源配置策略轴心。

完善全球气候变革下的我国流域水环境综合治理框架。近年来，全球加速变暖趋势逐渐明显，平均气温较工业化前水平高出约 1℃。2021 年中美气候变化合作对话会召开，我国将进一步推进落实《联合国气候变化框架公约》，绿色发展已然成为时代主题。我国是全球气候变化的敏感区和影响显著区，气候极端性逐渐增强，中高纬度的北方地区将持续呈现出降水增加的趋势，而较低纬度的南方地区可能呈现降水量下降的趋势，“北湿南干”将成为我国未来一段时间内面临的新的气候现象。当下我国南方地区经济发展和人口集中趋势不断加速，降水量减少可能导致流域水生态环境进一步恶化，水质性缺水、工程性缺水问题进一步突出，流域综合治理难度进一步加大。建立科学合理的水权制度，从而推进水资源高效、公平和可持续，成为气候变革下我国推进流域水环境综合治理面临的重要问题。

推动形成流域人民走向共同富裕的资源制度方案。共同富裕是人民群众物质生活和精神生活都富裕，要建立科学的公共政策体系，把蛋糕分好，形成人人享有的合理分配格局，在高质量发展中促进共同富裕。流域是联系我国各大板块的重要纽带，是我国区域战略布局的现实载体，更是我国经济人口高度集中的关键区域；流域水权制度建设是推动要素横向流动、区域协同发展的制度方案，是促进流域生态保护和经济高质量发展的可行方案，更是流域人民共享发展成果、实现共同富裕的有效举措。随着我国水权制度建设逐渐深化、细化、广化，西北地区广大农户已经普遍拥有定量水权，成为其辛勤劳动的心理依靠和致富增收的重要保障；南水北调中线工程向华北地区各省输送大量优质水源，给华北平原居民带来广泛的生活质量改善；东北地区流域治理和水权分配，使得松辽流域经济发展焕发新生，水权制度建设已然成为北方流域各大地区富民强省的重要手段。南方流域水资源量大、质优、用途广泛，加快推进水权制度建设，可望进一步推进水权成为基本人权的组成部分，从而助力流域经济高质量发展，促进流域人民走向共同富裕。

（二）两项世界价值

推动构建以水资源为纽带的人类命运共同体。2020年的《世界水发展报告》聚焦“水与气候变化”，深刻阐释水对实现全球经济社会可持续发展目标的内在核心地位及关键纽带作用，从水与卫生设施的人权视角提出水资源可持续管理面临的众多压力，进一步提出水资源配置对于强化和促进每个国家履行减缓和适应气候变化、降低灾害风险、消除贫困和不平等承诺的重要作用。党的十八大以来，党中央提出构筑人类命运共同体，明确坚持人与自然和谐共生的基本方略，赋予当下社会超越传统工业文明的新境界新理念，在全球绿色变革背景中彰显大国担当和气度。我国南方流域不乏大型跨境流域和入海流域，跨境用水关系以及河海关系均可在水权框架下进行配置和管理，特别在全球气候和能源环境变革下，大型流域涉水资源问题逐渐广泛化和尖锐化，基于“三条红线”管控建立南方流域水权制度系统方案，可望为大型流域经济社会可持续发展提供路径参考，从而推进构建以水资源为纽带的人类命运共同体，为世界水环境保护和可持续发展贡献中国理念、中国方案。

拓展全球丰水地区水资源的配置逻辑。长期以来，我国水资源配置均为围绕缺水的北方地区展开，包括水权制度建设在内的各项政策方案均是基于水资源高度稀缺的前提展开，放眼全球也是如此。2021年联合国世界水发展报告《珍惜水、爱护水》指出，认识、衡量和表现水的价值，并将其纳入决策，对于实现可持续和公平的水资源管理以及联合国《2030年可持续发展议程》中确定的可持续发展目标至关重要，并从水资源、水设施、水服务、水生产、水文化等五大维度对全球水资源价值进行重新评估，将水资源问题纳入到全球水情下进行分析，将水资源配置问题拓展至丰水地区。我国南方流域属于典型的丰水地区，建设科学合理的南方流域水权制度，将为丰水地区水资源价值评估和合理问题提供可行制度方案，充分彰显我国流域治理和资源配置的国际视野和世界胸怀。

四、我国水权制度政策演进解析

（一）水权制度建设演进历程

我国《宪法》《水法》及相关法律法规对水权制度的相关规定。我国《宪法》规定国家是自然资源所有者，《水法》规定国务院代表国家行使水资源所有权。我国水权制度建设自黄河“87分水”至今出台了数十条政策文件，代表着我国水权制度建设的细化法理依据。1987年国务院办公厅转发了国家计委和水电部《关于黄河可供水量分配方案报告的通知》，成为地方性、区域性的初始水权分配制度的重要探索。1993年国务院颁布《取水许可制度实施办法》，规定除了家庭生活、牲畜饮水取水等小量取水和抗旱应急等特殊情况外，一切取水单位和个人，都要申请取水许可证，并依照规定取水。2004年黄河水利委员会出台《黄河水权转让管理实施办法（试行）》，2005年水利部颁布《关于水权转让的若干意见》与《关于印发水权制度建设框架的通知》，先后对水权转让的原则、过程和方法等方面内容进行指导和规范。2006年1月国务院通过《取水许可和水资源费征收管理条例》，进一步规范了取水许可的范围和程序。同年4月水利部通过《水量分配暂行办法》规范水量分配基本原则和区域用水总量分配方法。2012—2013年国务院、国务院办公厅先后印发《国务院关于实行最严格水资源管理制度的意见》《实行最严格水资源管理制度的考核办法》，形成全国水权初始分配方案雏形。2014年6月水利部印发《关于开展水权试点工作的通知》，深入推进全国7省区水权确权和交易试点。2016年4月水利部印发《水权交易管理暂行办法》，总结前期试点经验和成效，从而提出区域水权、取水权、灌溉用水户水权等多种交易模式的管理原则和实施方法。同年11月，水利部、原国土资源部联合印发了《水流产权确权试点方案》，选择全国6个地区开展水流产权确权试点，重点探索水流产权确权的路径和方法。此后，我国水权制度建设相关制度政策框架基本形成，各地在国家制度框架下结合区域特点进行针对性探索。

表 2-1 中国水权改革实践探索与制度建设一览表

时间（年）	制度名称	核心内容	实施范围
1987	《关于黄河可供水量分配方案报告的通知》	黄河流域各省区可用水量分配	北方：黄河流域
1993	《取水许可制度实施办法》	取水必须经过审批	全国
2001	《黑河流域近期治理规划》《塔里木河流域近期综合治理规划》《石羊河流域近期综合治理规划》	以水量分配方案为依据进行流域综合治理	北方：西北内陆河流域
2002	《中华人民共和国水法》	纲领性法规	全国
2004	《黄河水权转让管理实施办法（试行）》	规范黄河流域水权转让行为	北方：黄河流域
2005	《水利部关于水权转让的若干意见》	制定全国水权转让基本原则	全国
2005	《关于印发水权制度建设框架的通知》	水权制度建设整体框架	全国
2008	《水量分配暂行办法》	制定跨界、跨区流域的水量分配方法和原则	全国
2008	《取水许可和水资源费征收管理条例》	完善取水许可管理，开征水资源使用费	全国
2010	《中共中央国务院关于加快水利改革发展的决定》	建立和完善国家水权制度	全国
2012	《国务院关于实行最严格水资源管理制度的意见》	实施水资源“三条红线”管理	全国
2013	《实行最严格水资源管理制度的考核办法》	明确“三条红线”管理指标	全国
2014	《关于开展水权试点工作的通知》	全国范围水权试点示范	北方：四省区 南方：三省区
2016	《水权交易管理暂行办法》	全国水权交易模式管理和推广	全国
2016	《水流产权确权试点方案》	水域、岸线等水生态空间确权和水资源确权	北方：三省区 南方：三省区

（二）水权制度建设演进特征

我国水权制度演进历程是从北方地区的黄河、西北内陆河等流域逐渐推广至全国试点，建设逻辑从缺水流域治理逐渐转向提升水资源配置效率，核心内容是从水量分配拓展至水权实现的各个环节及利益方面。从而上述制度演进过程，按最终生效的范围可划分为全国性制度和区域性制度两条线索，两条线索下，制度演进过程互有联系，也各有特点。

全国性制度建设从《取水许可制度实施办法开始》至《水权交易管理暂行办法》，其演进历程呈现两个特点，一是制度内容从规范水权内涵到建立制度框架，再到具体操作管理办法，其制度核心在于对取水权的分配和管控，对其他环节则进行指导和建议。二是制度形成均是在各地针对性多轮次的探索和实践基础上才逐渐形成，对水权使用、分配、交易、管理等环节的规定呈现细化、深化的趋势。

区域性制度从《关于黄河可供水量分配方案报告的通知》至《水流产权确权试点方案》，其演进历程也相应呈现两个特点。① 一是制度内容从水量分配到水权转让，再到水生态空间管理，涉水的资源权利逐渐成为水权框架范围的规范对象，水权内涵和制度框架正在不断拓展。二是北方地区特别是黄河流域制度探索一直走在全国前列，引领全国水权制度建设方向和基本逻辑，进一步考察相关制度内容，全国性水权制度方案实际均来源于北方黄河流域实践，对解决缺水地区水资源配置问题有着较高的针对性和制度效率。虽然 2014 年全国水权试点启动，南方部分地区展开了区域性水权制度实践，但基于北方经验的水权改革思路和模式在南方无法适用，试点工作进展缓慢，困难重重。

根据课题组在珠三角地区调研时发现：黄河流域的核心经验已成为我国水权制度核心内容的“农业节水转为工业水权”的做法和政策在珠三角地区行不通。社会普遍缺乏这一意识，水政部门只精准监测工业和城市用水，因为珠三角地区是丰水区域，而且与黄河很不同的是工程程度差异巨大，如果说黄河水权的显性特征是 500 多亿立方米水全部“关”在水库中分配的“库区水权”的话，长江、珠江等南方流域水权的显性特征则更表现为类自然河流的“流域水权”特征。南方流域水权的多元性也比北方更加复杂，长江有 1 万亿立方米的

① 相关研究显示，我国水权制度实践最早从浙江东阳、义乌两地开始，但这一例交易并未形成较完善的制度性文件，因此并未纳入。另，《水流产权确权试点方案》虽是水利部引发的全国性文件，但其核心内容是在地方开展水流产权确权试点，适用范围仍然是区域性的。

水，乍一听长江水资源是多么丰富，实则这 1 万亿立方米水还包括占了大头的航运水权，而航运水权正是长江经济带不可丢失的灵魂。长江流域水资源量是黄河的 20 倍，水权及其交易模式的多样性和复杂性远超黄河，尤其是黄河因南水北调中线和东线输入 200 亿立方米水（相当于增加了黄河自身可分配水量 340 亿立方米的 60%），使得黄河水权交易和利益调整更体现为增量改革和帕累托改进，而这更是南方流域无法获得的机会，长江、珠江等南方流域只能通过自身改革创新来推进政策调整。新时代下，“三条红线”管理成为我国水资源配置的核心制度和基本框架，南方流域水资源配置格局发生巨大变化，加之流域经济快速发展涉水问题日益突出，南方流域发展面临水权制度建设的刚性约束。

综上，全国性的水权分配、交易、管理和使用需要结合南方特点进行优化安排，南方流域水权制度建设调查及政策优化研究具有重大意义。

第三章　调查发现与问题识别

联合长江水利委员会、珠江水利委员会等部门及沿江科研机构开展对南方流域水权制度建设的全面调查，重点关注水权冲突频发的长江上游的四川省、中游的湖北省和下游的上海市以及珠江流域的广东省等四个典型地区，着力开展南方流域水权多样性、南方流域水权优先序、水权视角下长江黄金水道建设、水权视角下流域内横向生态补偿机制等四项专题调研，摸清南方流域的水权制度建设的整体进展及区域差异情况，明确南方流域的水权制度建设与北方流域相比的差异性特征，识别并解构南方流域水权制度建设的关键问题。

一、整体水情认识陷入明显误区

各界对南方流域水情认识陷入明显误区，认为南方流域水资源丰富不缺水，长江流域水资源量近万亿立方米“取之不尽、用之不竭”。实际情况是，南方流域水资源时空分布不均，水利基础设施配套不佳，丰枯期、区域间水量供给差异巨大，以珠江流域为例，多年平均径流量 8949 亿立方米主要集中在夏季汛期，12 月至次年 2 月的枯水期水量仅占 5%左右，区域年径流深差距在达 1400 毫米以上，各类蓄水工程径流调节能力仅为 11%，显著低于全国平均水平，直接导致区域供水保证率不高。中心城市产业和人口集中度高，用水强度大，季节性、局部性缺水问题严重，特别是长江流域水资源供需矛盾突出，人口总量占比达到全国的 40%，产业用水需求较高，上海、武汉、深圳、成都等典型南方城市均在寻找第二水源甚至第三水源，加之维持黄金水道功能需要保持较高径流和稳定变幅，将占用大量河道内水资源，用水优先序关系更加复杂，水资源调度和配置难度进一步加大。沿江化工、纺织、造纸等传统高污染高耗水企业遍布，河道外用水排水与河道内生态环境争水矛盾突出，长江下游“化工围江”问题严峻，太湖蓝藻暴发风险持续，西南诸河部分国控断面持续为劣Ⅴ类水质。

二、流域发展差异导致多样诉求

南方地区流域间发展差异显著，对水权制度建设提出多样诉求。珠江、东南诸河等平原流域，水利设施完善，区域内产业和人口高度加速集中，生活、生态用水大幅提升，农业用水被加速挤占，“三生水权”分配矛盾进一步加剧。以岷江流域都江堰灌区为例，截至2020年末，灌区已扩容至2013年的1090万亩，未来灌溉面积将进一步增加到1615万亩，供水人口将增加到3400万人，但四川省2020年用水总量指标相比2015年仅增加15%，同时灌区引水量加大严重影响流域经济自身发展和生态建设，崇州、新津等地水环境明显恶化，区域可持续发展缺乏保障。

长江上游、西南诸河等高山流域，屯蓄水设施建设差，大中型调蓄水库覆盖不足，部分地区生活用水保障需建四级以上梯度引水工程，取用水成本高、保障差，凉山州等民族地区甚至全域未建一座大型水库，工程性缺水问题突出。区域内布局国家水电基地，航运、发电等水资源配置调度需求大、频次高，加之航段等级提升预期和水电产业发展需求，河道内水资源配置矛盾加剧，产业水权分配协调难度进一步加大。

鄱阳湖、洞庭湖、太湖等湖泊流域，随着流域经济发展和人口集中，河湖关系、湖岸关系、湖域关系日趋紧张。河湖水量互补下江河取水量加大直接导致湖泊、湿地萎缩，河湖关系急需制度协调；环湖发展格局下围湖造田、非法采砂等工程大力推进导致湖退岸进趋势明显，湖岸关系需进一步制衡；渔业副业加速发展后湖区违规养殖、过度捕捞现象普遍，养殖、捕捞等湖面权利争夺激烈。

三、水质水量协同需求显著提升

已有水权实践多围绕用水总量展开，南方地区水质性缺水问题相对突出，单一变量的“水量型”水权制度难以完全满足南方流域水资源配置管理需求。从理论逻辑看，水资源定义为一定时间、空间具有足够数量的可用水，水质水量均为其基本属性，水资源丰枯评价应当由水质水量两项要素决定，现行水资源评价主要以北方缺水背景展开，对水质和水环境容量等方面关注不足，水量不足情况下不得不降低水质需求，水权制度建设也将水质水量割裂开来，这种思路对南方地区丰水流域不适用。从实际操作看，南方流域水权制度建设的重要目标是解决水质性缺水问题，考虑到丰水流域自净能力较强，其水质性缺水问题很大程度上源于水环境容量不足，由于水量与水环境容量供需的同向一致性，即水量与水环境容量均随着来水频率的增大而减小，同时经济社会对水量和水环境容量的需求则随发展规模提升而同向增加，实际中污染源在流域上分布的不均匀性和流域水量上游至下游的累加性，河流水量水质随空间、时间变化存在一定的复杂性，从而南方流域对水质水量协同配置需求提升，特别是在部分小流域和局部河段存在Ⅴ类甚至劣Ⅴ类水质，水量评价难以体现真实供水情况，获得的水权也缺乏使用价值。

四、强化水权制度理解成为当务之急

近年来南方流域各省水权意识大幅提高，但部分省份特别是西南地区对水权制度建设的理解仍然不足。一是水权制度建设的必要性认识未统一。水权制度明确区域用水总量控制指标，实则配置区域经济和人口规模上限，推进水权制度建设需省政府、工程管理单位和地方政府上下协调，但目前水资源系统实际由水利、生态、资源、农业等多部门分割管理，各部门利益诉求明确且强烈，但职权划分仍待梳理和协调，“统得不够、分得无序”现象仍然存在，加之主管部门对水权改革存在一定畏难情绪，水权制度建设难成合力。二是用水主体的制度建设积极性不一致。近年来南方流域上下游特别是中心城市与其他地区之间的涉水纠纷不断，上游地区对下游水量挤占、水质污染问题突出，尤其广州、深圳、武汉、成都等中心城市用水需求激增，对水权制度建设意愿强烈；其他地区用水矛盾尚未完全激化，对水资源问题认识停留在工程配置阶段，水权制度建设意识淡薄，导致水权制度建设仅依靠局部试点改革难有突破。三是灌区管理单位与用水区域的利益诉求协同难。灌区管理、工程管理等单位实则为水管部门派出机构，但实际掌握着输配水职能且需自负盈亏，其利益诉求夹杂于部门和地区之间，展现出南方流域的区域特征和改革进程中的时代特征。

五、落实初始水权分配成为最大阻碍

《最严格水资源管理制度的考核办法》实施后，“三条红线”管控指标全面落实到各省、市、区、县，事实上已经形成全国范围的水权初始分配方案。目前南方流域用水总量控制指标按区分配已经完成，但用水总量控制实则停留在政府考核层面，尚未向社会公布并进一步形成完整制度建设方案，导致社会公众对水资源权属概念知之甚少，对水权制度建设关注不足，甚至有部分群众“谈权色变”，唯恐水权分配不足或新增水权无法保障。当下的权属模糊性则一定程度上保障了各方在水资源使用中的回旋余地，也降低了水管部门的管理成本和难度。南方地区部分先进省份从实际调研、制度建设、宣传落实等环节发力推进，例如广东、江苏等地已完成以用水总量控制指标为基础的水权框架，积极推进全省范围的水权确权、收储、交易等改革举措，进一步探索地下水水权交易、企业间水权交易、跨区域直饮水供水等新做法新模式，但整体来看南方地区特别是西南、中南地区对分散式水源用水量统计不完善，水权分配现实难度大、制度基础差、社会意愿低，落实初始水权分配已经成为南方流域水权制度建设的最大阻碍。

六、涉水基础设施条件成为重要制约

南方地区水权制度建设与北方相比差距较大，关键在于涉水基础设施建设较差。从历史看，北方地区已形成完整的涉水设施系统，特别是干支流取水口、闸门处均配备动态监测和调节设施，有助于主管部门及时掌握并充分统筹水情区情，从而建立清晰完整且具有针对性的水权制度方案。从当下看，黄河流域已形成全流域信息化管理监控平台，可采用数字化远程措施实现全流域水资源协调配置；各大中型灌区均已开展现代化改造，能够通过输配水管控和取用水计量将流域水权、区域水权、灌区水权和用户水权等层次水权制度方案落到实处。反观南方流域涉水设施建设进程严重滞后，尤其农业用水监测设施普遍缺乏，部分区域调蓄工程覆盖不足，水权制度建设缺乏基础保障，水权改革方案难以有效落地。从未来看，水权制度建设逐渐演化为制度、工程和科技融合的系统工程，南方流域涉水设施建设缺口大，计量监测设备仅覆盖至支渠渠首，且技术老旧，实用性不强，未来更新和建设的预期投资规模庞大，管理维护成本较高。

第四章　战略举措与制度优化

我国北方流域水权制度建设的关键问题在于跨省界水权交易尚未突破，跨流域水权交易尚未拓展，南方流域水权制度建设主线尚未明确，应结合前述理论逻辑和调研发现，探寻南方流域水权制度建设突破方向。

一、重塑对南方流域水情的三点认识

建设科学有效的水权制度，需优先明确南方流域水情及涉水纠纷关键。一是南方流域水资源短缺现象加剧，区域性、季节性供水矛盾突出。缺水问题需辩证看待，南方水资源虽然丰富，但“三条红线”管控下，南方地区供水规模被明确限定，但随着人口向南方地区加速集中，中心城市的生活、生态用水大幅提升，区域性用水矛盾加剧，大中型城镇的下游河段水质明显变差，造成下游地区水质性缺水问题严重。二是南方流域水资源并非“取之不尽用之不竭”，南水北调工程建设和扩规需科学谋划。2020 年 11 月 13 日，习近平总书记在江苏考察时强调，要把实施南水北调工程同北方地区节水紧密结合起来，以水定城、以水定业，注意节约用水，不能一边加大调水、一边随意浪费水。[①] 南方流域航电功能要求河道内保持较高径流量，特别长江上游是国家水电基地，西线工程建设将威胁东部地区乃至全国用电安全，破坏长江上游生态屏障功能，需进行多方案比选和全面科学论证。三是南北地区用水规模差异逐渐缩小，南方流域水资源利用需向精细化、现代化转型。虽然水资源“南丰

---

① 新华社：《习近平在江苏考察时强调　贯彻新发展理念　建新发展格局　推动经济社会高质量发展可持续发展》，https：//baijiahao.baidu.com/s?id=1683323386358211086&wfr=spider&for=pc。

北缺”现象未变，但南北地区水资源利用规模差异正在缩小，用水总量比值已从2008年的1.54缩小至2020年的1.47，人口规模比值从2008年的1.38扩大至2020年的1.42，南北地区人均用水量基本相当，且呈现出人口向南方地区集中趋势。考虑到最严格水资源管理制度下，2020年南北用水总量控制指标比值为1.48，2030年下降至1.41①，人口向南方地区加速集中同时用水指标占比却不断下降，南方流域推进水权制度建设，从而提升水资源配置和利用效率势在必行。

二、确立用水需求和过程管理一个核心

南方流域水权制度建设目标在于解决南方地区丰水流域的涉水问题，推动经济社会发展与水资源水环境承载能力相协调，其本质与传统水权制度一致，在于推进水资源配置、节约和保护，但南方流域涉水矛盾与北方有较大差异。以黄河为代表的北方流域水资源情况表现出四大特征：一是工程和监管充分，二是水量紧缺，三是已有省区内跨行政区水权交易实践，四是水权冲突主要是农业、工业、城乡居民生活领域。以长江、珠江为代表的南方流域则显现出三大特征：一是水量丰沛，据调研珠三角地区水政部门主要监测城市和工业用水，不同于黄河流域以监测农业用水和节水换取水权；二是跨行政区特征突出，特别是支流；三是水权及其优先序更加复杂，南北方“三生”水权优先序相同，南方“行业水权”排序更加复杂，不仅要考虑工农业和城乡水权，还要考虑航行权、发电权以及“电调服从水调”的基本原则。

可见，南方流域用水需求更加复杂、用水过程更加多样、涉水设施更加缺乏、水情认知更加不足，水资源全面确权到户以及精准分配管理的制度难以落实，水环境管理保护问题也难以在传统框架内有效解决。《国务院关于实行最严格水资源管理制度的意见》中指出，水权制度建设应“以水资源配置、节约和保护为重点，强化用水需求和用水过程管理”。2014年中科院《水环境管理体制机制改革与示范研究》课题组报告中指出，涉水资源环境管理与治理技术

① 数据来源：《实行最严格水资源管理制度考核办法》。

同等重要，在实现水质改善方面，制度建设甚至更为关键，推动水资源与水环境管理体制统一协调是重要手段，这对于南方流域更加重要。

因此，南方流域水权制度建设的核心问题是，通过对涉水资源权利的广泛配置，实现用水需求和过程管理。这里的广泛配置意味着非精确化管控，其核心逻辑是确立分水、用水、管水等涉水资源权利配置的制度规范，形成用水行为规模和时序调节的核心原则。这意味着南方流域水权制度建设是要实现现行水资源配置格局的帕累托改进，不能离开管理成本谈改革，实质是在涉水基础设施不完善这一有限条件下的帕累托改进。

三、理顺水权制度建设的四组关系

理顺流域水权与区域水权的空间关系。对水资源利用的空间和规模管控是水权制度建设的基本归宿，理顺流域水权与区域水权的空间关系是南方流域水权制度建设的基础工作。流域水权是区域水权的基本纽带，区域水权是流域水权的实际承托。初始水权分配本质是将流域水权划分为区域水权，因此区域水权分配、转让、使用和管理应服从流域整体发展利益。南方流域水权分配和实现过程中遇到工程水权问题，其实际上仍然是流域干支流间的水权问题。工程取水相当于形成人工“支流”，工程水权本质是流域水权，其管理策略和制度逻辑应当与流域水权一致，按照所管辖区域进行分配、实现和管理，工程水权的管理体制和运行机制需对接流域管理单位，工程利益也由流域管理机构统筹分配。

理顺取水水权和基流水权的时序关系。南方流域河道内外用水关系相对复杂，取水水权和基流水权存在交叉影响，目前河道内用水已经形成基本用水秩序，电调、航调均服从于流域防洪、引水功能，但流域发展必然要求引水量、发电量和航道等级提升，航电用水间矛盾已经逐步激化，加之河道外取水量增大，退水量减少，从水权视角细化河道内外用水秩序的需求迫切。可探索建立常态化和非常态化两套用水秩序，首先常态化用水优先保障河道外的生活用水和河道内的生态基流，其次满足产业引水和航运下泄流量，最后协调电站发电水位，非常态化用水由流域管理单位根据实际进行科学调度。取水水权和基流水权制度建设应当基于上述两种时序关系进行交叉配合，常态化用水按流域整体发展导向配置，水权制度重点管控用水总量、时段和取水点，非常态化用水按需水类别配置，通过明确相应类别用水的时序原则实现水权管控。

理顺产业水权与“三生”水权的类别关系。南方流域突出特点是产业水权类别多样，“三生”水权关系复杂，特别是航运、电力、化工等产业用水和排水需求巨大，是水权制度建设的重点环节。一是航运、电力、渔业等河道内产业水权与河道外取水水权关系。应当按照生存水权、发展水权的类别进行划分配置，首先优先保障河道外基本农业和生存用水，其次保障河道内生态基流，最后根据南方流域特征协调配置河道内水权。二是河道内产业水权关系，河道内问题最突出的是航电用水纠纷，在长江经济带和粤港澳大湾区战略布局下，南方流域航运功能应当前置，参考东北松辽流域做法，水权制度建设需优先配置航运水权，协调配置电力水权，最后配置渔业和景观水权。三是河道外产业水权的水权关系，河道外关键在于取水权和排水权的二元关系，南方流域河道外产业用水量较大，特别是纺织、化工、造纸等行业，取水量大，排放量大，加之中心城市生活污水排放，成为局部水质性缺水问题的重要源头，关键在于工业取水量和取水口问题，可探索对排污水平较低的企业进行水权激励，从而推进取水权与排污权的二元转换。

理顺发展水权与生存水权的层次关系。根据水资源的生命维持功能，将生存水权划归基本人权，因此在水权制度建设的各个层次均需强调生存水权的绝对优先性。流域水权向区域分配以及区域水权确权到户时，应结合流域人口和区域农业发展分布统筹配置生存水权，剩余部分协调配置为各区域发展水权。产业水权分配需优先保障生存水权的增长空间，进而根据发展需求和导向对发展水权进行细分和梯次配置。用水计划制定需以生存水权与发展水权的时序特征作为基本逻辑，对具体输配水过程形成指导。

四、紧扣水权制度建设的三大环节

水权分配。强化水资源环境评估基础地位，根据丰水流域资源和区域发展特点，制定系统化动态评估指标，推进分配水量向用水效率高地区倾斜，为水量分配方案的协商主体与决策者博弈提供参考。完善水量分配制度方法，全面完成水资源三级区套地级行政区用水总量控制指标分解工作。推进水权分配与用水计划有机衔接，流域管理机构和地方水行政主管部门协调配合，根据区域分水方案结合当年实际制定年度水量分配方案，切实统一技术基础，规范技术要求，并与相关的流域规划和技术标准相衔接。明确水权确权登记的适用范围，南方流域农业水权确权难度较大，可从灌区水权确权入手，对各级渠系进行确权，根据现实情况逐级推进，形成以灌区为单位的水权确权登记工作准则和行动指南。建立健全河道流量管理制度，明确跨界河流及重要湖泊的流量保障水平，建立以流域管理机构为统领，省级水行政主管部门实际负责，各相关单位部门全权落实的河道管理组织机构，水工程运行管理单位严格落实流量泄放措施，将航运、电力、生态用水调度纳入日常运行调度规程，建立健全常规调度机制和应急处置机制。

水权使用。即水权实现过程，区域或用户获得水权后实现权利的过程，一般表现为水资源取用过程。建立取水许可负面清单制度，按照禁止准入、限制准入和清单外三类事项对取用水单位或个人取水许可申请进行分类审批，采取不办理、限制条件办理和直接办理进行差异化核准。建立水资源使用时序协调制度，根据流域用水需求设立生态用水权、居民基本生活用水权、农业用水权、工业用水权、旅游景观用水权、航运用水权、发电用水权、养殖用水权等，结合《水法》对水资源用途和开发利用顺序的原则性规定，用水顺序应遵循城乡居民生活用水享有绝对优先利用权。建立量质协同的水资源使用权制度，在设施条件可保障的河段，可对用户获得水权的水量、取水点和水质级别进行明确，并对其排水水量和水质进行相应规定，进一步以水环境裕量（某水域最大允许纳污量和实际排污量之间的差值）为目标值，综合考虑水环境容量、权利供需状况、用户负担，推进水权排污权集成定价，探索水权与排污权转换制度。

水权管理。针对水权分配未全面落实、水权使用超量无序等问题，流域管理机构和各级政府协调推进水资源和水环境协同管理监控信息系统建设，同时完善用水统计制度，建立数据共享制度，保障水量分配方案的有效实施。建立水权用途动态管理制度，重点推进工业用水、环境用水、农业用水等用途审批水权的动态管理，其中工业用水根据不同行业或产品的特性、用水过程、节水目标和取水位置等确定用水定额指标；环境用水则根据水功能区纳污控制指标以及断面考核要求，增补或退减被挤占的生态环境用水，通过节水、调水或水权交易等方式保障河流湖泊和地下水的水量；农业用水根据供需水量、水源类型和种植结构，建立适宜南方流域各区域的定额指标。

第五章　制度优化与政策举措

将满足人民对更加美好的流域生态需求、协调水资源管理的效率与公平、践行习近平总书记“两山”理论作为南方流域水权制度建设的政策设计目标。根据水权优先权排序优化流域水资源管理配置策略，根据帕累托改进目标优化制度架构，实施具有针对性和有效性的南方流域水权制度的政策举措。

一、深化自然、社会系统耦合的流域综合调查

南方地区长江、珠江、西南诸河等大江大河跨越中国三级地理阶梯，流经高原、山区、盆地、丘陵、平原等不同地貌，既润泽长三角、长江中游、成渝、粤港澳等特大型城市群，又铸成了水电基地、航运基地、特大灌区和流域产业带，还有深度贫困民族区、生物多样性富集区和国家基因库，在灌溉、航运、电力等多方面积累了具有南方特征的分水、用水和治水经验，这样复杂的流域情况和区域特征，其水权配置、水权管理以及水使用，既有其差异性，也存在共性，差异大于共性。通过以自然与社会耦合为视角、以流域和水系为本底、以省市县三级政区为支撑、以水工程和水用户为重点的深度调查、重点调查，客观揭示南方流域水权制度建设的差异性，归纳总结水权制度共性，明确各个区域水权制度建设的层次和方向，是南方流域水权制度建设的基础手段。本研究经过对长江上游、珠三角、长三角等地经济社会和涉水问题的深入调查，发现南方流域水情认识、区域差异、需求层次、水权理解、水量分配、涉水设施等方面与北方有着巨大差异，提出重塑三点认识、确立一个核心、理顺四组关系、紧扣三大环节的“三一四三”的南方流域水权制度建设系统思路，但这仍然远远不够，南方流域包括我国四大水资源一级区，数十个二级区，上

百个三级区，各个地域间的水情区情差异极大，对水权制度建设的需求差异也极大，应当进一步对各个地域的水情区情展开详尽调查，将涉水资源和权利作为关键组带对其制度需求进行梳理提炼和统筹协调，从而深化推进南方流域水权制度建设，促进经济社会与水资源环境协调发展。

二、开展水量、水质有机协同的水资源环境评价

水质水量结合评价是水资源管理调度的基础，是水权制度建设的重要考量。目前的水权交易中主要以水量为标的，但国际水市场中，水质与水价是直接挂钩的，以改善水质和维持环境流量改善河湖生态的水质水量联合评价是水资源管理的重要组成。南方流域水污染和水生态退化问题日益严重，水量、水质协同评价对南方流域的重要性更加突出，更是开展产业水权分配、河道内水权分配以及水权排污权二元转换等水权模式创新的重要前提。目前进行水质水量联合评价，主要分为宽评价和耦合评价两种，其中，宽评价仅评价水量、水量及其匹配水平的变化情况，可操作性较强，但理论延展性和预测能力不足；耦合评价则需建立水质水量评价的耦合协调模型，但目前相关模型对现实问题的解释和预测能力仍有不足，待进一步研究。南方流域河网密布、水库闸坝众多、水功能区复杂，可基于各流域非稳态的水量、水质变化规律，尤其是水体随时空变化可能产生差异化的水环境条件，进一步划分单元系统水量和水质模型，结合水功能区划的水质目标、单元系统的最大取用的临界流量，建立南方流域各个水系、河段的水量水质协同评价模型，从而强化水权制度建设基础保障。

三、推进区域、产业初始水权的两层分配

初始水权分配是水权制度建设的基础环节，南方流域各省用水总量控制指标按区分配、按流域分配已经完成，进一步推进形成并落实水权初始分配方案，探索水权交易成为优化南方流域水资源配置的必行一招。可借鉴宁夏、甘肃、湖北等地做法，以 2020 年用水总量控制指标分配方案为基础，坚持公正、

公平和需求优先次序的原则，综合用水指标增长情况和渠系输水损失扣除，明确区域初始水权及各项权能。以各市、县（区）近3年各行业年均耗用水量为基数，坚持总量控制和定额管理相结合的原则，统筹区域产业用水需求变化趋势，综合确定行业水权分配方案，进一步形成水资源管理刚性制度约束。以初始水权分配比例为依据，坚持“丰增枯减”和动态调节的原则，结合年度预测来水量、水库蓄水量进行年度水量分配，将初始水权转换为年度引、用水指标，从而编制水量调度预案进行适时调度。初始水权分配完成后，在地级市行政区内总量不变，农业用水之间以及农业与河道冲污用水可以在本区域内相互调剂；政区间的水量调整，以及新建的工业发展、城市建设、湿地补水等项目，其用水指标需由省水利厅组织相关方通过水权交易的方式解决。

四、加快灌区、政区水权制度建设的两类试点

南方流域工程水权的特殊性和复杂性，要求水权制度建设需点面结合推进，可从灌区、政区两个层面开展试点探索，省级部门搭建制度平台形成支撑和监管。灌区水权制度建设试点关键在于工程水权分配，选择都江堰、淠史杭、向家坝、江汉平原等灌区作为试点单位，借鉴河套灌区做法，重点推进工程水权分配和区域水权确权保障，初期可选择用水计量设施较好的中小型灌区，将流域水权确权至支渠渠首形成供水单元，后期可结合灌区现代化改造进行细化分配，扣除渠系输配水损失和必要生态补水，进一步与区域水权衔接，同时结合省级水权平台建设和水资源综合管理等工作协同推进灌区管理体制改革，探索收支两条线管理，灌区将收入按月上缴省财政部门，省财政根据当年预算向灌区管理单位拨款。保障水权改革落实到位。政区水权制度建设试点核心在于水权确权保障，选择长江上游赤水河流域、中游“两湖”地区、下游长三角地区，珠江上游河源地区、下游广州地区作为试点单位，优化借鉴重庆荣昌、湖北江夏等地做法，重点推进行政区域取用水权益确权，科学核定取用水户许可水量和各类用水定额，积极探索水权确权登记、水权收储转让、区域间、企业间和农户间等多种模式的水权交易，协同推进农业水价综合改革、城镇供水价格形成机制和动态调整机制。省委、省政府牵头成立水权改革领导小

组，水利厅具体落实，生态、农业、资源等部门协同配合，依托水量调度、水资源管理等基础职能和信息系统，出台初始水权分配方案和实施指导意见，搭建全省水权收储转让平台，推进水资源利用高效、公平、可持续。

五、完善计量、工程等涉水基础设施的协同支撑

大力推进用水计量设施建设。用水计量设施是全省推进水权制度建设的关键掣肘，各级政府应当将其作为当前乃至今后一项重要的水利工作来抓。南方流域水系复杂，推进农业用水监测全覆盖缺乏现实条件和实际意义，加之灌区建设多属于生态水利工程，干渠以下几乎没有衬砌，输水损失巨大，先期可由省财政牵头、相关地市财政配合，推进干、支二级渠系计量设施全覆盖，后可逐步引入市场和公众力量，根据最终受水地区的农业作物结构进行计量设施分类配置。经济型作物区，可在推进灌区现代化改造同时完善田间计量设施；粮食主产区，可在渠系改造同时以末级渠系为纽带的片区组团监测。积极推进南水北调中线工程扩容建设，科学推进西线工程研究论证。南水北调西线工程的目标是解决黄河上游缺水问题，达成这个目标有三个解决方案，一是源头调水方案，即西线工程现方案；二是中游调水方案，即长江调水方案或称三峡调水方案；三是下游调水方案，即长江下游向黄河下游送水，黄河下游省市在不减少原有水量的条件下，腾出部分黄河用水指标还给黄河上中游省区的方案。加快推进长江上游水权制度建设，一方面有利于推动全国水权制度格局形成，进而为解决黄河上游缺水问题提供更加可靠的制度方案，避免工程建设的高成本和高风险；另一方面，当南方流域初始水权分配完成，特别是针对航运、发电等河道内用水分配确定，有利于全面评估西线工程对南方流域经济发展和资源环境的长远影响，确保兼顾各方利益，确保区域生态与发展并重，确保中华民族子孙后代的福祉。

六、强化人才、科技等水权制度建设的双重保障

落实水量监测管控制度是南方流域落实水权改革的重要保障，关键在于基

层水管人才队伍建设。用水计量设施的使用监督、运行管理和日常维护均需专门人员负责，其中维护职能可逐步通过市场化措施解决，建议田间设施管理职能可交于村委，水管部门定期对相关干部开展业务培训和履责监督。积极探索水系联网工程。借鉴南水北调中线工程、陕西省引汉济渭工程、河南水联网工程等建设经验，依托已有河道和渠系，结合重大水利工程布局，加速推进流域水网建设，进一步打通相同水系内各个流域间的水量通道，在关键节点辅以调蓄工程，实现流域间的水系互联、水量互补、水质互馈和水运互通。

着力提升水利信息化建设水平。借鉴黄河流域经验，以长江水利委员会、珠江水利委员会等流域管理机构为统领，各省水利部门为落实，根据计量设施和取水闸口配置情况，逐步推进用水设施完善化合理化布局，积极推进涉水资源管理技术变革和调整，重点拓展"互联网＋水利"监管模式，在具备条件的小流域开展"数字"流域建设行动，配合长江流域"水利一张图"建设推进南方流域水资源管理水平提升。整合水文、气象、防洪、农业、生态等监测系统，结合水质自动检测站建设规划，打造南方地区各大流域专属的水环境综合监测数据库及指令系统；总结提升河长制建设基础，协同推进流域管理终端化、移动化和精细化，重点研发流域管理 App，将流域数据、管理体系、权责机制均纳入 App 体现，并逐步开放公众接入端口，接受社会监督，共保一江清水源远流长。

第二篇　分　论

第六章　南方流域水权确权的体系及方法

《水法》第三条规定，水资源属于国家所有。水权确权一般指对“水资源使用权”的分配和确定，是指单位或个人依法对国家所有的水资源进行使用、收益的权力。南方流域水权确权可以按照政府主导、公平公开，可以持续、留有余量，生活优先、注重生态的原则，科学合理地将可以持续使用的水量分配给灌区、单位和个人，对水资源使用权（水权）进行确权登记。

一、基本背景

（一）南方流域水权确权的基本逻辑

初始水权分配和确权是积极响应国家对水资源管理要求的体现，党的十八届三中全会决定明确提出，“健全自然资源资产产权制度和用途管制制度。对水流、森林、山岭、草原、荒地、滩涂等自然生态空间进行统一确权登记，形成归属清晰、权责明确、监管有效的自然资源资产产权制度”。初始水权分配和确权是水权制度建设的前提条件和基础环节，其本质上是水资源的行政配置，是政府对区域内涉水利益进行分配或规范，从而刺激用水主体提高用水效率，对更加经济性的涉水产出形成激励。因此，在南方流域水权实际分配和确权中，应当基于系统学和可持续发展理论，把握丰水地区水资源开发利用特征，建立水资源—经济社会—生态环境的复合系统，分析不同的水权分配方案对各个子系统带来的影响并综合判断其对系统整体的冲击。

（二）南方流域水权确权的基本层次

水权配置的层次划分可根据主体的不同，自上而下划分为三个层次，即流域配置、地区配置和终端用户配置。流域配置是由各省级行政区水行政主管部门（即省水利厅）向派出的流域机构或流域机构向所属地方水行政主管部门的水权配置；地区配置是由各地市政府向其下辖的各级县、区单元进行的配置；终端用户配置是由各级相应的水行政主管部门对最终用水户的配置，目前主要体现在取水许可申请。水权配置层次框架见图 6–1 所示。

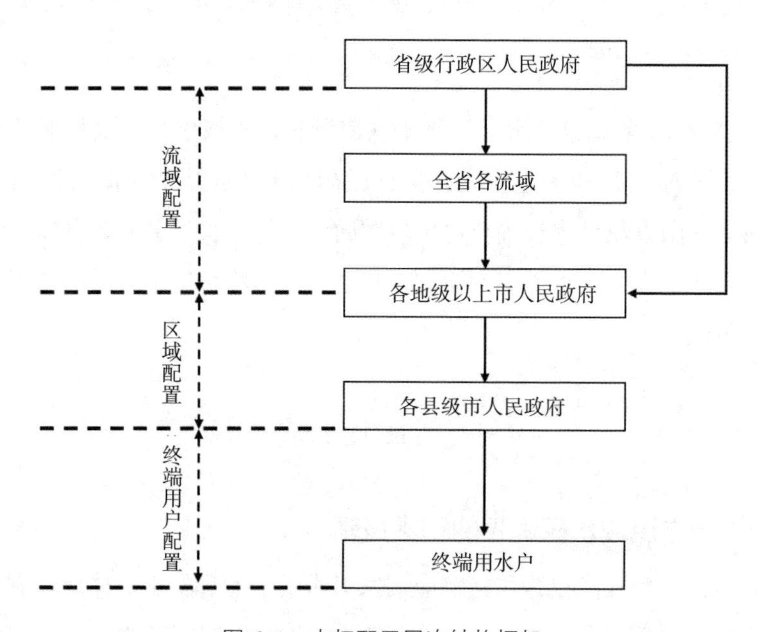

图 6–1　水权配置层次结构框架

资料来源：根据《实行最严格水资源管理制度考核办法》等文件整理。

二、南方流域水权确权思路

流域水权主要通过各流域水资源 / 水量分配方案确定。①分配原则。流域水量分配遵循用水主体用水公平和分配公正，兼顾现状用水与未来发展趋势，坚持水量水质联动控制，强调水资源可持续利用和合理保护，分配和确权中优先保证生活和生态等基本用水。②分配范围。南方流域各大流域供水所涉及的行政区域。③分配要求。以流域河川径流量为分配对象，优先保障确保河道内生态基流，适当考虑航运和发电流量，科学推进流域防洪、调水、供水等用水需求，区分正常来水年、丰水年、枯水年等情况制定差异化的水量分配指标体系，形成科学动态的水权分配方案，进而在具备条件的区域和行业内积极推进水权向终端用水户确权分解，同时以流域水量水质综合评价水平及发展目标为导向，为各控制断面最小下泄流量和水质管理控制指标制定提供科学指引。

（一）珠江流域

珠江流域水权以各子流域水量分配方案的形式确定，目前已正式批准实施的流域水量分配方案有东江、鉴江、北江、西江、韩江、柳江、黄泥河等。

1. 东江流域水权确权

2008年《广东省东江流域水资源分配方案》正式批准实施。具体分配方案：

（1）正常来水年（90%保证率）水量分配

坚持照防洪、供水、发电的功能序列，对控制性水库进行联合调度，保障正常来水年可供河道外的最大取水量为106.64亿立方米/年（包括东深工程11亿立方米），各地区各行业的具体分水量详见表6-1。

表6-1　东江流域正常来水年区域及行业水权分配情况

单位：亿立方米

地区	农业分配水量	工业、生活分配水量	总分配水量
广州	4.2	9.42	13.62
惠州	13.79	11.54	25.33
东莞	1.92	19.03	20.95
梅州	0.2	0.06	0.26
河源	12.2	5.43	17.63
韶关	0.98	0.24	1.22
深圳	0.27	16.36	16.63
香港	0	11	11
合计	33.56	73.08	106.64

资料来源：《广东省东江流域水资源分配方案》。

（2）特枯来水年（95%保证率）水量分配

特枯来水年份可供河道外最大取水量为 101.83 亿立方米 / 年（包括东深工程 11 亿立方米），各地区各行业的具体分水量见表 6–2。

表 6–2　东江流域特枯来水年区域及行业水权分配情况

单位：亿立方米

地区	农业分配水量	工业、生活分配水量	总分配水量
广州	3.91	8.94	12.85
惠州	12.89	11.16	24.05
东莞	0.71	18.73	19.44
梅州	0.17	0.05	0.22
河源	11.72	5.34	17.06
韶关	0.89	0.24	1.13
深圳	0.17	15.91	16.08
香港	0	11	11
合计	30.46	71.37	101.83

资料来源：《广东省东江流域水资源分配方案》。

2016 年《东江流域（石龙以上）水量分配方案》出台，确定 2030 年以前东江流域（石龙以上）区域水权分配给江西省 3.33 亿立方米、广东省 43.43 亿立方米。

2. 鉴江流域水权确权

2010 年《广东省鉴江流域水资源分配方案》正式实行，具体分配方案为：

（1）正常来水年（90%保证率）水量分配

综合考虑不同来水年型鉴江流域取用水情况、流域调蓄能力、水资源时空分布特点以及水功能区水质目标，正常来水年鉴江流域可供河道外分配使用的年最大取水量为 31.29 亿立方米，其中茂名市分水量为 23.9 亿立方米，湛江市分水量为 7.39 亿立方米，两市具体水量分配见表 6–3。

（2）特枯来水年（90%—95%保证率）水量分配

特枯来水年鉴江流域可供河道外分配使用的年最大取水量为 29.50 亿立方米，其中茂名市分水量为 22.48 亿立方米，湛江市分水量为 7.02 亿立方米（见表 6–3）。

表 6-3　鉴江流域水量分配表

单位：亿立方米

来水年		正常来水年	特枯来水年
茂名市	鉴江流域	22.88	21.46
	博贺新港区	1.02	1.02
	小计	23.9	22.48
湛江市	鉴江流域	4.94	4.57
	东海岛	2.45	2.45
	小计	7.39	7.02

资料来源：《广东省鉴江流域水资源分配方案》。

3. 北江流域水权确权

2017 年，广东省水利厅发布了《广东省北江流域水资源分配方案》。

具体分配方案：

根据国家有关要求，综合考虑广州北江引水工程调水量及北江流域地下水开发利用量，确定 2030 水平年各有关地级以上市分配总水量合计为 56.68 亿立方米，各地区分配水量详见表 6-4。

表 6-4　广东省北江流域 2030 年水平年水量分配表

单位：亿立方米

地级行政区		分配水量	
		其中地表水	
广州市		3.79	3.28
其中广州市北江引水工程		2.92	2.92
佛山市		1.20	1.06
韶关市		22.10	20.34
河源市		0.24	0.24
肇庆市		8.99	8.34
清远市		20.36	18.71
合计		56.68	51.97
	其中不含广州市北江引水工程	53.76	49.05

资料来源：《广东省北江流域水资源分配方案》。

4. 西江流域水权确权

2020 年，广东省水利厅发布了《广东省西江流域水量分配方案》。

在 2030 年水平年，广东省西江流域地表水多年平均来水条件下，向本流域分配的河道外总水量 31.02 亿立方米，其中清远市 0.26 亿立方米、茂名市 2.97 亿立方米、云浮市 16.27 亿立方米、肇庆市 11.52 亿立方米。不同来水条件下，广东省西江流域河道外地表水 2030 年水量分配方案详见表 6–5。

表 6–5　广东省西江流域水量分配方案

地级行政区	来水频率	分配水量（亿立方米）
清远	50%	0.25
	75%	0.29
	90%	0.33
	95%	0.35
	多年平均	0.26
茂名	50%	2.9
	75%	3.24
	90%	3.25
	95%	3.17
	多年平均	2.97
云浮	50%	16.1
	75%	17.4
	90%	18.27
	95%	18.95
	多年平均	16.27
肇庆	50%	11.53
	75%	12.16
	90%	12.7
	95%	13.1
	多年平均	11.52
合计	50%	30.78
	75%	33.09
	90%	34.55

续表

地级行政区	来水频率	分配水量（亿立方米）
合计	95%	35.57
	多年平均	31.02

资料来源：《广东省西江流域水资源分配方案》。

5. 柳江流域水权确权

2018 年，水利部印发《柳江流域水量分配方案》。方案确定至 2030 年，柳江流域河道外地表水多年平均分配水量分别为：贵州省 6.55 亿立方米、湖南省 0.23 亿立方米、广西壮族自治区 45.63 亿立方米。柳江流域不同来水条件下河道外 2030 水平年地表水水量分配方案详见表 6–6。

表 6–6　柳江流域水量分配方案

省区	来水频率	分配水量（亿立方米）
贵州	50%	6.66
	75%	6.99
	90%	7.28
	多年平均	6.55
湖南	50%	0.23
	75%	0.2
	90%	0.26
	多年平均	0.23
广西	50%	46.30
	75%	46.31
	90%	50.08
	多年平均	45.63
柳江流域	50%	53.19
	75%	55.54
	90%	57.62
	多年平均	52.41

资料来源：《柳江流域水量分配方案》。

6. 黄泥河流域水权确权

2016年,《黄泥河水量分配方案》正式实行。方案确定至2030水平年,黄泥河流域河道外地表水多年平均分配水量分别为:云南省5.22亿立方米、贵州省1.81亿立方米。

（二）长江流域

截至目前，长江水利委员会组织开展的第一批汉江、嘉陵江、岷江、沱江、赤水河，第二批金沙江、乌江、牛栏江和第三批沅江共9个流域水量分配方案均已获水利部批复正式实行。

1. 汉江流域水权确权

2016年,《汉江流域水量分配方案》获批复，方案确定2020水平年，汉江流域河道外地表水多年平均分配水量分别为:陕西省25.24亿立方米、湖北省116.74亿立方米、河南省23.92亿立方米、四川省0.05亿立方米、重庆市0.49亿立方米、甘肃省0.01亿立方米。

2030水平年，汉江流域河道外地表水多年平均分配水量分别为:陕西省26.26亿立方米、湖北省117.33亿立方米、河南省25.28亿立方米、四川省0.07亿立方米、重庆市0.55亿立方米、甘肃省0.01亿立方米。

2. 嘉陵江流域水权确权

根据《嘉陵江流域水量分配方案》,2020水平年，嘉陵江流域河道外地表水多年平均分配水量分别为:陕西省1.17亿立方米、甘肃省4.99亿立方米、四川省88.35亿立方米、重庆市20.79亿立方米。

2030水平年，嘉陵江流域河道外地表水多年平均分配水量分别为:陕西省1.26亿立方米、甘肃省5.98亿立方米、四川省95.02亿立方米、重庆市22.68亿立方米。

3. 岷江流域水权确权

《岷江流域水量分配方案》确定，2020水平年，岷江流域河道外地表水多年平均分配水量分别为:四川省86.06亿立方米、青海省0.20亿立方米;2030水平年，岷江流域河道外地表水多年平均分配水量分别为:四川省94.02亿立方米、青海省0.34亿立方米。

4. 沱江流域水权确权

根据《沱江流域水量分配方案》，2020 水平年，沱江流域河道外地表水多年平均分配水量分别为：四川省 64.97 亿立方米、重庆市 3.45 亿立方米；2030 水平年，沱江流域河道外地表水多年平均分配水量分别为：四川省 66.54 亿立方米、重庆市 3.87 亿立方米。

5. 赤水河流域水权确权

根据水利部对《赤水河流域水量分配方案》的批复，2020 水平年，赤水河流域河道外地表水多年平均分配水量分别为：云南省 0.64 亿立方米、贵州省 7.91 亿立方米、四川省 2.97 亿立方米；2030 水平年，赤水河流域河道外地表水多年平均分配水量分别为：云南省 0.79 亿立方米、贵州省 8.16 亿立方米、四川省 2.98 亿立方米。

6. 金沙江流域水权确权

根据《国家发展改革委　水利部关于金沙江流域水量分配方案的批复》，2030 年，金沙江流域地表水多年平均来水条件下，流域河道外总分配水量 116.04 亿立方米，其中：青海省 0.56 亿立方米、西藏自治区 1.16 亿立方米、四川省 40.45 亿立方米、云南省 72.04 亿立方米、贵州省 1.83 亿立方米。不同来水条件下 2030 年水量分配方案见表 6–7，其中云南分配水量中含跨流域调入水量 0.66 亿立方米。

表 6–7　金沙江流域水量分配方案

省级行政区	来水频率	分配水量（亿立方米）
青海	50%	0.56
	75%	0.59
	90%	0.50
	多年平均	0.56
西藏	50%	1.18
	75%	1.23
	90%	0.94
	多年平均	1.16

续表

省级行政区	来水频率	分配水量（亿立方米）
四川	50%	41.76
	75%	44.64
	90%	40.76
	多年平均	40.45
云南	50%	72.95
	75%	75.80
	90%	63.83
	多年平均	72.04
贵州	50%	1.84
	75%	1.92
	90%	1.64
	多年平均	1.83
合计	50%	118.30
	75%	124.18
	90%	107.67
	多年平均	116.04

资料来源：《国家发展改革委　水利部关于金沙江流域水量分配方案的批复》。

7. 乌江流域水权确权

根据《水利部关于批复乌江流域水量分配方案的通知》，乌江流域所涉及省区 2020 年和 2030 年水量分配方案见表 6–8。

表 6–8　乌江流域水量分配方案

省级行政区	来水频率	分配水量（亿立方米）	
		2020 年	2030 年
云南	50%	0.70	0.78
	75%	0.76	0.84
	90%	0.67	0.75
	多年平均	0.61	0.79

续表

省级行政区	来水频率	分配水量（亿立方米）	
		2020 年	2030 年
贵州	50%	61.28	65.04
	75%	65.57	68.62
	90%	55.62	59.09
	多年平均	61.54	65.50
重庆	50%	7.16	7.72
	75%	8.00	8.54
	90%	6.60	7.15
	多年平均	7.33	7.88
湖北	50%	1.07	1.11
	75%	1.25	1.27
	90%	0.94	0.97
	多年平均	1.09	1.11
合计	50%	70.21	74.65
	75%	75.58	79.27
	90%	63.83	67.96
	多年平均	70.57	75.28

资料来源：《水利部关于批复乌江流域水量分配方案的通知》。

8. 牛栏江流域水权确权

根据《牛栏江流域水量分配方案》，牛栏江 2020 年和 2030 年河道外地表水水量分配详情见表 6–9。

表 6–9　牛栏江流域水量分配方案

省级行政区	来水频率	分配水量	
		2020 年	2030 年
云南	50%	6.43	6.47
	75%	6.76	7.07
	90%	5.49	5.90

续表

省级行政区	来水频率	分配水量（亿立方米）	
		2020 年	2030 年
云南	多年平均	6.31	6.64
贵州	50%	0.71	0.70
	75%	0.75	0.72
	90%	0.63	0.62
	多年平均	0.67	0.69
合计	50%	7.14	7.17
	75%	7.51	7.79
	90%	6.12	6.52
	多年平均	6.98	7.33

资料来源：《牛栏江流域水量分配方案》。

9. 沅江流域水权确权

2020 年《沅江流域水量分配方案》获水利部批复，沅江流域 2030 水平年不同来水条件下地表水分配水量详见表 6-10。

表 6-10　沅江流域水量分配方案

省级行政区	来水频率	分配水量（亿立方米）
贵州	50%	18.41
	75%	19.96
	90%	18.99
	多年平均	18.98
湖南	50%	37.46
	75%	43.97
	90%	40.68
	多年平均	39.57
重庆	50%	3.03
	75%	3.36
	90%	3.28
	多年平均	3.21

续表

省级行政区	来水频率	分配水量（亿立方米）
湖北	50%	0.894
	75%	1.118
	90%	1.044
	多年平均	1.003
合计	50%	59.79
	75%	68.42
	90%	64.00
	多年平均	62.77

资料来源：《沅江流域水量分配方案》。

三、南方流域行政区水权确权思路

（一）初始水权确定

近年来，各省积极开展多项水资源调度工作，构建水资源配置规划体系，编制修订各省市水资源综合规划、水资源开发利用规划、水资源保护规划、流域综合规划以及供水规划等，构建起本地水资源规划体系，为水资源优化配置奠定了规划基础。

自 2008 年开始，珠江流域范围内省级行政区人民政府以及流域委员会陆续制定了东江、鉴江、北江、西江、韩江、柳江、黄泥河等支流的水资源 / 水量分配方案；长江水利委员会组织开展长江各子流域水量分配方案，截至目前获水利部批复的有汉江、嘉陵江、岷江、沱江、赤水河、金沙江、乌江、牛栏江和沅江等。

流域水权分配需要在满足河道内基本用水后开展，严格按照国家最严格水资源管理“三条红线”的用水控制指标要求，综合考虑流域水资源时空分布、区域用水时间及点位特征、水资源屯蓄调度能力等方面因素，确定流域年度最大可分配水量，进而根据区域水资源供需平衡结果形成区域水权分配比例依据，最终确定各用水单元水量指标。当确定各点位断面常态化取水规模后，则可结合流域长系列径流过程，同时统筹水功能区纳污能力和指标要求、下游地区需水用水变化、河道内发电和航运基流水平等，确定主要控制断面最小下泄流量控制指标及断面水质控制要求，进而形成水质水量协同的水权配置方案。

此外，根据《国务院关于实行最严格水资源管理制度的意见》、《国务院办公厅关于印发实行最严格水资源管理制度考核办法的通知》等有关规定，包括南方流域在内的全国各省级行政区均需对基层行政单元的初始水权进行明确划定，该初始水权分配方案以各省市水资源开发利用的现状为基础，以水资源可利用量为控制，体现统筹治水、科学用水、依法管水的治水理念，推行需水管理，统筹协调生活、生产和生态用水，保障水资源可持续利用。

结合以上我国在水资源管理上取得的成果，初始水权的分配拟以各省市总量控制方案、流域分水方案和取水许可制度为依据进行初始水权的流域配置、地区配置及终端用户配置。由省级行政区水行政主管部门分配到各地政府水行政主管部门的初始水权以各省各流域分水方案为依据，尚未进行流域分水的地市将以最严格水资源管理制度考核办法中的用水总量控制指标为依据，对现阶段各省各地级市的初始水权进行界定；由各市水行政主管部门分配到各县、区的初始水权及由各县、区分配到各终端用水户的初始水权以取水许可为依据。

终端用水户是直接的用水单元，也是水权交易最终和最为活跃的市场力量，对于用水户的初始水权分配，应完善取水许可和水资源论证制度，并加快和完善取水管理监控体系建设，以取水许可作为用水户的初始水权分配依据。

（二）政府预留水量

政府预留水量的目的是为了有效调控水资源供需、缓解水危机和合理保证发展用水。 在我国已经出台的水量分配、水权转换等水权制度建设的框架性和纲领性文件中，多次提及政府预留水量的处理方法和指导意见。例如，《水量分配暂行办法》中规定：“为满足未来发展用水需求和国家重大发展战略用水需求，根据流域或者行政区域的水资源条件，水量分配方案制定机关可以与有关行政区域人民政府协商预留一定的水量份额。预留水量的管理权限，由水量分配方案批准机关决定。”《水利部关于印发水权制度建设框架的通知》中指出：“各地在进行水权分配时要留有余地，考虑救灾、医疗、公共安全以及其他突发事件的用水要求和地区经济社会发展的潜在要求。”可见，我国相关政策出于对未来发展需求、公共安全、突发事件等考虑，提出在水权分配中应当预留部分水量作为储备水权，具有较高的理论指导意义和实践价值。

根据预留水量的主要用途可分为应急和发展预留水量，其中应急预留水量中主要用于社会经济应急发展、生态环境应急供水、水权市场供求应急调控等方面；发展预留水量则主要储备发展避险、发展协调、重大战略等方面用水需求。此外，随着水权交易制度的推进与实践，各级政府回收、回购的水权以及政府可支配的总量余额指标亦可纳入政府发展预留水量。

根据水资源分级负责的原则，将政府预留水量分为省级和地市级。

（三）典型地区分析

2013 年，为推进实行最严格水资源管理制度，确保实现水资源开发利用和节约保护的主要目标，国务院办公厅印发《实行最严格水资源管理制度考核办法》，框定各省区 2015 年、2020 年、2030 年的用水总量控制目标。在此基础上，各省区制定本省最严格水资源管理考核办法，将用水总量控制指标分解下达至各地市。

以广东省为例，广东省人民政府于 2016 年印发《广东省最严格水资源管理考核办法》，分解下达了各地级以上市 2016—2030 年用水总量控制指标（见表 6–11），同时全省所有地级以上市已将用水总量控制指标分解下达到了各县（市、区），例如广州市（见表 6–12）。以最严格水资源管理制度为基础，广东省建立起省、市、县三级行政区域全覆盖的水资源管理“三条红线”控制指标体系，完成了县级以上行政区的水权确权。

表 6-11　广东省各地级以上市用水总量控制目标

单位：亿立方米

行政区	2016—2030 年
广州市	49.52
深圳市	21.13
珠海市	6.84
汕头市	12.38
佛山市	30.52
韶关市	23.20
河源市	20.00
梅州市	24.20
惠州市	21.94
汕尾市	11.46
东莞市	22.07
中山市	16.53
江门市	28.73
阳江市	14.44
湛江市	29.45
茂名市	28.80
肇庆市	21.00
清远市	20.70
潮州市	9.25
揭阳市	17.46
云浮市	16.50
全省	450.18

资料来源：《广东省最严格水资源管理考核办法》。

表 6-12　广州市各区域用水总量控制指标（2016—2030 年）

行政区	年用水总量控制指标（亿立方米）
越秀区	2.15
海珠区	2.60
荔湾区	2.13

续表

行政区	年用水总量控制指标（亿立方米）
天河区	3.25
白云区	4.37
黄浦区	6.50
花都区	5.50
番禺区	5.00
南沙区	6.50
从化区	2.85
增城区	6.69

资料来源：《广州市实行最严格水资源管理制度考核办法》。

此外，在“十二五”期间，广东省通过省级财政投资农业节水后回收了部分用水总量控制指标作为省级储备水权，用于保障重点项目建设和协调空间战略发展。部分地市在建立本辖区用水总量控制指标时，亦相应预留了用水总量控制指标，建立了本级储备水权。

四、南方流域行业水权确权思路

行业水权确权通过对终端用水户确权实现，一般是通过严格取水许可制度，分别针对非农业用水户和农业用水户开展了节水挖潜和水权确权工作，将水权明确到具体用水户。

用水户水权确权的基本途径：一是将取水许可作为水权确权的基础，通过水权确权深化、完善取水许可制度；二是按照先易后难、先急后缓、逐步推进的原则，重点开展试点范围内有交易需求和具备条件的用水户确权；三是严格总量控制和用水定额管理，对已发证用水户强化取水许可延续评估，通过水平衡测试、用水评估等措施综合分析用水效率，依照取水许可管理法规，核减不合理许可水量，核定用水户合理取水权，对于新建、改建、扩建工程则通过严格水资源论证牢牢把住水量核定关口；四是取水许可重点明确取水量指标、用途管制、取水方式、取水地点、计量设施、使用年限以及相应权利、责任和义务等内容。

（一）非农业水权确权

在非农业用水户确权方面，以取水总量控制、用水定额管理等为基础，通过综合分析已颁发取水许可证的用水户用水现状、用水效率、生产规模等要素，依照取水许可管理相关法规，通过水平衡测试、用水评估等措施，核定用水户的合理取水权，同时及时注销因各种原因已经停止取水的用水户取水许可证。

通过取水权确权实践总结，全面规范了广东省取水许可和水资源论证管理工作，严格核定许可水量，核减不合理审批水量，加强取水许可事中和事后监管。全省各级审批机关严格水资源论证，规范取水许可审批程序；严格水资源用途管制，规范取水用途监管；坚持总量控制和定额管理，严格审批取水规模；严格核定用水户许可水量，在用水总量分配中要留有余地，节省用水指标；规范取水许可、取水许可延续和验收管理。

试点期间，作为广东省水权潜在交易项目的受让方旺隆电厂和中电荔新电厂，通过水平衡测试及分析，准确掌握了电厂取水、耗水及排水指标，绘制了全厂水平衡图，评估了电厂用水水平，确定两电厂的年合理需求量分别为17044万立方米、24000万立方米。东莞市按照《广东省用水定额》的要求，共核减了21户工业用水户年许可水量，共核减年许可水量434万立方米。中山市对全市范围的165户非农用水户进行了取水量核定，核减了11户年许可水量共142万立方米。严格水资源论证把关，2016年全省经水资源论证核减水量1297万立方米。东江流域许可水量占实际用水量比例从2013年的74%提高到2016年的82%。2016年全省工业企业许可水量占实际用水量比例为92%，较2013年工业企业占比82%提高了10%。可见广东省工业企业发证率已较高，非农业用水户确权基本全覆盖。

（二）农业水权分配

农业水权确权及节水潜力研究简单来说就是水资源在农业生产中实现资源的过程，通过明晰水权、优化配置和节约用水，从而提高水资源的利用效率和效益。在水权、水市场理论指导下推行政府和市场配置"两手发力"相结合的新模式是水资源配置方式变革的方向，更是农业由粗放用水向节约型用水转变的重要变革。明晰水资源权属则是优化水权配置、提高水资源利用效率的前提和基础，是活跃水权流转市场的基本保障，对于水市场的培育和农业节水资金的引进有着重要的积极作用，农业灌区水权的确定对促进水权交易市场的顺畅运行具有重要意义。

1. 农业水权特点

由于传统农业用水理念和习惯以及水资源的自身特点，导致农业水权具有以下特点：

一是水权权属不清。主要表现为水权自身界定不明确，水权拥有的主体及其权利行使边界不明晰。目前，由于水系复杂、降水量大、设施不完善等诸多原因，南方流域农业水权分配和确权尚未广泛推进，农户并未实际掌握用水权，更多的是由政府或灌区管理单位进行统筹分配。因此南方流域农业水权制度成为实践操作盲点，主体不明、责任缺失、资源浪费、节水无力等众多问题多发、频发。特别在丰水地区，农业用水较为粗放，同时农业用水难以计量，用水量主要采用定额估算，导致农业用水权更为模糊。二是弱排他性。一方面是即使分配了农业用水限额，但实际中由于缺乏相应法律规章和设施体系，无法保证用水户的农业水权规模及其质量；另一方面，农户对节省出来的水量没有充足的自主权，广泛且统一的农业用水特征加之水市场建设滞后，导致农业节水成为指标性的空谈，严重缺乏微观支撑。这一问题在丰水地区更为突出，弱排他性更为明显，农业节水动力和意识相对薄弱，"有水滥用、无水着急""上游大水漫灌、下游无水可浇"和"政府发动搞节水、农民不愿搞节水"等现象在南方流域十分突出。三是不确定性。纵向分配上，农业水权是借助"命令与服从"界定各层级间的权责利关系，属于行政分配范畴，下级用户获取的水权受到高层级水权拥有者偏好影响，不确定性较强；横向配置上，平级用水户拥有的水权具有一定私有性质，难以形成横向的认可和沟通协调关系，在涉水纠纷中利益保障的优先性和合理性缺乏理论指引和操作规范，使得终端水权实现的规模和实际点位均存在不确定性。四是计量困难。与我国北方缺水地区不同，南方丰水地区由于受到雨热充沛的气候环境影响，河流众多、水系发达，尤其是农业灌区的水系错综复杂，灌区的进水口和出水口众多，并伴有地表水和地下水的相互补给，导致计量设施的安装条件较差，计量监控技术难度较大，计量监控成本高。另外，由于受到强降水和部分地区的咸潮影响，在雨季会出现排水量甚至超过灌溉用水量的现象，导致用水计量误差较大。因此，在农业水权计量监督和管理方面仍存在着较大的现实难度。

2. 农业水权分配方法研究现状

农业水权分配关键在于要让其分配结果被农民广泛且持续地接受，这也是解决农业涉水利益纠纷的关键所在。目前农业水权分配方法主要包括以下几种：一是主因素分配法，类似集中分配法，常按照人口、灌溉面积、产值等农业生产主因素进行分配；二是时间序列分配法，即在可持续发展原则下强调农业用水在当期和下一期间的合理调控；三是基于满意度决策的理论方法模型；四是多因子综合分配法。由于我国南方流域水资源的特点和农业传统的用水理念，再加之农业灌区、堰塘水库等的取用水许可制度建设的相对滞后性，导致以上部分过于细化的模型方法不适用于南方地区现状农业水权的分配。虽然现行水权制度中一般都采用了主因素分配法，但由于农业水权模糊性、弱排他性和不确定性较强，实际分配方案的应用程度并不高。在水权试点中，南方三个省份——广东省、江西省、湖北省——结合自身现状用水和以上方法的优势，探索出一套适用南方丰水地区的简便且具有操作性的农业水权确权方法，下文以广东省东江流域为例进行分析。

3. 南方流域农业水权确权实践

（1）广东省农业水权确权方法。广东省东江流域的农业水权确权分配方法，是基于最严格的水资源管理制度和取水许可制度，针对农业水权的基本特征，在东江流域农业用水现状及用水结构分析的基础上，以未来的用水趋势判断为导向、以现状用水为参考，从区域—行业—灌区三级层面构建区域农业水权体系，对区域水权进行逐层分配，并最终分配至农业灌区。第一层次，开展地市水权的县区分解，形成基层水权分配框架；第二层次，开展基层水权的行业分解，确定农业水权规模；第三层次，开展农业水权与灌区供水衔接，确定灌区各级输配水的权责体系。

根据《水法》的规定，农业水权的传统配置可以分为两个层面：一是各级政府及主管部门就水资源的宏观规划和调配，这种调配主要通过制定流域综合规划、水资源中长期供求规划和用水总量控制指标分解方案来实现的，这与广东省农业水权分配架构的第一层次相对应，属于宏观层次的农业水权配置。二是国家以无偿或有偿的方式出让水权给各用水主体，对应广东农业水权分配架构的第二、三层次，属于微观层面的配置。

区域水权确权情况，包括东江流域分配到流域内各地区的水量，以及各地级市分解到各县、区的用水指标见前文所述，在此不赘述。

在区域水权明晰的前提下，区域水权需要分解至各个行业，由此，按照行业可以细分为农业水权、工业水权、生活水权和生态水权等。其中，生活水权和生态水权是为了保障居民生活和生态安全的用水权，属于优先级别较高的水权；农业水权和工业水权属于生产水权，是保障农业和工业正常生产的用水权。从某种程度上来看，由于农业产值较低，与工业水权相比往往处于劣势地位，但农业作为保障粮食生产安全的基础行业，其用水权的保障要求更高。与发达国家相比，我国的农业用水行为粗放，农业用水效率低下，一方面是由于节水工程和设施配套不到位所致，但另一方面也是由于水资源的使用权属不明晰，造成过度取水和用水浪费的局面。因此，开展农业水权确权和分配，对于农业用水行为控制和节水潜力挖掘有着重要的理论意义和现实意义。2008 年，广东省东江流域各市在东江流域水资源分配方案中，分配了各市在东江取用农业水量的指标；2012 年，《广东省实行最严格水资源管理制度考核暂行办法》确定了各市农业用水总量控制指标；2016 年《广东省实行最严格水资源管理制度考核办法》虽未对农业农水控制指标作出明确分解，但各地市总量控制指标相对于 2015 年变化不大，因此，可以参考暂行办法中农业用水总量控制指标。

根据《广东省东江流域水资源分配方案》，分配了广东省东江流域内广州市（增城区）、深圳市、韶关市（新丰县）、梅州市（兴宁市）、河源市、惠州市和东莞市农业用水权指标，见表 6–13。

表 6-13　广东省东江流域各区域农业用水量指标分配表

单位：亿立方米

地区	P=90%	P=95%
梅州	0.2	0.17
河源	12.2	11.72
韶关	0.98	0.89
惠州	13.79	12.89
东莞	1.92	0.71
广州	4.2	3.91
深圳	0.27	0.17
东深对香港供水	0	0
合计	33.56	30.46

《广东省实行最严格水资源管理制度考核暂行办法》明确了广东各市 2015 年的用水总量控制指标，并分配到生活、工业和农业等主要用水行业。其中，由于历史背景和方案时间的差异，部分地市东江流域农业用水分配指标大于最严格水资源管理制度总量控制指标（如惠州市），根据从严管理的要求和方案时限要求，水权分配要以资源最小化为约束条件，即以流域水资源约束条件和区域行政配置要求为依据，取两者最小量为水资源使用权。2016 年颁布的《广东省实行最严格水资源管理制度考核办法》只分解了各地级市的用水总量控制指标，未对各行业用水量指标进行分解，但从用水现状及节水空间分析，农业节水空间较大，用水量将会随着节水工程的不断投入和管理水平的不断提升而逐渐减小，因此，以《广东省实行最严格水资源管理制度考核暂行办法》确定的各市 2015 年农业用水量指标作为农业水权是可以充分保障农业生产用水的需求。东江流域各地市农业用水总量控制指标见表 6-14。

表 6-14　广东省东江流域各市农业用水总量控制指标

地区	农业控制指标（亿立方米）
梅州	15.6
河源	11.6
韶关	12.0

续表

地区	农业控制指标（亿立方米）
惠州	12.5
东莞	1.7
广州	10.5
深圳	1.4

资料来源：《广东省实行最严格水资源管理制度考核暂行办法》。

（2）江西省农业水权分配方法。江西省水权确权试点以吉安市新干县、宜春市高安市、抚州市东乡县为试点区，重点开展三类农业水权分配及确权登记，一是具有取水许可证的各类用水户确权，二是国有水库和灌区范围内的农业用水户确权，三是农村集体经济组织及其成员水权分配等。按照江西省水利厅印发的《江西省水利厅推进水权试点工作方案》（水资源〔2015〕171号）和3个试点县（市、区）政府相应制定印发的《试点实施方案》部署，其确权主要分为两个层次、三个重点和九个环节。其中，两个层次为自上而下全面摸底、自下而上填报备案；三个重点为算水账、建制度、发权证，九个环节为水库分布图、水量计算法、水权宣传册、水权确权和管理制度、水权确权登记协议、水权登记申请表、水资源使用权证、水权数据库、水权计量监测体系。上述各大环节基本囊括了农业水权分配和确权的关键问题，在实际操作中取得了良好成效，但也存在较为烦琐和与实际分离的困境，需要日后持续破局。

（3）湖北省农业水权确权方法。湖北省宜都市作为全国7个水权试点单位之一，从2015年开始重点开展了农村集体经济组织堰塘水资源使用权确权工作，重点对宜都市123个行政村的8597口堰塘水资源使用权确权到了农村集体经济组织，发放了水资源使用权证，同时选取了2个行政村，将堰塘的灌溉用水权进一步确权到农户，打造“宜都市农村集体水权确权登记管理系统”，出台《宜都市农村集体水权确权登记办法（试行）》，为水权确权提供了制度保障。其主要做法与江西省做法内核相似，均是基于全面摸底的数据采集和整理过程，具体包括六个环节，即摸底调查、水量核算、堰塘治理、完善量水设施、建立确权制度、发放水权权证。

五、南方流域灌区水权确权思路

（一）灌区水权确权的对象

灌区管理单位作为农户的集中管理单位，是农业水权分配的主体，根据水利部印发的《用水权确权登记工作方案（征求意见稿）》，农业灌区的确权对象主要是指灌区内利用灌区供水系统进行灌溉的用水户，包括用水组织、农业大户、个体农户等，确权的主体应当是基层行政单元的水管部门。

（二）灌区水权确权的原则

一是坚持红线管控。严格执行用水总量控制制度，灌区水权分配和确权登记均需以区域用水总量控制指标分解情况和江河水量分配方案为基本框架，灌区水权分配规模必须以用水总量分配的农业水权为上限，各行政辖区内分配至各灌区的水权总和不能突破总量控制分配指标。二是坚持因地制宜。由于受到地区经济条件、农业种植结构、节水技术与工程投入、用水管理水平以及农户用水理念等众多因素差异性的影响，导致全省不同地区的农业用水效率差异化显著，农业灌区水权确权既要保障现有的农业用水合理需求，又要做到因地制宜，稳步推进。三是推进许可管理。为了提高农业用水效率，进一步落实最严格水资源管理制度，全省不断加强农业取水许可管理，对具备条件的灌区发放取水许可证，灌区的水权确权登记要与广东省农业取水许可管理衔接，灌区内用水户的用水权属凭证期限原则上与灌区管理单位或水源管理单位持有的取水许可证有效期限相一致。四是强调权责一致。明确权利人权利和对应的责任义务，确保确权登记公开、公正、透明。通过调整种植结构和节水等措施节约水资源，可以依法有偿转让，用水权人需接受水行政主管部门的监督管理。

（三）灌区水权确权的方法

对各个灌区的现状用水情况、用水户情况进行全面摸底，特别是需关注灌区总用水量、灌区可供水量、实际灌溉面积和种植结构、取水许可审批管理、分类用水定额、灌溉方法和用水组织建设等方面情况。在现状调查的基础上，按照面积和定额控制的方法，考虑现状用水效率，确定灌区分配的水权。

$$Q = D \times S \times \eta$$

（6—1）

式中：D 为用水净定额（立方米 / 亩），S 为灌区灌溉面积（亩），η 为灌溉水有效利用系数。

其中，作物净用水定额可根据各省用水定额、水资源综合规划、供水中长期规划的相关成果，按照不同作物的种植结构确定灌区的综合用水净定额。灌溉面积可以参考水利普查等成果，对于边界较为模糊的或者有较大调整的灌区，可采用遥感等手段进行灌溉面积与种植结构调查。灌溉水有效利用系数可根据《全国农田灌溉水有效利用系数测算分析技术指导细则》进行典型灌区测算，不具备条件的灌区，可根据渠系状况，采用类比法确定灌溉水有效利用系数。

（四）典型灌区分析

在确定农业水权分配和确权方法及模型的基础上，按照先急后缓和代表性强的原则，从列入广东省中小型灌区改造规划的灌区中，选取位于东江流域的广州市联和水库三江灌区，惠州市显岗水库灌区、白盆珠灌区、庙滩水库灌区和水东陂水库灌区 4 宗中型灌区，河源市禾坑水库灌区、水背灌区 2 宗中型灌区，以及河源市黄村镇园潭灌区和篮塘镇半径灌区 2 宗小型灌区作为东江流域典型农业灌区进行确权分析（基本情况见表 6–15）。选取的 9 宗灌区既有重点中型灌区，也有一般中型和小型灌区，从灌区的面积来看具有典型性和代表性；既有蓄水灌区，也有引水和自流灌区，从灌区的取水方式来看具有代表性；既有已开展节水改造的灌区，也有尚未开展改造的灌区，从灌区建设来看具有代表性。①

1. 联和水库三江灌区

联合水库三江灌区位于广州市增城区，有效灌溉面积为 1.3 万亩，灌溉保

① 灌区现状数据系调查所得。

证率达到90%，属于中型灌区。该灌区取水水源为惠州联和水库，渠道取水能力可达到2立方米/s，固定沟渠长度为29公里，现状完好率达到80%，渠系水利用系数达到0.50左右。

2. 显岗水库灌区

显岗水库灌区是博罗县内最大的水利灌区，设计灌溉面积为11.6万亩，服务于湖镇、龙溪镇、龙华镇、园洲镇和长宁镇等5个镇，灌渠工程兴建于1963年，运行至今已近50年。显岗灌区渠首共计24座，其中有4座渠首直接从显岗水库取水，2座渠首直接从大洞水库取水，剩余18座渠首均从显岗水库下游的沙河或主渠道上取水；灌区共有干渠27条、支渠82条，干渠总长107.7公里，支总渠长92.3公里。

3. 白盆珠灌区

惠东县白盆珠灌区（又名“白盆珠上鉴陂灌区”）是一座以灌溉为主的中型水利灌溉工程。工程自1964年兴建至今，已形成了渠首引水、渠中补水的灌溉体系和科学合理布局，现有工程主要包括：上游调节水库——白盆珠水库[大（1）型水库]、渠首引水陂——上鉴陂、上鉴陂干渠——左干渠及右干渠、渠中补水陂头——黄石径陂及山下陂、渠系建筑物及支渠、斗渠等。

白盆珠水库灌区已经列入了《广东省中型灌区续建配套与节水改造工程规划（2011—2020)》，计划节水改造工程加固改造渠道66.87公里，其中左干渠长38.63公里，右干渠长28.24公里；拆除重建、维修、新建各类渠系建筑物共计269座，配套灌区管理设施等建设。

4. 庙滩水库灌区

庙滩水库灌区建成于1957年，位于惠州市惠城区汝湖镇，灌溉惠城区汝湖镇11个行政村的1.432万亩农田，水源工程为庙滩水库，全灌区内共包括5条灌、排渠以及渠系建筑物，灌、排渠包括灌渠3条，排渠2条：总灌渠长度为1.86公里，西灌渠长度为3.98公里，东灌渠长度为4.41公里，东排渠长度为5.69公里，西排渠长度为11.82公里。主灌渠直接灌溉面积1200亩，东灌渠设计灌溉面积6900亩，西灌渠设计灌溉面积5100亩。

5. 水东陂水库灌区

水东陂水库灌区位于博罗县公庄镇水东陂水库下游，受益区划有博罗县公庄镇、龙门县平陵镇两镇，设计灌溉面积 4.37 万亩。灌区灌溉水源主要来自水东陂水库以及沿水东陂河及公庄河修筑的八座拦河水陂（沙陂、龙颈陂、北芬陂、桥上陂、黄陂大陂、十甲陂、八甲陂、四甲陂）。渠道工程包括 1 条主干渠，11 条干渠，干渠总长 84.11 公里，支渠 10 条，支渠总长 37.2 公里，渠道合计长 121.31 公里，灌区渠系建筑物约 465 座。

6. 禾坑水库灌区

禾坑水库灌区位于临江镇境内，涉及桂林、前进、禾坑、联新等 4 个行政村，总人口约为 1.2 万人，禾坑水库灌区的农田面积 10900 亩（其中水田面积为 6400 亩、旱地面积为 4500 亩），果园面积为 4000 亩。

禾坑水库于 1957 年 9 月建成，位于东江左岸临江镇禾坑管理区，属东江一级支流柏埔河的禾坑水上游，水库主要是满足临江镇禾坑、桂林、联新、前进等 4 个管理区农田的用水灌溉所需，枢纽工程主要由大坝、溢洪道、输水涵管三部分组成；禾坑水库灌区内另有 3 个小（2）型水库——大坑水库、月水坑水库、莲塘水库，3 座山塘及其下游水陂与禾坑水库进行结瓜可满足灌区内农田的灌溉用水需求。

7. 水背灌区

水背灌区位于河源市和平县大坝镇，引水水源为和平河及支流，灌区范围为大坝镇的水背村、汤湖村、上镇村、鹅塘村、半坑村、高发村、合水村共 7 个行政村。现状灌区渠道以土渠为主，经多年运行，渠系建筑物老化、渠道渗漏严重，渠系水利用系数仅为 0.45，显著地影响了灌区灌溉效益，目前灌溉面积仅为 1.08 万亩。水背灌区已列入广东省中型灌区续建配套与节水改造工程规划，拟改造干渠长度 9.65 公里；加固、重建或新建渠系建筑物共计 66 宗，其中重建渡槽 2 座、涵管 22 座、农桥 6 座，新建分水闸 2 座、溢洪堰 9 座，加固或重建水陂 25 座，改造后可满足 1.5 万亩灌溉用水要求。

8. 园潭灌区

园潭灌区位于河源市东源县黄村镇，取水水源主要有园潭水库、铁岗、梅龙和下漆陂等，渠首工程有 2 处，灌区现有灌溉面积 4200 亩，属于小型灌区，渠系取水能力约为 1.1 立方米 /s，现状渠系水利用系数约为 0.40，固定沟渠长度约 47.7 公里，固定渠沟系建筑物 60 处，该灌区已列入广东省山区小型灌区节水改造规划。

9. 半径灌区

半径灌区位于河源市紫金县篮塘镇境内，有效灌溉面积 1800 亩，属于小型灌区，取水水源主要为东心陂，采取自流放水的方式进行灌溉，现状沟渠过流能力达到0.5立方米/秒。该灌区现有渠首工程2处，实用固定沟渠2.2公里，基本以土渠为主，现状渠系水利用系数为 0.50，与小型灌区节水改造设计要求的 0.75 仍有一定差距。

表 6–15 东江流域所选典型农业灌区基本情况

序号	灌区名称	所在市县	水源名称	取水方式	取水流量（立方米/秒）	取水水量（万立方米）	设计灌溉面积（万亩）	实际灌溉面积（万亩）	设计灌溉保证率（%）	实际灌溉保证率（%）	现渠系水利用系数
1	联和水库三江灌区	广州增城	联和水库	蓄	2.0	5000	3.80	1.30	90	90	0.50
2	显岗水库灌区	惠州博罗	显岗水库	蓄	27.80	17210	11.00	7.25	90	70	0.41
3	白盆珠灌区	惠州惠东	西枝江	引	10.25	6640	13.96	6.00	90	40	0.40
4	庙滩水库灌区	惠州惠城	庙滩水库	蓄	1.30	801	1.32	1.00	90	40	0.40
5	水东陂水库灌区	惠州博罗	水东陂水库	蓄	5.0	3420	4.37	2.84	90	70	0.30
6	禾坑水库灌区	河源紫金	禾坑水库	蓄	1.6	1651	1.49	1.49	90	50	0.50
7	水背灌区	河源和平	和平河	蓄	1.5	1920	1.50	1.20	90	50	0.45
8	黄村园潭灌区	河源东源	园潭水库等	引、蓄	1.10	933	0.42	0.42	90	40	0.40
9	篮塘半径灌区	河源紫金	东心坑陂等	自流	0.50	385	0.18	0.18	90	45	0.50

资料来源：《广东省中型灌区续建配套与节水改造工程规划（2011—2020）》，以及调研取得资料。

根据前述灌区水权分配的原则和方法，可采用定额法对以上典型灌区进行水权确权案例分析。基于区域和行业水权分配的历史基点，《广东省东江流域水资源分配方案》颁发于 2008 年，而《广东省实行最严格水资源管理制度考核暂行办法》以 2010 年为基准年。《广东省中型灌区续建配套与节水改造工程规划（2011—2020）》和《广东省小型灌区改造工程建设规划（2011—2020）》也是以 2010 年前的调查资料为依据，节水工程的投入基本都在 2011 年之后开展。因此，考虑到区域和行业分水时间节点的历史原因，以及各灌区灌溉工程条件的差异、节水改造措施投入的差异，为了确保各灌区合理的灌溉用水权和水权分配的公平性，本研究考虑典型水权确权以 2010 年为确权基准年，核定各灌区的用水权。用水权核定需优先考虑用水定额计算，从各市的土地利用规划和使用现状来看，随着城镇化的大面积扩张，未来各地农业有效灌溉面积增加的可能性极小，根据各市农业发展与土地利用预测成果，至 2030 年，各地耕地面积将保持平稳，局部地区只是耕地类型的调整，主要表现为人口密集区域对菜地的需求量在不断增加。由此可知，在耕地面积趋稳的背景下，各灌区的有效灌溉面积亦将稳定。

根据这一思路，广东省开展了灌区水权确权分配工作。据统计，至 2016 年广东已发放农业取水许可证 955 套，许可水量 53.6 亿立方米，约占广东省农业用水的四分之一，其中 36 个重点中型灌区（灌溉面积五万亩以上）核发取水许可证，农业许可水量 22.13 亿立方米。同时依托省和国家水资源监控能力建设项目，基本完成大型和重点中型灌区渠首取水计量监控设施建设，实现灌区渠首在线监测总有效灌溉面积为 735 万亩，在线监测灌区实际用水量约 52 亿立方米，占全省 2016 年农业实际用水量的 24%。惠州农业节水是全省潜在水权交易项目的转让方，惠州 27 个灌区已核发取水许可证，年许可水量共计 4.63 亿立方米。对节水改造完成后的灌区重新核发取水许可证，如龙平渠灌区由原来的年许可水量 11665 万立方米核减至 4044 万立方米。

通过农业水权确权和取水许可管理，明确了农业灌区的合理用水量，既防止了农业过度浪费水资源，又防止了合理的农业用水被挤占，充分保障了农业生产和农民的利益，是农业节水参与水权交易的基础。

六、南方流域水权确权思考和展望

（一）试点地区确权成效

广东、江西、湖北三省通过水权试点工作过程中，进一步增强丰水地区的节水意识，显著提高用水效率。经过3年的水权试点实践探索，各省节水成效良好，其中，广东地区成效颇为显著。与试点前2013年相比，2016年全省水资源利用效率和效益显著提高，用水总量减少8.2亿立方米，万元GDP用水量从71立方米下降到55立方米，万元工业增加值用水量从44立方米下降到34立方米。深圳和东莞等市节水型社会建设成效显著，与2013年相比，2016年深圳市万元GDP用水量从13立方米下降到10立方米，万元工业增加值用水量从9立方米下降到7立方米，工业用水重复利用率提高到100%，再生水利用率提高到75%，主要节水指标已经达到国家节水先进城市标准，用水效率在全国处于领先水平，被水利部授予第二批全国节水型社会建设示范区；东莞市万元GDP用水量从34立方米下降到27立方米，部分镇街供水管网漏损率下降至10%以下，用水水平在全省处于领先水平，被水利部授予第三批全国节水型社会建设示范区。惠州市和河源市积极开展农业灌区节水改造，参与交易的灌区农田灌溉水有效利用系数由0.4提高到0.6左右，农业节水成效显著。

（二）试点工作主要经验

1. 坚持问题导向，探索出了南方丰水地区水权改革的重点与路径

坚持问题导向是全面深化改革的基本遵循。总体上看，水权制度是现代水资源管理的有效制度，是市场经济条件下科学高效配置水资源的重要途径，也是建立政府与市场两手发力的现代水治理体系的重要内容。南方丰水地区从水权改革需求出发，逐步探索出了南方丰水地区水权改革的重点和路径，其探索重点是行政区确权和取水权确权。在行政区确权方面，基本路径是通过开展流域水量分配，将行政区用水总量控制指标落实到具体水源，明确各行政区的水权指标；对于东江等已经先行开展流域水量分配的流域，则实行行政区用水总

量控制指标和江河水量分配指标“双控制”，用水总量既不能超过行政区用水总量控制指标，也不能超过流域水量分配指标。在取水权确权方面，基本路径是规范和完善取水许可制度，其中对于已经发放取水许可证的用水户，重点是强化取水许可延续评估，通过水平衡测试、用水评估等措施综合分析用水效率，依法核减不合理许可水量；对于新建、改建、扩建项目等尚未发放取水许可证的用水户，重点是通过严格水资源论证核定许可水量，发放取水许可证。

2. 坚持系统推进，提高水权制度建设的系统性和可操作性

党的十八大以来，中央大力推进水权制度建设，对推行水权交易做出重要部署，但因我国水权制度建设总体上仍处在探索阶段，仍面临着一系列配套体系不健全的问题；虽然我国部分地区已有水权转让的实践，但基本属于个例，尚未形成可推广的系统性制度，加之时代背景和地域的差异，南方丰水地区的水权制度建设如何推进，一直是困扰政府和市场的难题。面对以上困难，从制度建设着手，以试点为依托，南方地区走出了一条系统性的水权制度建设之路。

一方面，注重水权制度建设的系统性和全面性。以广东省为例，广东省将建立和健全水权制度作为最终目标，将水权试点作为丰富和完善水权制度的实践手段。根据实际的省情和水情以及开展水权交易存在的问题，在水权确权明晰的基础上，开展了广东省水权交易制度研究，设计了水权制度基本框架，明确了水权制度建设需要界定的可交易水权内涵、水权交易的类型、水权交易的条件和需要完善的确权体系、法规体系、技术体系、市场体系和监管体系等五大配套体系。在水权试点工作中，着重从以上五个方面开展试点工作，建立了五项配套机制，初步健全了系统化、可操作的广东省水权制度。

另一方面，注重制度建设的可操作性和长效性。在水权确权研究和试点方面，建立了区域、流域和取水户三级层面的确权方法，明确了可交易水权的定义、水权交易的类型、交易的条件、交易双方的责任、监督管理要求等关键要素，细化了水权交易可行性论证的技术要求和水权交易的市场规则和流程。南方流域各个试点省份的水权制度建设不仅仅是为了满足试点的需要，更为试点后南方地区能出现的水权交易项目提供了一套有法可依、有章可循和可操作的制度体系。

3. 联动水权改革与小型水利工程产权改革，充分发挥改革的综合效益

农业水权确权是多项农村水利改革工作的基础和重要环节，必须关注到农业水权确权与农业涉水工程特别是小微水利和农田水利工程产权改革关系，根据农业水权分配情况开展农业涉水设施的产权改革，如农村集体的山塘、水库等，能够有效促进农业水利在建、管、用等方面的协调统一，促进农业高质量发展。

（三）水权确权改革展望

经过多年的探索与实践，我国已基本探明了水权确权的类型和路径，但水权改革尚存在一些薄弱环节，水权制度尚未完全建立，在水权确权方面，仍存在不少困难和问题。一是水权确权难度大，特别是南方流域水系复杂导致各级用水指标尚未完全衔接，且用水户用水行为缺乏有效规制、自备水源用水户统计不充分、灌区用水定额核定不科学、量水设施不完善等方面问题导致确权任务任重道远。二是水权监管存在不足，特别是水资源用途管制制度和用水行为监管能力上与北方地区仍有较大差距。三是法律法规制约，主要是关于区域水权的法律效力和实际内涵的匹配性问题，导致取水、用水、管水的权责利不清，水权分配、实现和管控均缺乏可靠的法律保障。

第七章　南方流域水权交易的技术要点

南方流域水资源丰富，但仍然面临着人均占有本地水资源量低于全国人均水平，水资源分时空布不均，以及局部地区水质型缺水严重等问题，特别是部分地区用水总量也已逼近总量控制红线。随着产业结构逐步调整，城镇化进程不断加快，南方流域对新增用水量需求仍然较大，水资源问题已成为约束社会经济可持续发展的瓶颈，急需创新水资源管理手段，探索水权交易成为必行之路。

一、基本背景

（一）南方流域开展水权交易的重大意义

研究出台专门用于水权交易技术论证的部门规范性文件，有利于规范和指导水权交易论证工作，是南方流域推进水权制度建设的重要工作任务之一，对建立健全我国水权交易论证技术体系，具有重要意义。一是完成全国水权试点任务的重要保障。研究建立水权交易技术论证体系是广东省水权制度建设的四大配套体系之一，也是水利部和广东省人民政府联合批复的《广东省水权试点方案》的主要工作任务之一。根据试点方案的任务要求，全省需要研究制定水权交易论证技术要求，建立包括水权交易资格、准入条件、必要性、合理性、可行性、对第三者影响以及生态补偿机制和保障措施等方面的水权交易技术论证体系。因此，研究和制定水权交易论证技术要求对于完成广东省水权试点任务具有重要的保障作用。二是指导水权交易论证方案编制的重要依据。根据《建设项目水资源论证导则》的要求，通过水权转让解决取水水源的建设项目，应开展水权转让可行性专题研究；根据《广东省水权交易管理试行办法》的规定，水权交易申请需要提交可交易用水总量控制指标来源的可行性和可靠性，以及交易后对区域水资源与水生态环境的影响分析材料。而我国目前尚无相应的论证技术规范或要求，亟须开展相应的研究，并制定技术要求，为水权交易主体或第三方论证技术单位编制技术方案提供重要的依据。三是提高水权交易监督管理水平的重要手段。水权交易涉及多方面的利益和责任，也有众多的问题需要阐明，《广东省水权交易管理试行办法》中也规定了水权转让的条件，如何实现对水权交易必要性、合理性和可行性的审查，以及交易过程中的监督和管理，是政府部门的重要职责。开展水权交易论证技术要点研究，建立对水权交易中存在的关键技术问题分析论证方法，对于政府部门提高水权交易监督管理水平，实现对水权交易材料的科学把关有着重要的作用。四是建立水权交易论证技术体系的重要依据。目前，我国市场化的水权制度建设正处于探索阶段，水权交易在我国仍属前沿课题，而与水权交易相关的论证技术体系尚未建立，亟须开展相关的研究工作，编制水权交易论证技术要求，填补我国在水权交易论证技术体系方面的空白。

（二）南方流域开展水权交易的技术困境

南方流域属于水资源相对丰沛的地区，如广东、江西、湖北等地，由于用水矛盾不突出、短期内水权交易需求不足，用水户对确权的积极性不高。此外，水权的具体权利和对应的责任还不够清晰，水权的确权期限不一致等。从全国层面看，用水总量控制指标细化到各河段、湖泊、水库和地下水源还存在许多技术难题，水资源使用权确权登记的边界约束条件尚不清晰。取水许可不规范，许可水量偏大，到期延续未核定水量的现象依然普遍存在，水权交易对第三者影响界定尚未有标准。

我国水权交易制度的建设仍处于探索阶段，水权交易技术论证体系未见雏形。根据现有的背景和条件，本次以广东省为例，研究构建水权交易技术论证体系：（1）归纳和总结国内外水权交易制度研究现状及实践情况，分析水权交易论证技术体系现状。（2）归纳全国及广东省水权交易试点情况，总结水权交易主要经验和存在主要问题。（3）按照《广东省水权交易管理试行办法》《建设项目水资源论证导则》等规定要求，在调研全国水权交易技术体系已有成果和广东省水权试点期间积累的大量水权论证技术分析经验基础上，重点分析水权转让的必要性和可行性、受让方用水需求、转让方水权指标等内容。(4) 结合全国水权试点及本项目研究成果，提出有关建议。

二、水权交易的中国实践

(一) 主要历程

相对于西方国家，我国水权制度建设起步相对较晚。自2000年浙江省东阳市和义乌市签订的有偿转让横锦水库的部分用水权的协议以来，我国多个省、市和地区一直在探索水权交易的实践活动。同时，从我国水权交易的类型上看，主要有区域之间的水权交易（如义乌市与东阳市之间的水权交易）、政府向企业有偿转让水权（如新疆吐鲁番地区向企业的水权转让）、农业向工业的水权转让（如宁夏农业灌区向电厂转让水权）和农业用水户之间的水权交易（如甘肃张掖市的水票交易）等种类。

党的十八大以来，以习近平同志为核心的党中央高度重视生态文明建设。为贯彻党的十八大“积极开展节能量、碳排放权、排污权、水权交易试点”、党的十八届三中全会“要健全自然资源资产产权制度和用途管制制度，划定生态保护红线，实行资源有偿使用制度和生态补偿制度，改革生态环境保护管理体制”和习近平总书记关于“节水优先、空间均衡、系统治理、两手发力”的治水思路，积极稳妥地推进水权制度建设。2003年开始，内蒙古、甘肃、宁夏等内陆干旱省份通过不断实践形成一套符合我国干旱半干旱地区的水资源管理模式。2014年7月1日，水利部印发《水利部关于开展水权试点工作的通知》，选取了河南、宁夏、江西、湖北、内蒙古、甘肃和广东7省区开展工作，主要任务是探索水权确权的路径与方式方法、不同类型的水权交易和水权制度建设。试点期间，广东省探索出上下游区域间水权交易模式，创建了华南地区首个水权交易平台，完成了华南地区首个水权交易案例，形成了属于南方丰水流域的水资源配置机制。宁夏红寺堡推行“水银行”交易模式，对农业灌溉水权进行多轮次间交易。2016年中国水权交易中心成立，大规模水权交易全面规范化交易，中小额水权交易备案化管理。2017年12月，全国7个水权改革试点基本完成，全部通过水利部验收。此后，河北、山东、陕西、新疆、浙江、湖南、重庆、云南等地陆续推进了省级水权制度建设工作。

（二）试点经验

一是更加深入认识了确什么权，为什么要确权。《水法》规定，水资源属于国家所有，所以水资源的所有权是明晰的；水权确权确的是水资源的使用权。第一，确权是交易的前提，没有确权，水权交易就无从谈起。第二，水权确权是落实最严格水资源管理制度，特别是用水总量控制制度的重要举措。在全国省、市、县三级的用水总量控制指标体系的基础上，进一步推进取用水户水权确权登记，实现用水总量控制指标的全面落地落实。第三，水权确权是解决区域间、用水户间用水争端的重要措施。通过确权，明确各自的可用水量份额并严格监管，可以有效促进解决用水争端和矛盾。第四，水权确权也是保障取用水户合法权益的重要依据。近年来，农业用水被侵占的现象时有发生，损害了农民利益。水权确权有利于保护农民合法权益，有利于保障国家粮食安全。

二是基本探明了确权的类型和对象。试点地区探索了区域和取用水户两个层面的确权。在区域层面，明确区域的取用水权益，主要体现为区域用水总量控制指标和具体江河的水量分配方案。河南平顶山、新密之间的南水北调中线工程区内的跨流域水权交易，其基础是完成了南水北调中线水在各市间的水权分配。内蒙古鄂尔多斯和巴彦淖尔市间的跨盟市水权交易，同为完成区域用水总量控制指标、产业水权以及引黄水权指标的分解和衔接。在取用水户层面，主要包括纳入取水许可的取水用户和灌区内农业用水户两种类型，分别在取水许可管理制度和水权证制度下进行推进。

三是基本探明了确权的主要路径与步骤。从总体上看，各试点采取了四个步骤：首先将区域用水总量控制指标分解到流域或具体水源，其次确定生活、农业、工业等行业水权配置方案，再次将确定行业用水定额标准和终端用水户的可用水量，最后是对上述体系进行复核、发证和计量监控。不同区域可按照当地实际情况参考上述流程进行差异化的实践操作。

四是探索形成了多种行之有效的水权交易类型与模式。主要包括区域间、取用水户间、收储水权等三类水权交易模式。（1）区域间水权交易。在用水总量控制指标和江河水量分配完成后，行政区域之间可通过调水工程交易节约或节余的水量。这种政府间的交易是在地方人民政府或者其授权的部门之间开展。如河南新密市和平顶山市依托南水北调工程开展的水量交易，山西、河北和北京开展的永定河上下游的水量交易。这种类型交易充分体现了运用市场手段促进区域间的水资源优化配置。过去我们一直通过行政手段配置和调节区域水资源，一个地方缺水，地方政府的主导思想是“等、靠、要”，希望上级政府通过行政协调解决本区域缺水问题；区域水权交易打破了传统行政配置区域水资源老路，开创了一种新的水资源配置模式。同时，地方政府认识到，多用水还需要向其他地区购买水权，极大地提高了地方政府的节水意识，促进其进一步挖掘本地节水潜力。（2）取用水户间的水权交易。主要包括取水权交易、灌溉用水户水权交易两种方式。取水权交易方面，获得取水权的取用水户可将节约的水资源进行有偿转让。比如，宁夏中宁县将舟塔乡通过农业节水改造和种植结构调整节余出的 219 万立方米农业水权，转让给中宁电厂。灌溉用水户水权交易方面，在灌区内部，用水户可以将节约的水权指标有偿出让，比如，甘肃在石羊河流域开展农户间水权交易，武威市凉州区 2015 年完成交易 241 起，交易水量 468 万立方米，交易金额约 98 万元。这种类型的水权交易，一是激励了用水户节水，实现了从“政府要我节水”向“我要主动节水”的转变；二是在客观上，实现了水资源从低效益领域向高效益方向的流转。（3）政府回购（或收储）水权后向市场释放。这种类型是由地方政府或其授权部门，对用水户节约的水进行统一收储或者回购，在优先用于保障生活、生态用水的基础上，对富余水权再次投放市场。比如，新疆昌吉州通过搭建水量收储交易平台，以不低于 3 倍的执行水价回购农户初始水权分内的节余水量，2015 年实现农业节水交易转移 6113 万立方米，其中向工业、城市交易转移 2913 万立方米。内蒙古成立水权收储转让中心，正在回收闲置水指标，将已购买水权指标但未上马工业企业的水权指标回购回来，再次有偿配置给新的工业企业。这种类型的水权交易，进一步激励了用水户节水的积极性；同时解决了零散的水权交易问题，提高了交易的效率，降低了交易成本。

五是基本明确了水权交易需要把握的关键环节。（1）必须确权，这是前提条件。（2）搭建水权交易平台。水权交易平台是运用市场配置水资源的有效载体，今后各地可以充分利用这一平台，不要每个地方都要建立平台。（3）确定合理的交易价格。合理确定水权交易价格是买卖双方得以顺利达成交易协议的关键，从已有的实践上看，大多采用了政府指导价方式，但也进行了必要的测算。（4）制度建设和交易监管。上述实践操作需要完整的制度政策文件进行规范化管理，从而强化监管，保障取用水户合法权益。

六是水市场发育初期政府要发挥的作用。我国水市场尚处于培育时期。水市场虽然主要体现为市场作用，但当前水市场的培育离不开政府。除了搭建交易平台，撮合水权交易外，政府要发挥怎样的作用才能推动水市场？部分试点为我们提供了重要经验。（1）树立市场配置水资源的理念。实践证明，凡水权交易进展较快的试点地区，政府及有关部门的水市场意识较强，这是能够推动水权交易的重要原因。（2）要激活买方市场。没有买方就没有市场。内蒙古、宁夏严格执行了区域用水总量控制制度，黄河水利委员会严格执行了黄河水量分配方案，内蒙古、宁夏的工业企业必须通过水权才能发展。这就说明，落实最严格水资源管理制度，严格用水总量控制，是激活买方市场的必要条件。(3)激发卖方市场。政府回购用水户节约的水权指标是一个很好的形式。新疆鄯善县为鼓励农户开展节水交易，成立了水权收储转让交易中心，对农户节水、暂时找不到买方的，按照0.61元/立方米进行回购。政府回购后向需要水权指标的工业企业有偿出让水权，既激励了农户节水、出让水权，又方便了企业。

七是统筹推进水权水价协同改革。试点县都将明晰农业水权作为水价改革的首要环节，其中新疆昌吉水权水价改革与退地减水同步推进，政府将用水权仅分配到二轮承包地农户，其余类型土地不具有水权或仅被赋予临时水权，并执行差异水价。水权和水价两项改革同步推进，在保证农业合理用水的同时，推进了用水总量控制制度的落实，倒逼非法开垦耕地的退减。①

（三）存在问题

一是计量监控基础设施弱。南方流域农业用水计量监控设施基础非常薄弱，难以为水权层层分配、确权、监管提供可靠保障，更难提及水权交易和现代化建设。从全国来看，灌区现代化建设已经广泛推进，水资源监控能力提升

① 董明锐：《加快推进试点工作　探索建立健全水权制度》，《中国水利报》2015年12月17日。

项目大范围推进，但丰水地区农业监控计量条件离水权制度建设需求还有非常大的差距，成为推动水权工作的重要制约。

二是水权分配确权难度大。水资源短缺的地区，如甘肃、宁夏、新疆等，地多水少矛盾突出，确权水量与实际灌溉需水量差距较大，落实过程中存在阻力；水资源相对丰沛的地区，如江西、湖北等地，由于用水矛盾不突出、短期内水权交易需求不足，用水户对确权的积极性不高。此外，水权的具体权利和对应的责任还不够清晰，水权的确权期限不一致。另外，取水许可不规范，许可水量偏大，到期延续未核定水量的现象依然普遍存在。

三是水权市场发育程度低。当前全国特别是南方流域的水权交易数量总体较少，市场机制在优化水资源配置、促进节约用水等方面的作用发挥还不充分，主要源于水权确权不到位、水权交易潜力未激活、相关机制不健全，特别是水市场的主体准入机制、定价机制、评价机制等尚待健全。

四是水权制度建设配套差。试点过程中，在确权和交易方面，还存在一些问题需要进一步深入研究。如政府与市场作用各自的边界、水资源资产管理和水权的关系、水权水市场与最严格水资源管理制度的衔接、水权交易定价机制、风险防控措施等。

三、水权改革的南方试点

2014 年 7 月，水利部在宁夏等 7 个省区启动了全国水权试点工作，主要任务是探索水权确权的路径与方式方法、不同类型的水权交易和水权制度建设，其中南方流域中选取了广东、江西、湖北等 3 个省份进行水权制度建设试点。经过 3 年多探索，全国 7 个水权改革试点基本完成，初步建立了水权法规制度、技术论证体系、水权确权、交易、监管等制度体系，形成流域间、流域上下游、区域间、行业间和用水户间等多种水权交易模式。

（一）广东省水权试点情况

根据《水利部关于开展水权试点工作的通知》，广东被列为全国 7 个水权试点省区之一，重点在东江流域开展上下游水权交易。2015 年，水利部和广东省人民政府联合批复《广东省水权试点方案》。同时《广东省实施〈中华人民共和国水法〉办法》规定：县级以上人民政府水行政主管部门应当加强水资源用途管理，保障水资源使用单位和个人的合法权益。水资源使用权可以根据国家和省的有关规定转让。《广东省水权试点方案》提出通过三年试点，需建立东江流域水权确权机制，开展上下游相关项目水权交易，初步形成政府引导和市场调节相结合的水权交易平台和交易监管体系。《广东省水权交易管理试行办法》提出用水总量控制指标交易需满足的条件及操作程序。特别指出用水总量控制指标来源于节水工程节约水量的，还应当提供取水许可审批机关出具的节水验收意见或者节水潜力分析意见。受让方提交的水权交易申请还应当包括取得用水总量控制指标后，其新增水量的主要用途及其对区域水资源与水生态环境的影响分析材料。广东试点为在全省和全国层面建立水权制度、培育水市场探索出行之有效的经验，起到良好的示范作用。

表 7-1　广东省水权制度建设试点情况

项目	内容
试点范围	重点开展东江流域上下游区域（地级市或县区）之间的水权交易。
试点类型	探索开展区域内取用水户之间的水权交易、通过节水转换的区域储备水量的有偿配置等类型的水权交易。
试点期限	3 年（2014 年 7 月至 2017 年 7 月）。
主要目标	1. 建立东江流域水权确权登记机制。 2. 开展相关项目水权交易。 3. 初步建立符合广东省省情和水情的水权交易管理办法。 4. 初步形成政府引导和市场调节相结合的水权交易市场。
试点内容	1. 推动建立东江流域水权确权机制。将水权确权作为水权交易的重要基础和前提，推动建立东江流域内有交易需求的行政区域层面和主要行业水权确权机制。以经批准的行政区用水总量控制指标和流域水量分配方案为依据，确定区域水资源使用权；以总量控制和取水许可制度为基础，综合考虑取用水户用水现状、用水定额、生产规模等实际情况，按照先急后缓、先易后难、稳步推进的原则，开展试点范围内有交易需求的工业取用水户水资源使用权确权登记工作，将水权确定与登记作为水权交易的重要基础和前提；按照灌溉面积和灌溉定额双控制原则，开展试点地区农业灌区水资源使用权确权工作。

续表

项目	内容
试点内容	2. 开展东江流域水权交易试点。在严格控制用水总量的前提下，以东江流域广州、深圳、河源、惠州、东莞等市为重点，开展地市与地市之间、地市内县区与县区之间、县区内的水权交易试点。探索通过回收与回购等方式将闲置和节约的取用水指标纳入储备水量，重点用于保障广东省重点项目建设、协调空间战略发展和调控水权交易市场等。 3. 初步建立水权交易规则和流程。以广东省产权交易集团为依托，为试点期的水权交易活动提供服务。制定包括申请、论证、审核、公告、交易、签约、结算、变更登记等环节在内的水权交易规则及交易流程。 4. 建立水权交易信息化管理体系。以广东省省级取水户监管系统和广东省水资源监控能力建设项目为依托，加快有交易需求的农业灌区计量监控建设，建立水权交易计量监控系统，实现交易双方取水量在线监控。 5. 建设水权交易信息化管理系统。试点期间由省水利厅牵头，以广东省产权交易集团等单位为依托，初步建设能够满足试点需求且具有水权交易注册登记和核证、交易管理、面向公众信息化服务等功能的广东省水权交易信息化管理系统。 6. 建立水权交易监管体系。建立政府主管、交易机构协调配合和社会组织参与的监督管理体系，明确界定政府部门、管理机构、交易系统和交易主体等相关各方的责任和义务，明确交易双方的法律责任和契约责任，建立相关的奖惩制度和监督管理的制度体系，维护水权交易市场秩序。 7. 初步建立水权交易法规体系。规定交易水权界定、交易准入条件、交易程序、价格形成机制、资金分配与使用、监督管理及处罚规定等，保障交易双方的合法权利，尤其是农业和农民的权利，避免挤占生态、生活用水和合理的农业用水。 8. 研究建立水权交易技术论证体系。研究制定水权交易论证技术要求，建立包括水权交易资格、准入条件、必要性、合理性、可行性、对第三者影响以及生态补偿机制和保障措施等方面的水权交易技术论证体系。
工作成效	2017 年 12 月，广东省水权交易试点通过了水利部联合广东省人民政府联合验收。广东省水权试点以东江流域为试点区，探索开展了流域上下游水权交易，建立了水权确权机制；开展了东江流域上下游区域之间的水权交易；以广东省产权交易集团为依托，完成了交易平台建设；强化制度建设，出台了《广东省水权交易管理试行办法》，建立了水权交易法规体系、监督管理体系和交易论证技术体系。广东省顺利完成了水利部和省政府批复的《广东省水权试点方案》确定的各项目标任务，为全国水权工作提供了重要经验借鉴。

资料来源：《广东省水权交易管理试行办法》。

（二）江西省水权试点情况

江西省拟通过 3 年完成试点地区取用水户水资源使用权确权登记发证，基本建立起水资源使用权确权登记制度体系，为水资源的确权登记工作提供法制保障，并形成可推广、可复制的水资源使用权确权登记经验。

表 7–2 江西省水权制度建设试点情况

项目	内容
试点范围及类型	新干县：在规范取水许可的基础上，对已发放取水许可证（含未发证但需要纳入取用水许可管理）的取用水户（不含河道内取用水）开展水资源使用权确权登记。 高安市：选取 3 个水资源管理基础较好的乡镇，对已完成水利工程产权改革的农村集体经济组织的水塘和修建管理的水库，开展水资源使用权确权登记。 东乡县：选取 3 个已明确工程产权、存在水资源用途转换的国有水库（不含河道内取用水），对水库管理单位取水许可进行规范，开展取用水户水资源使用权确权登记。
试点期限	2014 年 7 月至 2017 年 12 月。
试点内容	1. 开展水资源使用权确权登记发证。对取水许可进行规范，确认自备水源取用水户的水资源使用权。对于自备水源的取用水户，经过水行政主管部门对许可水量合理评估和相关材料核查后，由县级人民政府发放水资源使用权证。对水资源费未按时足额缴纳或者相关计量设施不完备的，整改到位后发放水资源使用权证。拥有水资源使用权证的单位和个人，在有效期内可以依法流转其拥有的水资源使用权。应当办理但未办理水资源使用权证的，不予批准取水许可延续。对于取水许可证过期且没办理延续手续的以及无证取水的，按照取水许可管理有关规定补办取水许可证。 2. 对公共取用水户的水资源使用权进行确权登记。水库管理单位应当依法办理取水许可证，并根据供水对象的用水情况依法缴纳水资源费。有人工养殖的水库，退养后办理取水许可。对水库供水范围内的取用水户，根据实际发证。 3. 对农村集体经济组织的水塘和修建管理的水库中的水资源使用权进行确权登记。按照水随灌溉田地走的基本原则，兼顾历史用水习惯，明确各水塘或水库的受益范围和户数，将水资源使用权明确给农村集体经济组织，发放水资源使用权证。 4. 建立水资源使用权确权登记管理信息系统，研制水资源使用权证的式样等。 5. 开展水资源使用权确权登记制度建设。出台江西省水资源使用权确权登记试点工作指导意见，明确确权登记的主体、范围、对象、条件、程序、权利义务和期限等。
工作成效	较好地完成了试点方案确定的各项目标任务，明显地促进了水资源的精细化管理，有效地实现了用水户权益保障和水资源可持续利用的双赢，初步形成了一套切合实际、行之有效、可复制可推广的经验和做法，为全国水权工作尤其是南方地区水权确权工作提供经验借鉴。

资料来源：《江西省水权试点工作方案》。

（三）湖北省水权试点情况

通过农村集体水权确权试点，在全市全面开展农村集体水权确权登记发证工作。一是通过摸底调查，建立台账，建立全市农村集体水权信息管理系统；二是明晰水权，登记发证，将水资源使用权的各项权能落实到位；三是建立一套归属明确、产权清晰、责权利统一的水资源使用权确权登记制度，明确确权登记的主体、对象、条件、程序、形式等，出台宜都市农村集体水权确权登记办法。

表 7–3　湖北省水权制度建设试点情况

项目	内容
试点内容	1. 开展摸底调查。对全市已完成“受益户共有制”改革的堰塘中的水资源以及水资源开发利用现状进行调查统计。乡镇、水利管理站及村委会组成专班对各行政村的每口堰塘进行实地勘测，确定堰塘的地理位置、水源条件、四至边界等工程特性；走访农户调查该堰塘所受益的范围，依据农村集体土地确权登记的耕地面积，建立信息管理系统。 2. 开展确权登记。对全市农村集体经济组织修建的堰塘或水库中的水资源使用权确权到村。在调查摸底、弄清情况的基础上，对于堰塘中的水资源使用权直接确权到村集体经济组织，录入水资源使用权证软件系统，建立堰塘确权登记数据库，统一制作“宜都市农村集体水资源使用权证”，明确权属内容和凭证，发放至各村委会。 3. 建立确权登记管理办法。根据农村集体水权确权试点工作的具体任务和目标，在实地调查和充分征求乡镇、群众意见的基础上，市政府出台农村集体水资源使用权确权登记办法，用于指导全市开展农村集体修建的堰塘中水资源使用权确权登记。
工作成效	摸清了堰塘家底 8597 口，结合土地承包经营权确权对堰塘测绘，按“丰增枯减、水随田走、留足生态水量”的原则，对部分行政权、灌溉用水权确权到村及农户，并出台了《宜都市农村集体水权确权登记办法（试行）》。试点填补了农村堰塘确权空白，对提高农民建管堰塘积极性、促进农村人水和谐具有重要作用，为全国农村集体水权确权提供了示范和借鉴。

资料来源：《湖北省加快实施最严格水资源管理制度试点方案》，以及调研取得资料。

四、南方流域水权交易论证技术要点

以南方流域地区广东省为例，根据水利部和广东省人民政府批复《广东省水权试点方案》要求，本项目对水权交易论证技术要求进行研究，提出广东省开展水权交易论证技术中交易论证主要内容、程序、范围、水平年、区域（交易双方）现状分析，水权出让的合理性和可行性分析，水权受让方取得水权的合理性、可行性和可靠性，水权交易取退水影响分析及影响补偿等的明确要求，制定水权交易论证技术要求体系。

（一）论证内容和主要程序

1. 论证内容

水权交易技术是水权交易的前期工作，是取水权交易受让方建设项目水资

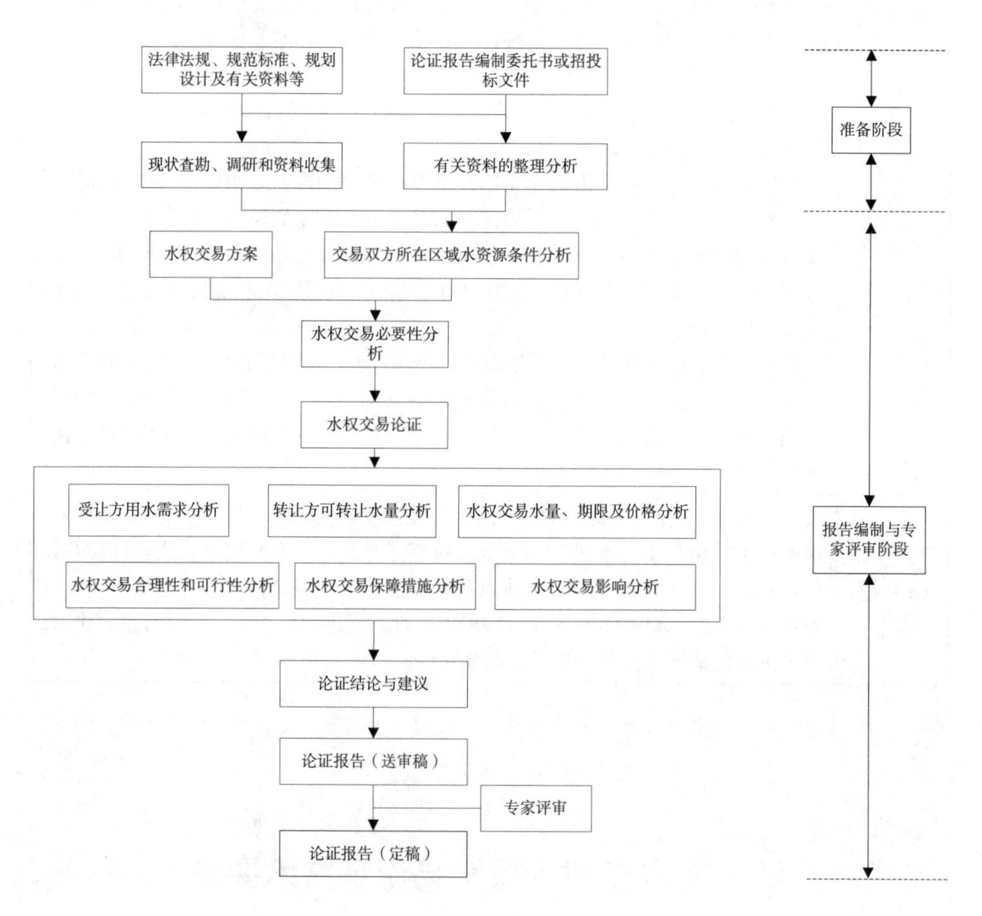

图 7-1　水权交易技术论证报告编制工作程序图

资料来源：根据南方流域各省水权试点工作方案整理而得。

源论证专题研究，以及行政区用水总量控制指标交易的技术依据；水权交易论证主要内容应包括：开展水权交易的必要性；交易双方所在地（行政区或流域）水资源条件；受让方用水需求分析；转让方可转让水量分析；水权交易水量、期限及价格分析；水权交易影响分析；水权交易合理性和可行性分析；水权交易保障措施分析；有关结论和建议。

对于交易水量（最严格水资源管理制度用水总量控制指标统计口径）不足200万立方米/年且交易影响明显轻微的水权交易项目，水权论证报告可简化，填写水权交易论证表。

2. 主要程序

水权交易技术论证报告编制程序包括准备阶段、报告编制和专家评审阶段。水权交易技术论证报告编制工作程序见图7-1。

（二）水权交易必要性和合理性分析

1. 水权交易必要性分析

水权交易必要性，是开展水权交易技术论证报告编制的基础内容，水权交易项目的实施只有具有充分的必要性，才被允许参与市场交易。水权交易技术论证应明确在经济社会、水资源条件等分析基础，针对提出的水权交易方案，从国家宏观政策、水资源管理以及交易双方现实需求等出发，论证交易项目是满足相关政策、符合水资源管理要求、切实解决有关方面现实存在的问题，交易项目实施是迫切的、必要的、合理的。主要从以下方面分析论证必要性：

一是技术论证报告应从国家和地方有关政策要求出发，分析水权交易项目实施与有关政策的符合性，论述水权交易对国家和地方宏观政策的积极性，阐明水权交易项目实施的必要性。二是技术论证报告从水资源管理政策等要求出发，分析水权交易项目实施对最严格水资源管理制度、节水减排、支撑经济社会发展等的积极作用，阐明水权交易项目实施的必要性。三是根据水权交易的类型，分别根据取水权交易项目和用水总量控制指标交易项目的特点，提出了相关分析的要求。

对于取水权交易项目，在新增取水权的合理性和迫切性的基础上，从两个方面分析受让方参与水权交易的必要性。一是从水资源政策层面分析取水权无偿配置的可行性；二是受让方自身节水潜力的挖掘以及非常规水源利用的可行性。严格执行“节水优先”的政策方针，需要强调的是，受让方在充分发掘自身节水潜力、用水效率达到一定水平的前提下，并已考虑中水回用等非常规水源可利用量后，综合评价开展水权交易的必要性。

对于用水总量控制指标交易项目，在新增用水总量控制指标需求的合理性和迫切性的基础上，重点分析行政区内工业、农业等主要节水行业的节水潜力，以及中水回用、微咸水、雨水利用等非常规水源利用的可行性。坚持节水优先、开源节流的原则，强调只有用水水平达到一定程度的地区才允许参与水权交易，确保有限的水资源从低效率向高效率地区转让，从而实现水资源的高效配置和有效利用。

2. 水权交易合理性分析

水权交易合理性分析的主要内容包括了分析交易主体及交易项目实施的合理性内容，重点突出受让方获得水权的合理性，杜绝不合理新增用水和高用（耗）水、高污染项目新增水权。

对于取水权交易的，重点分析受让方的项目所属行业、建设规模、采用的技术及工艺和设备、生产的产品、用水效率等，分析交易项目实施与国家产业政策、行业发展规划等的符合性。具体要求可参照《建设项目水资源论证导则》（SL 322）中用水合理性分析内容。严格限制向高用（耗）水、高污染项目转让取水权。

对于用水总量控制指标交易的，重点分析交易项目实施与所在流域或区域的水资源综合规划，流域水量分配方案，最严格水资源管理制度用水总量控制、用水效率控制和水功能区限制纳污总量等水资源管理要求的符合性。

（三）水资源条件分析

1. 水资源状况分析

阐述分析水权交易双方所在区域的自然地理、水文气象、河流水系、水文地质条件和经济社会等情况。

根据水资源综合规划、流域综合规划和水资源公报等成果，结合水资源调查和资料收集，简述水权交易双方所在区域的水资源数量、质量和时空分布特征，分析水资源可利用总量、地表水资源可利用量和地下水可开采量等。

根据水功能区划成果，简述水权交易双方所在区域水功能区功能和水质管理目标、水质状况和水功能区水质达标等基本情况。

水资源量和水质评价应符合 SL/T238 和 SL 394 的要求，对污染较为严重的区域，分析污染来源和主要污染物的现状及主要控制断面的水质变化趋势。

2. 水资源开发利用水平分析

阐述水权交易双方所在区域最严格水资源管理制度用水总量、用水效率和水功能区限制纳污控制目标以及流域水量分配情况；取水权交易的，应分析取水许可情况。

以流域或者区域水资源开发利用调查评价成果为基础，结合现场调查和资料收集，分析水权交易双方所在区域实际供水量、用水量和需水量资料，分析现状水平年水资源供需平衡状况和水资源开发利用程度。

分析水权交易双方所在区域各行业供水、用水、耗水和退水情况，计算相关用水指标；取水权交易的，需要计算取水户用水水平。

根据国内外先进用水水平、用水定额和节水减排要求，评价水权交易双方用水水平，判断是否满足最严格水资源管理制度考核要求和用水定额管理要求。

3. 流域水量分配实施情况

基于已有成果，阐述水权交易双方涉及的流域水量分配方案、水量调度实施情况、流域水资源管理及其法规制度建设基本情况。

重点分析水权交易双方涉及的行政区近三年取水现状与流域水量分配方案的符合性分析。

4. 最严格水资源管理制度实施情况

简要分析水权交易双方所在行政区最严格水资源管理制度用水总量控制、用水效率控制、水功能区限制纳污控制“三条红线”和水资源管理责任考核等制度建设的基本情况。

分析现状年水权交易双方所在行政区用水总量控制指标、用水效率控制指标、水功能区限制纳污控制指标与最严格水资源管理制度控制目标的符合性。

简要阐述水权交易双方所在行政区近三年最严格水资源管理制度考核结果

的基本情况。

5. 水资源开发利用潜力及存在问题

根据流域水量分配方案、最严格水资源管理制度水资源管理控制指标等落实情况，结合现状水资源开发利用水平分析，分析区域水资源开发利用潜力。

根据最严格水资源管理制度、水生态文明建设、节水型社会建设等要求，依据分析范围内水资源条件、水资源开发利用现状、水功能区、水生态环境、水资源管理等情况，分析水资源开发利用存在的主要问题。

（四）受让方用水需求分析

根据水权交易受让方的类型，分析受让方的历史用水情况、用水水平和未来用水需求。受让方为取水单位的（即取水权），当分析取水项目用水工艺和用水要求，结合用水定额和同行业用水水平，论证其合理用水需求。对于已建、改建和扩建项目，还需分析项目历史用水情况。受让方为县级以上人民政府的（即用水总量控制指标），应分析行政区历史用水情况，结合城市总体规划、水资源综合规划等，论证其合理用水需求。

在现有水权指标的基础上，结合受让方合理用水需求分析，确定新增水量指标的合理规模。

1. 取水权需求分析

在调查现有同类型用水水平基础上，根据受让方提供的取用水方案和用水工艺，阐述和分析项目取水、用水及退水情况，分析项目用水合理性。

属于改建、扩建项目的，调查分析已建项目的取水、用水、退水情况，分析计算项目改建、扩建前后各有关用水指标，评价改扩建前后用水水平，分析改扩建前项目的节水潜力和项目用水合理性。

对比受让方取水项目用水指标与区域用水效率控制指标、国内外同行业先进的用水指标和用水定额，并对照行业先进水平评价项目的用水水平。

根据水资源管理和节水型社会建设要求，结合当地水资源条件和用水效率控制要求，从项目用水指标与同行业先进水平、用水定额的差距以及非常规水源利用等方面分析节水潜力。

仅新增用水指标的已建项目，应在水平衡测试或用水评估等基础上，系统分析项目的节水潜力和可节约水量。

按节水优先的原则，在技术可行、经济合理的节水措施基础上，分析论证项目合理的需水量和水量指标。

对于已建项目，应在现有取得的取水权基础上，确定受让方新增水量指标的需求。

2. 用水总量控制指标需求分析

调查分析受让方行政区内历史用水情况、用水结构、用水水平、用水总量控制、用水效率控制和水功能区限制纳污总量等水资源管理情况，评价现状用水水平。

根据国民经济和社会发展规划、区域经济发展规划、城市总体规划等，分析区域发展定位以及对水资源的需求。

根据水资源管理和节水型社会建设要求，结合当地水资源条件和用水效率控制要求，从用水指标与同类型行政区先进用水水平的差距以及非常规水源利用等方面分析节水潜力。

依据区域经济社会发展规划、水资源综合规划、行业规划等，按分行业需水预测方法确定受让方用水需求，宜采用多种需水预测方法进行分析验证。

受让方获得用水总量控制指标已明确用于具体建设项目的，需分析建设项目的用水水平及用水合理性。

按“先节水后调水、先治污后通水、先环保后用水”原则，在技术可行、经济合理的节水措施基础上，分析论证受让方合理的需水量，并确定新增用水总量控制指标需求。

（五）转让方可转让水量分析

根据水权交易转让方的类型，结合转让方水平衡测试、节水验收和节水潜力分析等成果，复核分析转让方的历史用水、用水水平和合理用水需求。转让方可转让水量指标（取水权和用水总量控制指标）分析，应重点论证可转让水量指标的可靠性和可行性。转让水量指标来源于农田灌溉节约水量的，不得挤占农业合理用水。

对于转让方和受让方不同行业用水保证率有差异的，对转让水量指标按受让方的用水保证率要求进行折算。不同行业存在用水总量统计口径差异的，在最严格水资源管理制度用水总量控制指标或流域水量分配方案统一口径下进行分析。

1. 可转让取水权分析

在转让方取水许可、水平衡测试、节水验收相关成果的基础上，重点复核分析节水项目节约水量的可行性。

从最不利工况下的节约水量、不同行业供水保证率转换、取用水计量监控等方面，分析其节约水量来源的可靠性。

不同行业供水保证率折算系数可采取供水工程或相关控制断面的来水频率曲线，对不同频率水量进行折算获得。

2. 可转让用水总量控制指标分析

调查分析转让方行政区内历史用水情况、流域水量分配方案、用水总量控制、用水效率控制和水功能区限制纳污总量等情况，评价现状用水水平。

在行政区现状用水、流域水量分配方案、用水总量控制、未分配水量、财政资金建设的节水工程节约的水量等分析基础上，分析可转让用水总量控制指标。

对于转让用水总量控制指标来源于节水工程节约的水量，按取水权转让的要求，在节水工程节水验收或节水潜力分析基础上，复核分析节水工程的节水潜力以及可节约水量的可行性和可靠性。

（六）水权交易水量、期限及价格分析

在受让方用水需求分析和转让方可转让水量分析基础上，论证业主提出的水权交易水量规模的可行性。依据《取水许可和水资源费征收管理条例》《水权交易管理暂行办法》《广东省水权交易管理试行办法》等规定，结合节水投资、交易双方初步意愿等，确定交易期限。根据节水成本投入、资源稀缺程度、市场供求关系等，结合区域水资源开发利用状况、水权交易期限、生态环境补偿等因素，提出推荐的水权交易价格。

1. 可交易水量

对于交易最严格水资源管理制度用水总量控制指标的，以最严格水资源管

理制度用水总量控制指标统计口径，在统一受让方用水需求指标和转让方转让水量指标的基础上，分析可交易水量。

对于交易流域水量分配方案中用水总量控制指标的，以流域用水总量控制指标的统计口径，在统一受让方用水需求指标和转让方转让水量指标的基础上，分析可交易水量。

对于取水权交易的，考虑不同行业供水保证率差异，分析可交易水量。不同行业供水保证率折算系数的计算方法，简易为例，A 为受让方（工业取水户），供水保证率为 97%；B 为转让方（农业取水户），供水保证率为 90%。交易双方均在某大型水库取水，则以某大型水库入库断面为控制断面，分析计算得到控制断面来水频率曲线，90%来水频率水量为 C，97%来水频率水量为 D，则 B 可转让水量的折算系数 γ=D/C。从保证率低的行业用水向保证率高的行业用水转让水量，折算系数 γ 小于 1，反之，则大于 1。

对于用水总量控制指标交易的，在分析行政区未分配的水量以及用财政资金建设的节水工程节约水量，按留有余地、科学合理的原则，确定可交易水量。

2. 交易期限

对于取水权交易的，交易期限应当在转让方取水许可证载明的有效期限内；交易双方有约定交易期限的，期满后取水权归转让方所有的；交易双方未约定的，转让期限届满后，取水权属于受让方，受让方可以依法申请办理取水许可延续手续。

对于用水总量控制指标交易的，分析交易项目的工程特性和用水要求，论述交易项目是否属于水资源配置工程、城乡居民生活公共供水工程等用水。

对于一般用水总量控制指标交易项目，交易期限不超过 10 年；对于因水资源配置工程、城乡居民生活公共供水工程等用水需要的，交易期限可超过 10 年；对于需要建设专用供水工程以兑现交易的项目，结合工程的设计运行寿命，分析论证工程运行期限，提出交易期限的建议。

3. 交易价格

交易价格分析主要依据交易类型、交易标的、交易期限等，提出推荐的交易价格供交易双方协商、谈判，也可作为市场竞价的参考。水权交易价格分析应当遵循互利共赢、可持续、自愿公平平等的原则，最终由交易双方协商确定水权交易价格。

对于取水权交易的，水权交易价格的构成包括节水工程建设费用、节水工程运行维护费用、第三者补偿费用、合理经济效益等内容。（1）节水工程建设费用根据节水工程建设竣工结算或设计概算或投资估算等，确定节水工程建设总费用，并根据节水主体工程的运行期限，计算年均节水工程建设费用。（2）节水工程运行维护费用主要包括节水工程的岁修及日常管理等费用。运行维护费用可采用节水工程设计报告中运行维护费用预算成果，或按 SL 72 规范要求通过节水工程原值为基数的一定比例计取。（3）第三者补偿费用主要包括节水工程建设及水权交易实施对第三者产生不利影响的补偿费用。补偿费用估算是分析计算第三者受影响后的收益较影响前减少或成本较影响前增加，对此需给予一定的补偿费用。（4）合理经济效益主要是考虑节水工程投入资金的时间价值，根据 SL 72 规范，按照内部收益率来考虑资金的时间价值或边际成本。一般内部收益率采用 8%，对于社会公益性质的项目，可采用略低的内部收益率 6%。根据资源的稀缺程度和市场供求关系，可适当调整内部收益率。

对于用水总量控制指标交易的，结合转让方水量指标的来源和受让方水量指标用途进行综合分析，提出交易价格的合理化建议。

对于水量指标来源于节水工程节约水量的，参考取水权交易的水价构成方法，计算该节水工程的建设费用、运行维护费用、第三者补偿费用、合理经济效益等，形成水权交易推荐价格。

对于水量指标来源于未分配水量的，在分析转让方水量指标的成本价格基础上，可结合以下内容，提出交易价格的合理化建议。（1）以转让方同类项目实施节水工程节约相当水量的工程建设、运维费用、合理经济效益作为转让方未分配水量指标的成本价格。（2）以转让方所在地区主要节水领域的节水相当水量的投入成本以及合理经济效益作为转让方未分配水量指标的成本价格。（3）对于具有明确的受让方取水项目的，分析受让方项目或同类项目各类资源投入成本、项目运维成本等及产出效益，提出受让方项目最大可能承受的水权交易价格。（4）综合转让方的成本价格和受让方最大可能承受的价格，并结合受让方所在地政府对项目实施优化政策或财政补贴贴息等情况，提出合理化建议。

在交易平台开展交易的，应分析交易平台服务费，并将交易平台服务费作为水权交易项目的成本，不纳入水权交易价格。交易平台服务费按相关平台公布的服务费计费标准执行。

（七）水权交易影响分析

1. 对用水总量的影响分析

用水总量控制指标的，交易需要分析交易前后双方的用水总量控制指标情况，以及交易对区域用水总量控制的影响。取水权交易的，需要分析交易前后双方的取水许可变化情况，以及对双方所在区域的用水总量控制的影响。若水权交易涉及不同的流域，应当分析对所涉及的流域水资源开发利用的影响。

2. 对用水效率的影响分析

分析水权交易前后，交易双方用水效率的变化情况，及其对区域用水效率的影响，原则上交易后不得降低双方所在行政区用水效率。

用水总量控制指标交易的，重点分析出让的用水总量控制指标对所在行政区域用水效率的影响，宏观分析对出让方经济社会发展的影响。

3. 对水功能区的影响分析

在水权交易双方取水分析基础上，分析水权交易实施后，双方取水对所在河流或区域水功能区的影响。在水权交易双方用水分析基础上，分析水权交易实施后，水资源用途改变对所在河流或区域水功能区的影响。用水总量控制指标交易的，重点分析受让方新增取水和退水对水功能区水质的影响。结合水功能区限制纳污已有成果，分析水权交易实施对水功能区功能和纳污能力的影响。

4. 对第三方的影响分析

定性分析水权交易实施对受让方取水所在河流新增取水对下游其他取用水户、河流生态水量（流量）的影响，以及对转让方取水量减少可能存在对第三者影响。对于农业水权转让的，分析水权交易对农业生产的用水的影响，尤其是对农作物田间合理需水量的影响。

5. 水权交易风险防控分析

分析转让方节水工程的可靠性以及节水工程的节水量不足等风险问题。分析交易期满后，水权归属问题导致交易双方可能存在水量指标不足、交易期间流域水量分配方案调整等风险问题。分析政策、市场和环境等因素影响，造成的水权市场失灵等风险问题。

6. 交易影响的对策分析

针对交易项目可能产生的影响，提出相应的水资源及水生态保护措施，并根据水资源开发、利用、管理和保护要求，提出减缓和消除不利影响的对策措施。根据交易项目影响分析，结合已采取的补救措施，定性分析可能的影响程度和范围，提出补救措施或补偿方案建议。

（八）水权交易的效益及可行性分析

在水权交易方案、受让方和转让方分析的基础上，从经济效益、社会效益和环境效益等方面进行论述交易项目实施后的效益。综合分析水权交易有关法规要求、水量指标来源、交易影响等内容，论证水权交易项目实施的可行性。

1. 水权交易效益分析

结合水权交易价格、交易规模、水量指标来源和交易用途等，从节水成本和用水效益等方面分析水权交易项目实施后受让方和转让方的经济效益。定性分析水权交易项目实施对区域、行业水资源高效配置和用水效率提高，以及对节水型社会建设积极作用等社会效益。定性分析水权交易项目实施对区域水生态环境的效益。

2. 水权交易可行性分析

从交易项目主体、交易对象、交易条件等方面，分析水权交易与国家和省关于水权交易相关法律法规的符合性，分析交易项目法规层面的可行性。从转让方用水水平、节水潜力、节水工程措施、区域用水总量控制指标使用情况等分析可交易水量来源的可靠性和可行性。分析交易实施后，受让方和转让方取水对区域水资源、水生态、水功能区水域纳污能力及其他利益相关方的影响，论证交易项目的不利影响是否可控、可承受。

（九）水权交易保障措施分析

根据国家和省有关水权交易规定，提出交易双方取水计量设施安装及在线监测的意见，提出取水监测纳入水行政主管部门在线监控系统的有关要求。

从最严格水资源管理制度、水生态文明、节水型社会建设等方面，提出对交易双方取用水管理的要求，并重点针对节水工程相关取用水管理提出保障节水效果的（非）工程措施和建议。

对于水权交易实施影响大、节水工程实施工作难度大等项目，针对交易需要，提出保障水权交易实施的组织机构和资金保障等措施及意见。

（十）综合评价

在水权转让的必要性和可行性、受让方用水需求、转让方水权指标等内容基础上，就以下几方面内容形成水权交易论证的结论。一是水权交易各方主体是否满足国家和省有关法规要求。二是水权交易项目实施的必要性和合理性。三是受让方用水需求规模是否合理。四是转让方转让水量的来源是否可靠、可行。五是推荐交易的水量、期限和价格的意见。六是水权交易实施的影响结论。七是保障水权交易实施的措施。八是针对论证中发现的问题，提出交易方案调整和修改的建议，为水权交易实施提供决策参考。

（十一）支持性文件要求

水权交易技术论证报告作为建设项目水资源论证专题研究报告，是审批取水许可或调整行政区用水总量控制指标的重要依据，应提供以下支撑性文件作为报告附件，包括：一是有关取水许可证、用水总量控制指标文件、流域水量分配方案；二是取水许可审批机关出具的节水验收意见或者节水潜力分析意见；三是支撑交易实施的相关工程（项目）立项或设计等批复文件。

五、南方流域水权交易论证的总体思路

我国目前缺乏相应的水权交易技术论证指导体系，难以规范和指导各种类型的水权交易论证报告的编制。随着我国水权制度建设不断深入，水权交易案

例势必有所增加，迫切需要开展水权交易技术论证，对水权交易过程中涉及诸多交易合理性、可行性、可靠性和对第三方的影响等问题进行充分的论证。本研究通过开展水权交易论证技术要求研究，有利于确保水权交易的合理性、可行性和科学性，维护水权交易各方的合法权益，推动全国水权试点工作顺利开展；同时，南方流域地区广东省率先研究并制定水权交易论证技术要求，对涉及水权交易的相关要点进行明确要求和阐释。在全国首次构建了水权交易论证技术体系，对于指导水权交易论证报告编制具有重要的意义，也可为全国开展水权交易论证或可行性研究工作提供重要参考。

我国水权制度建设总体上仍处在探索研究阶段，仍面临着法规体系不健全、初始水权界定不明晰、水权价值难以估算、取用水监控能力不足等诸多困难和问题。水权改革是一项复杂的系统工程，水权制度建设道路崎岖而漫长。为规范和指导各地有效开展水权交易工作，提高取用水单位自觉参与水权交易的意识，建议从国家层面出台水权确权和监管相关制度，明确水权确权、交易主体准入条件、水资源价格的计算方法、交易监管、激励机制等内容，并加大对水权试点宣传和水权实践的指导。

第八章　南方流域水权交易的政策保障

水资源与水生态环境问题对南方流域乃至我国经济社会发展的制约性越来越显著，开展水权交易制度建设是解决水资源短缺矛盾的必然选择，是新形势下水资源管理适应市场经济体制深化改革、加强社会各界节水意识、优化配置水资源的必行之路，对于完善我国水资源管理制度具有十分必要的现实意义。南方流域水权交易尚处于起步阶段，其制度建设将是一个长期、循序渐进和不断完善的过程，水权交易制度的建立需要多部门、多专业的协调配合，要处理好水权交易与取水许可制度和计划用水制度的衔接，要妥善处理好理论与实践、政府与市场、水权交易与水资源管理、交易双方和第三方利益的各种关系，更需要在积极学习和借鉴国内外先进经验的基础上，充分结合南方各省省情和水情，做到因地制宜，全面推进水权交易制度建设，将水权交易制度作为新时期各地区水资源管理制度的重要完善和补充，充分塑造好水资源市场化配置的新格局，形成“两手发力”的治水新局面，促进水资源的可持续利用和经济社会的可持续发展。

一、基本背景

（一）已有水资源管理体系基础

随着近年来我国水资源管理制度的不断完善，我国在水资源开发、保护和管理等多个方面取得了较好的成绩，这些工作的开展为新时期南方流域水权制度的探索提供了一定的基础。

1. 取水许可和有偿使用制度为水权确权和交易提供了依据

2002 年的《中华人民共和国水法》和 2006 年的《取水许可和水资源费

征收管理条例》对水资源有偿使用和水资源费的征收与管理作了详细的规定。2006 年水利部颁布了《水量分配暂行办法》，对各级行政区的水量分配做出了指导。2008 年水利部颁发的《取水许可管理办法》规范了取水的申请、审批和监督管理的程序，并再次强调流域内批准取水的总耗水量不得超过国家批准的本流域水资源可利用量。取水许可制度和水资源有偿使用制度是国家基于水资源所有者的身份，为实现所有者权益，保障水资源的可持续利用而实施的一种制度，取水许可制度实际上是市场配置机制的体现，目的在于通过凸显水资源的经济价值约束用水行为。

2. 最严格水资源管理制度明确了水权交易主客体

2011 年《中共中央国务院关于加快水利改革发展的决定》提出了最严格水资源管理制度，随后，2012 年 1 月即《国务院关于实行最严格水资源管理制度的意见》提出了最严格水资源管理制度中水资源开发利用控制、用水效率控制和水功能区限制纳污三条红线的指标要求。与此相应，各省、直辖市、自治区制订本省份最严格水资源管理制度考核办法，将国务院分配给广东省的各项指标分解到各地级市行政区，部分地级市亦将各项指标分解至县（区）一级行政单元，水权交易主客体的初步明晰，为水权制度的探索与创建奠定了坚实基础。

3. 计划用水制度为水权交易提供了条件

计划用水是我国水资源配置的基本制度。2002 年《中华人民共和国水法》第四十九条规定，用水应当计量，并按照批准的用水计划用水。2006 年发布的《取水许可和水资源费征收管理条例》第二十八条规定，取水单位或者个人应当按照经批准的年度取水计划取水。计划用水的实施为各地、各行业的用水限额提供了更加清晰的界定，为开展水权交易提供了有利条件。

4. 计量收费制度为水权交易提供了监控手段

2002 年《水法》第四十九条规定，用水实行计量收费和超定额累进加价制度。计量收费是运用市场机制配置水资源的体现。以价格的形式凸显了水资源的经济价值，实质上是把水商品化的体现和构成交易的基础。

5. 水权交易管理办法为水权交易提供了指南

2016 年发布的《水权交易管理暂行办法》对水权交易的形式、不同类型水权交易的流程、水权交易监督管理等方面的内容作出了规定，为各地区建立健全水权制度，推行水权交易，培育水权交易市场提供了指南。

（二）与现有水资源管理体系的衔接

水权交易制度是对我国目前水资源管理制度的改革，是顺应最严格的水资源管理制度要求下，对现行取水许可制度与水资源有偿使用制度的重要补充和完善。

最严格水资源管理制度下，用水总量红线与用水效率红线的严格控制既对区域水行政管理部门形成水资源管理压力，也对用水单位形成水资源节约利用的压力。而水权交易将为节约用水与节余水权转换提供原动力，对用水量达到总量控制提供水资源再分配保证经济发展的有效途径。在水权可交易的制度下，水权交易收益将对节约用水和提高用水效率提供有益的利益驱动。

目前我国现行的取水许可制度的主要法律依据是1988年颁布的《中华人民共和国水法》、2006年颁布的《取水许可和水资源费征收管理条例》以及2008年的《取水许可管理办法》。在水权交易制度研究以及水权交易在规范性文件的制定过程中，做好与相关法律法规的衔接十分重要，我国现行取水许可制度是水权交易制度的主要基础，而取水许可证是现阶段取水户水权确权的主要依据，取水许可证标定的有效期和取水量是对取水权益的量化，用水计划管理方法则是对水权交易执行的监督。

在《水法》中第七条明确规定："国家实行计划用水，厉行节约用水"，第三十二条："国家对直接从地下或者江河、湖泊取水的，实行取水许可制度"，明确了取水许可制度和计划用水管理制度的法律地位。

《取水许可和水资源费征收管理条例》和《取水许可管理办法》的颁布建立健全了我国取水许可制度。其中的第二十七条明确规定："依法获得取水权的单位或者个人，通过调整产品和产业结构、改革工艺、节水等措施节约水资源的，在取水许可的有效期和取水限额内，经原审批机关批准，可以依法有偿转让其节约的水资源，并到原审批机关办理取水权变更手续。具体办法由国务院水行政主管部门制定。"明确了水权转让的合法地位；第二十八条规定："取水单位或者个人应当按照经批准的年度取水计划取水"，要求水权交易必须与计划用水相结合，水权成功交易后在办理取水权变更时，水权交易算法应该及时向上级水行政主管部门申请变更其取水计划，并按照现行用水计划考核办法进行考核。

《取水许可管理办法》第二十九条规定："在取水许可证有效期限内出现下列情形之一的，取水单位或者个人应当重新提出取水申请：（一）取水量或者取水用途发生改变的（因取水权转让引起的取水量改变的情形除外）；……"根据国务院第460号令《取水许可和水资源费征收管理条例》第二十七条，取水户在达成水权交易后，到原审批机关办理水权变更手续。

《水权交易管理暂行办法》对水权交易的形式、水权交易的监督管理，以及区域水权交易、取水权交易、灌溉用水户水权交易流程等均作出了规定，同时该办法第三十条还规定，各省、自治区、直辖市可以根据本办法和本行政区域实际情况制定具体实施办法。

综上所述，我国现行的取水许可制度是水权交易制度的重要基础，取水许可证是现阶段取水户水权确权的主要依据，取水许可证标定的有效期和取水量是对取水权益的量化，用水计划管理方法则是对水权交易执行的监督；而水权交易制度是对现行取水许可制度与水资源有偿使用制度的重要补充和完善，是促进节水和提高用水效率重要的途径。水权交易制度的探索与建设将进一步强化取水许可管理制度，并有效推动节约用水的技术发展，是在现有水资源管理体系基础上对水资源管理方法的一种改革创新。

二、南方流域水权交易的范围、主客体及类型

（一）水权交易的准入条件

随着我国水资源管理制度的不断完善，管理工作的不断深入与细化，以及水权交易制度的逐步建设，水权的概念会逐渐明晰，水权的分配也将会随之加强，明确什么样的水权才可以进入市场，是水权能否进行交易的前提条件，因此，需要明确水权交易的基本条件。

1. 水权明晰

进入交易市场进行交易的水资源必须要有明晰的产权，这是合法、合理进

行交易的前提条件，非法或者权限界定模糊不清的水资源禁止进入市场进行交易，因此，进行交易的水权需要有明晰的界定。

本报告提到的可交易水权仅指水资源的使用权，是最严格水资源管理制度中界定的用水总量控制指标中的生产用水使用权，具体而言，对于各行政区域，可交易的水权是指分解到各行政区域的用水总量控制指标；对于企事业单位或取水个人，可交易的水权是指取水许可证许可的取水指标。

2. 计量准确

进入交易市场进行交易的水资源必须要有明确的计量手段和监控系统，要求对可进行交易的水量、交易了多少都能够清楚地计算和监控，这是确保广东省水权交易顺利进行的技术保障，也是确保水权买卖双方行使和承担相应权利与义务的重要保障。

3. 价值可估

可以估量的水权价值是水权顺利进行交易的重要保障，也是保障水权交易市场健康成长的重要保障，杜绝恶意炒作和垄断市场价格的行为存在。

（二）水权交易的主要范围

水权交易范围的确定是解决哪些水权可以交易的问题。根据我国《水法》第六条规定：国家鼓励单位和个人依法开发、利用水资源，并保护其合法权益。这说明国家赋予单位和个人开发、利用水资源的权利，单位和个人可以成为水权的主体，任何单位和个人依法取得的水使用权受法律保护，并可依法进行转换交易。此外，根据我国目前实现的最严格水资源管理制度，结合南方流域水资源特征和社会经济发展情况，确定水权交易的主要范围如下：

1. 总量控制条件下的水权

南方流域水资源面临的现状问题表明，南方地区不仅仅存在水资源时空分布不均的问题，更为显著的是水质性缺水逐渐在困扰各省市经济社会的发展。目前，我国实现最严格水资源管理制度，其中“三条红线”控制指标的制定就是为了控制各地区的总用水量、提高用水效率、减少入河排污量。虽然用水总量控制指标是阶段性目标，从理论上而言要小于可支配的水量，但是为了促进用水效率的提高和水功能区水质达标率的实现，用水总量控制是具有时代意义的重要举措，是适应我国当前生产力水平和社会发展需求的制度，因此，现阶段可用于交易的水权一定要满足总量控制的要求。

2. 可交易的水权行业范围

根据南方地区水资源现有的管理能力和监控水平可知，目前南方大部分地区具备计量监控能力的除了生活水权以外，主要为工业用水户，而农业用水量大，但相应的计量设施相对滞后。因此，对于可交易的水权行业范围可以率先开展具备计量和监控能力的非农业水权交易试点工作；此外，鼓励在有需求且可以完善农业用水计量设施的区域，根据区域需求和自身条件开展农业水权转换试点工作。

3. 新增取水项目

对于已有的建设项目需要在尊重历史现状的基础之上，鼓励其进行节水改造，并可将节余的水权进行市场交易。对于新建、扩建和改建等新增取水项目，需要从源头严格控制用水效率关口，并从项目立项申请的初始培养用水户的节水意识，因此，对于新建、改建和扩建等新增水权项目探索试行政府部分配额和余额市场交易相结合的模式。一方面，可以增加水权交易市场活跃度；另一方面，可以增加已有用水户的节水积极性和培养新增用水户的节水意识。

4. 行政区域范围

各省水权交易的范围应当在本省行政区划范围内进行，水权交易的主体范围包括省内流域机构、地级市及其所属区划范围和用水单位，其中，用水单位或个人必须是依法取得取水许可或初始水量分配的才可成为交易的主体。

（三）水权交易的主客体

1. 水权交易的主体

水权交易的主体是指在水权交易活动中的行为主体，包括水权出让和受让各方。一般而言，水权交易的主体与水权的界定有着密不可分的联系，不同的水权界定具有不同的主体，导致水权交易主体具有多样性。在水权私有界定方式下，水权交易的主体是以持有合法水权并进行转让的私人个体或者组织的形式存在；水权公有界定条件下，水权的交易主体主要以集体组织或政府的形式存在。无论以何种形式界定，从水权交易主体的本质而言，都是有水权供求意愿并具有转让能力的合法组织或个人。在我国现阶段的有关法律、法规条件下，水权交易的主体为：

出让方：(1) 拥有预留水权的各级水行政主管部门；(2) 持有取水许可证的企事业单位和个人。

受让方：(1) 对水权进行回购的各级水行政主管部门；(2) 需要新增水量的新建、改建和扩建项目；(3) 需要增加取水指标的现有取水单位和个人。

2. 水权交易的客体

水权交易的客体是指水权所指向的特定用途，是水权主体可以控制和支配或享有的水权属性，包括所有权、使用权、处分权和收益权的一组或多组权利。从理论上讲，水权交易的客体可以是主体所分配的初始水权，但从实际操作层面而言，需要有特定的权威机构对水权交易的客体进行规范，对客体性状、权利构成和优先权等进行明确界定。由此，实际可以用于交易的水权客体应具有以下特征：一是要对包括水量、水质、使用期限以及输送能力等特性有明确规定；二是通过合法程序取得，且不存在争议的水权；三是不会对生态环境和第三方造成损害或者造成的损害小于可以通过其他方式补偿；四是经过水权管理机构登记注册。因此，水权交易的客体主要为：(1) 各级水行政主管部门预留的水权，包括各级政府通过节水改造投资获得的回收水权和通过市场回购的水权；(2) 各级政府获得的初始分配水权；(3) 取水单位通过政府分配或市场交易等途径获得的用于生产、经营的水权指标。

（四）水权交易的类型

水权交易类型可基本分为：流域或区域范围的水权交易、部分或全部的水权交易、各类用途之间的水权交易、短期或长期的水权交易、即期（远期）或期权的水权交易以及直接或间接的水权交易等。

此外，与其他资源交易相比，水权交易有着自身鲜明的特征。首先，在我国实行用水总量控制的大背景下，水权具有很强的区域性，受到较强的空间限制，由于水资源的物理特性和运输条件等的限制，不同水文单元之间难以实现直接交易。现阶段各级政府或水行政主管部门仍是其辖区内所有水权人的代言人，是水权交易制度探索阶段的先锋力量。其次，水权具有很强的流动性，即取水、用水和排水的转移会对第三者和生态产生影响，因此，水权的交易主要是在流域范围内进行，跨流域的水权交易往往需要借助于输水工程。最后，水权具有很强的公共性，绝大多数水权仍是为了保障居民生活和生态环境的安全为目标，即使西方国家公权对水资源配置领域的影响也逐步提高，水权交易各环节将持续处于政府主管部门管控范围。

基于水权的固有特性，考虑我国现有的法律法规、时代背景、阶段条件、研究方案的可操作性和实践案例，结合水权交易的对象划分，将南方流域水权交易归结为三大类型：政府储备水权的竞争性出让、行政区之间的水权交易和用水户之间的水权交易。

1. 政府储备水权的竞争性让出

根据水资源在国民经济中的作用，初始水权可划分为自然水权（生态环境水权）、国民经济水权（生活水权和生产水权等）以及政府储备水权三大类。其中，政府储备水权包括：水权初始分配时，为了应对未来社会经济发展中不可预见因素（如维护代际公平、应急战略储备、平衡调节地区差异）和各种紧急情况下（如救灾、抗旱和公共安全事故等）水资源的非常规需求而预留的水量，因取水户的注销回收的水量和政府投资节水改造而收回的水量或回购的水量。政府储备水权属于水权的一种物质表现形式和载体，与生态环境用水和国民经济用水处于同一层面，是完整的初始水权体系的重要组成部分之一。《水利部关于印发水权制度建设框架的通知》中明确指出：各地在进行水权分配时要留有余地，考虑救灾、医疗、公共安全以及其他突发事件的用水要求和地区经济社会发展的潜在要求。

随着社会工业生产的多样性、复杂性以及社会的改革与转型，水资源作为战略性资源在社会经济发展中的作用已变得越发重要，并已成为区域政府乃至国家在经济和政治领域争夺的关键资源。政府储备水权除了可以满足应急需求之外，更重要的是可以为所辖范围内的经济社会发展和产业转型提供重要保障。由此可知，政府储备水权的申请和启用，必须要有利于应急情况下区域灾情或生态环境的最大程度的缓解和改善，必须有利于提高辖区的整体经济实力、促进区域社会转型和推动产业结构优化改革。根据政府储备水权的出让方式，可以将政府储备水权的竞争性出让划分为以下两类：

（1）宏观层面的政府储备水权的竞争性出让。在宏观层面，政府储备水权的出让主要是指具有储备水权的政府向下一级提出购置申请的政府出让水权的行为。有发展需要的区域政府或水行政主管部门应向上级人民政府或水行政主管部门提出购买申请，上级人民政府或水行政主管部门委托有资质的单位对其申请理由和论据进行充分的论证，确定最具竞争力（主要考虑区域需求和区域利益等因素）的一方或若干方作为政府储备水权的获得者，以促进整个辖区内水资源的有效配置、用水效率的提高和社会经济的可持续发展。

（2）微观层面的政府储备水权的竞争性出让。为促进水权交易的发展和水资源的高效配置，创新取水许可管理新模式，探索政府无偿配给与通过水权交易有偿获得取水指标相结合的模式，为需要新增取水权的单位和个人配置水权。例如，对需要新增取水权的单位实行政府无偿配给一定比例指标，其余不足部分采取有偿购置的方式获得。在总量控制前提下，区域政府可支配的总量盈余指标可纳入政府预留水权，进行再次有偿配置。因此，在微观层面，政府储备水权的竞争性出让是指具有储备水权的各级政府向最具竞争力的取水单位出让储备水权的行为。有新增水权需要的单位向区域水行政主管部门提出购置储备水权申请，水行政主管部门委托有资质的单位对其申请进行论证，确定最具竞争力（主要考虑区域利益和出资价格等因素）的取水单位作为政府储备水权的获得者，从而促进政府储备水量的高效利用。

2. 行政区之间的水权交易

市、县行政区政府是各省水权交易管理的重要主体，是省政府初始水权分配的直接对象，也是具体用水户和用水集体或组织的直接管理者和代言人，因此，市县一级政府在水权分配与交易之中起着尤为重要的作用，是水权交易最为活跃的对象之一。为了促进水权的流转，明确各县（市、区）因超出水量分配方案的分配额度，进行跨区域、跨流域调水，水权购买方向水源地支付水权补偿费用。

3. 用水户之间的水权交易

在政府将水权分配或拍卖给用水户后，基于用水户之间用水效率以及节水成本的差异性，用水户之间可开展水权交易。根据用水户获得的取水许可或制定的用水量定额标准，当用水户的用水总量超过已经分配的初始水权或超过定额标准，可以从有节余量的用水户购买水权。此外，对于用水已经超出总量控制的地区，新增项目的水权获取必须通过购买已有用水户的节余水量。

如通过技术论证，同一区域的企业可将升级改造后节余出水量，出让给需新增水权的单位或个人。

三、南方流域水权交易价格制定

在现代水资源管理体制中，水权制度是管理的法律依据，水价是管理的手段，水资源的优化配置与高效利用是目的。目前我国水权交易还处于探索研究阶段，为规范和引导水权交易价格的合理形成，要着重研究水权交易价格的管理形式，影响水权交易价格的主要因素和水权交易价格的形成方式，最后根据水权交易的实际情况提出适合各级水权市场的定价模型。

水权交易是一种市场交易行为，从实际需要出发，为规范和引导水权交易价格合理形成，切实发挥价格杠杆作用，促进水权交易工作有序进行，需要深入分析水权价格影响因素、主要的水权价格定价方法等问题，并结合各地区水权交易建设的战略实施计划重点研究水权价格中普通水权交易（包括区域间水权交易和用水户间水权交易）与预留水权竞争性出让两种交易类型的定价问题。

水权价格受到自然因素、技术因素和经济社会因素等多种因素的综合作用，水权价格的制定是一个较为复杂的过程，需要反映出多个因素的作用。从水权价格计算方法对比分析可知，从政策性水权价格到成本核算价格，再到边际成本价格，最后到影子价格，是一个从行政指令性定价到市场定价、由粗放定价到精确定价、由不完全反映水权成本和价格关系到最终反映水权社会成本和效益的逐步递进和完善的计算过程，但这个过程很大程度上依赖于水权市场的成熟度和信息的完整度。

由于现阶段我国水权交易仍处于制度建设的初期阶段，虽然国内已有部分地区开展了水权交易的案例，但是也处于探索阶段，缺乏完备的水权交易信息可供参考。因此，根据南方流域的实际情况出发，综合水权价格的影响因素和各计算方法的优缺点，建议由政府物价部门参照成本核算方法制定水权交易的

基准价格 *P0*。在此基础上综合考虑自然因素、技术因素和社会因素在内的多重影响作用，根据不同的交易类型和交易条件，研究并建立水权价格定价模型，做到既简单实用，又能整体反映市场信息的价格机制。以政府定价为参考，在条件允许的情况下鼓励水权交易双方通过谈判、协商、竞价等各种自由交易手段达成交易价格，促进水权市场机制的完善。

按照交易主体的不同，可以将水权交易分为政府主导型和市场主导型两种。

（1）政府主导型的水权交易。政府主导型的水权，指的是以政府作为交易双方所进行的水权交易。这里的政府是指同一级次的地方政府之间、流域管理机构之间或者政府中不同职能部门之间的横向交易。

（2）市场主导型的水权交易。市场主导型的水权交易指的是在开放的市场上进行的，主要发生在市场主体之间的水权交易，包括两层交易。政府只在交易的第一个层次，即由国家垄断的水权资产出让中以水权资产出让方的身份进行交易。而在第二个层次中，是用水户之间进行水权交易，政府主要扮演的是市场监管者和调控者的角色。

在政府主导型水权交易中，水权交易价格的确定一般较多考虑政策性因素，而市场主导型的水权交易中由市场机制起到主导作用，其交易价格一般受到供需关系的影响有较为自由的浮动空间，交易方式与定价方式都比较灵活，具体成交价格多为价格竞争或谈判协商确定。

由于目前南方流域水权交易市场机制尚未形成，因此在水权交易市场中，近期仍需以政府主导型的水权交易为主，借助一定的行政手段或政策辅助重点促成准流域市场的水权交易活动，在形成水权市场交易初期规模、培育成水权交易市场雏形后，应当积极推动水权交易准地方市场的交易活动，逐步完成政府主导型水权交易向市场主导型水权交易转变。综上所述，在南方流域水权交易制度现阶段，政府在水权交易价格定价方面仍需起到一定的主导作用，以保证水权交易的公平、公正。

从理论上讲，水权转让的最低价格至少包括办理水权转让过程中必须发生的相关费用，即转让方转让水权的实际收益为零；水权转让的最高价格应当低于水权受让方通过其他替代方案获得相当水权的最高成本价格，包括受让方通过长距离调水方式的成本费用等，因为高于此价格时，受让方可能通过其他替代方案或者降低生产规模来实现水资源总量与生产活动之间的平衡，实际上水权转让的需求就不存在，不能形成现实的交易。因此，正常的水权转让价格应当在理论价格水平的范围之内通过双方协商、市场竞争或政府定价等方式形成。另外水权交易价格不仅要反映水资源的稀缺程度，更重要的是反映水资源保护所需的生态补偿成本。

水权交易是一种市场行为，按市场价格形成的一般规律，水权交易价格在考虑成本费用的基础上，最终形成的方式可以通过多种方式实现，水权交易价格的形成可以概括为以下三种形式：一是由水权交易双方协商形成转让价格。这种形成方式适合水权交易市场形成发展的初期，市场交易数量较少，而且需求方相对单一，尚不能构成竞争，只能通过买卖双方协商转让的情况。二是通过招标、竞价、拍卖等竞争方式形成转让价格。这种形式适合于水权交易市场日趋活跃，需求方不断增加，具备一定竞争条件的情况。在水权交易市场发育成熟和规范的条件下，需求方不断增加使水权具备一定竞争条件，可以采取自由竞争方式确定水权交易价格，一方面能够使价格充分体现水资源的市场供求状况，另一方面可以引导水资源的合理配置，提高水资源的利用效率和效益。三是在政府定向出让交易中需采取政府定价方式。政府定向出让水权是政府对水权交易市场进行宏观调控、维持市场秩序、确保全省水资源合理配置、协调区域经济发展的重要手段，在定向出让中应由政府按物价局确定的基础价格，在基础价格上依据具体对重点项目的政策倾向进行定价并完成定向出让。

（一）普通水权交易价格

普通水权交易是指除政府预留水权交易以外的水权交易活动。结合南方流域水权交易实践案例，现阶段的普通水权交易活动主要包括区域之间的水权交易与用户之间水权交易两个层次，本研究将根据这两种交易类型的差异性，分析水权交易价格主要影响因素，分别建立水权交易价格定价模型。

1. 区域水权交易价格定价模型

区域水权交易的主体主要是省内各地市政府部门，交易水权指标主要来源于地市政府通过产业结构调整等战略性手段所节余或者获得剩余的水权，而需求方一般是省内经济处于快速发展阶段的地区，地区之间水资源利用边际效益的差异是区域水权交易的原动力，通过水权交易活动实现水资源向高效利用地区转移，提升水资源的利用价值。区域间水权交易处于水权交易市场中的准流域市场，交易水权可由政府分配到区域内各个行业的综合发展。

由于区域水权市场的交易可能涉及同一流域上下游城市之间的交易，也有可能通过远距离输水工程的跨流域水资源配置体系实现跨流域的地市之间水权交易。因此，研究区域水权交易价格制定时，需要区分以上两种类型，分别建立定价模型。

（1）同一流域上下游地市之间水权交易。在同一流域上下游城市之间的水权交易不需要通过修建专用的输水工程设施来实现交易，因此水权交易基本不受工程因素影响。然而，水资源作为一种公共的基础性资源，水权在同一流域上下游不同区域之间转让，必然会改变流域水资源的沿途分配，影响流域水环境，从而给流域上下游其他区域（城市）用水安全带来一定的外部性影响。例如上游用户购买了下游用户的水权，会导致处于交易双方中间流域段河流的水量减少，从而带来负外部性。

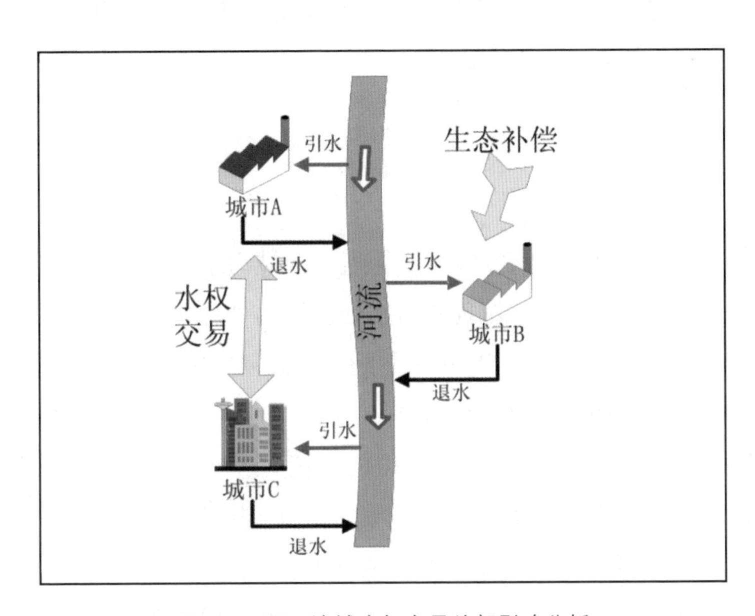

图 8-1　同一流域水权交易外部影响分析

资料来源：根据调研资料整理而得。

如图 9–1 所示，如果城市 C 向城市 A 转让水权，势必会造成流域上游来水减少而且水源污染负荷加重，则一方面影响流域整体水环境质量，另一方面会影响城市 B 的取水保证率以及取水水质，对城市 B 产生一定的负外部性影响，交易中应该考虑对城市 B 给予一定的生态补偿；若相反由城市 A 向城市 C 转让水权，则上游取水量相对减少，流域水环境能够得到一定程度改善，对沿河其他城市能够产生一定的正外部性影响，这种交易方式应该给予一定的鼓励。

经济社会方面，根据普遍规律，在一个省内普遍存在流域下游城市经济发展水平相对较高，其用水效率、经济承受能力等各方面因素皆优于上游城市；供需方面，上游城市水资源开发利用程度较低，存在较大节水潜力，而下游城市其水资源利用已经逼近其用水总量控制上线，下游城市对水权的需求大于上游城市。因此从经济社会因素、供求关系对水权交易价格影响方面分析，同样应该鼓励上游城市向下游城市转让水权。

综上所述，同流域上不同区域之间的水权交易价格，应当根据水权在流域上的转移方向，在政府制定的水权价格基础上重点考虑对流域生态补偿。生态补偿价格可以根据目前建设生态修复工程的建设、维护成本、工程处理能力等要素估计生态补偿成本，按照水权转移规模估计补偿价格。生态补偿价格可以参照以下公式估算：

$$P_{生态} = \beta \cdot \frac{C}{S} \tag{8—1}$$

式中，β 为污水排放综合系数；C 为所在区域污水处理厂的建设及运行维护成本，元 / 年；S 为所在区域现有污水处理厂的处理能力，立方米 / 年；C/S 为水权交易后，相应污染转移单位水量的生态修复成本，元 / 立方米；$P_{生态}$即为水权交易单位水量的生态补偿价格。

由于区域水权交易中受让方所取得的水权为区域综合用水的源水总量指标，而以生态修复工程作为生态补偿方案是以污水排放量作为参照，因此要乘以污水排放综合系数，根据一般规律可取 β=0.8。

为此，可以初步确定区域水权交易基本价格计算公式为：

$$P_{区域1} = P_0 + \lambda \cdot P_{生态} \tag{8—2}$$

式中：*P0* 为政府物价部门制定的水权交易指导价格；λ 为上下游水权转移影响因子，当水权由下游向上游转移时 λ=1.0，当水权由上游向下游转移时可以考虑给予适当的优惠激励 λ=-0.2 ；$P_{生态}$为生态补偿价格。

（2）涉及输水工程的区域水权交易。在准流域市场中，还可能存在跨流域的区域水权交易市场，例如《珠江三角洲水资源配置工程规划》中涉及西江与东江两个流域的水资源联合优化配置，通过建设珠江三角洲水资源配置工程为广州市南沙区、东莞市、深圳市等多个城市之间开展跨流域水权交易提供基础平台。

由于工程建设投资巨大，工程投资的资金回收周期较长，因此跨流域的区域水权交易一半为中长期水权交易，计算工程建设投资折旧费时，应考虑资金时间价值。

另外，跨流域水权交易是在出让方通过技术措施所获得剩余水权的基础上进行，不额外增加出让方所在流域的水资源开发利用量。因此，流域工程也可以抽象为出让方所在流域上下游之间的区域水权交易，其生态补偿费用计算方

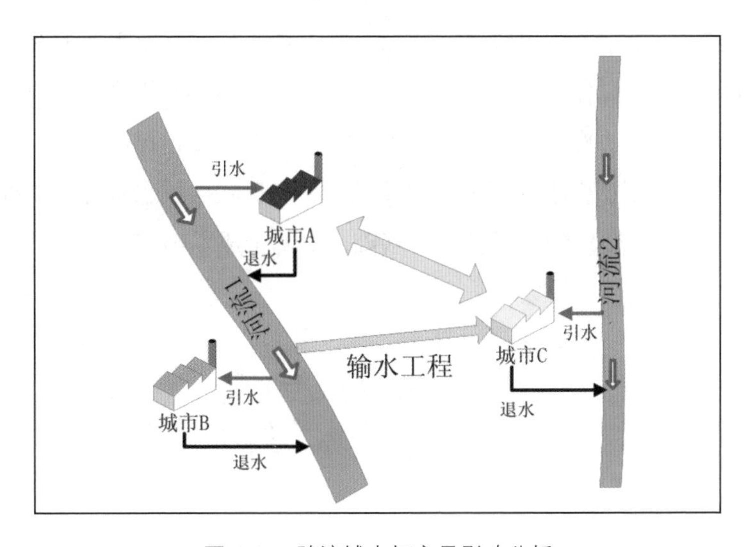

图 8-2　跨流域水权交易影响分析

资料来源：根据调研资料整理而得。

法与同流域内区域水权交易相同，仍可以按上下游水权交易执行生态补偿机制，只是需要考虑补偿费用在两个流域之间的分配，另外需要增加工程成本因素。

假设：交易期限与工程寿命相同（T年），贷款年利率为i，并且将工程投资资金折现到工程投入运行时刻的现值PV（Present Value），以工程投入运行时刻作为资金回收时间起点，按照资金回收公式计算工程投资等额资金回收年值AV（Annual Value）为：

$$A = PV \cdot \frac{AV+OP}{Q} \tag{8—3}$$

假设工程年运行维护费用为OP（Operating and maintenance fees），工程所涉及的水权交易年总水量（可能涉及多项水权交易）为Q（方），则由工程成本折算成水权交易成本价格为：

$$P_{工程} = \frac{AV+OP}{Q} \tag{8—4}$$

综上所述，涉及输水工程的区域水权交易其交易价格计算公式为：

$$P_{区域2} = P_0 + \lambda \cdot P_{生态} + P_{工程} \tag{8—5}$$

2. 政府限价的价格区间

以上多建立的定价模型是基于水权交易各项影响因素所需要的补偿成本确定，其计算结果可以作为水权交易的参照价格，具体交易价格还需由交易双方在政府主导下进行协商确定。国内河海大学许长新教授还提出了水权综合定价模型①，在定价模型中引入了经济协调因子k和反映区域水资源稀缺程度调整系数γ，并以水权交易的影子价格为基础，对基于成本确定的水权交易价格进行修正：

$$P_{综合}=P_{区域}+k\gamma\frac{P_{影子}}{10}$$
$$其中：k=\frac{GDP_{买}}{GDP_{卖}} \tag{8—6}$$

① 许长新：《区域水权论》，中国水利水电出版社2011年版，第170页。

$GDP_{买}$为买方所在区域人均GDP，$GDP_{卖}$为卖方所在区域人均GDP，通过系数 k 可以反映对经济相对落后地方的扶持与政策倾斜，有利于全省的经济平衡发展。许长新教授建议，区域水资源稀缺程度调整系数 γ={0.8，0.9，1.0，1.1，1.2} 分别代表丰水地区、湿润地区、半湿润地区、半干旱地区、干旱地区。针对不同省市的具体情况，为了区分省内不同地区的水资源稀缺程度，水资源稀缺程度调整系数的取值方法可以进行调整，以适应各地的具体情况。

根据以上分析，可以得到区域水权交易限制价格参考范围为：

$$P \in [P_{区域}, P_{综合}] \tag{8—7}$$

（二）用水户水权交易价格

由于我国在落实最严格水资源管理制度中按照行政区域逐级进行考核，为配合最严格水资源管理制度的考核体系，南方流域水权交易市场中的准地方市场交易现阶段只考虑在同一地市行政区域内进行。因此在水权交易准地方市场的交易价格分析中，只分析同一个行政区域内用水户之间水权交易现象。准地方市场不涉及工程建造等成本，并且准地方市场中的交易相对比较自由，交易价格主要影响因素为供求关系因素、不同行业之间的生态环境补偿因素和通过用水效率反映的产业经济因素。

为了培育水权交易市场，在准地方市场交易中应该充分发挥市场对资源调配机制的作用，激发市场交易活力，给予交易双方充分的自由交易空间，减小政府干预力度。为此，准地方市场中在满足交易基本原则的前提下，政府重点对不同行业之间的生态环境补偿机制，有利于促进水资源的可持续利用和水生态文明建设。

根据不同工业类别的污染等级进行划分界定，按照不同行业的水环境污染程度进行排序，并确定不同级别的环境污染调整系数 β（表 8-1）。行业生产过程污染越严重，其环境污染调整系数越大，该行业内的企业若购买水权将付出更多的环境补偿成本。表 8-1 中各行业环境污染调整系数的初始值仅作为参考，具体取值的合理性还需通专题研究进行深入论证。

表 8-1　不同行业用水户水权交易调整系数表

序号	行业类型	环境污染调整系数（β）
1	电子信息行业	1.0
2	纺织行业	1.2
3	轻工行业	1.2
4	医药行业	1.3
5	机械行业	1.3
6	汽车行业	1.3
7	建材行业	1.4
8	石油化工行业	1.4
9	有色金属行业	1.4

区域内用水户水权交易价格理论上应该由交易双方协商决定，若交易中存在多个买方，可以通过竞价、招标、拍卖等多种价格竞争方式确定成交价格。为了弥补市场机制在资源配置中无法避免交易产生负外部性影响的缺陷，建议政府通过制定交易规则、生态补偿机制等方式，对水权市场交易进行宏观调控，避免市场失灵。

为此，本研究建议仍由政府按照物价部门制定的基准价基础上，综合考虑生态补偿、产业结构调整等政策导向，制定指导性价格。

生态补偿机制仍按前文所述的生态补偿价格参考机制，这是将环境污染折算系数替换为交易双方环境污染调整系数之差（$\beta_{买}-\beta_{卖}$），计算公式如下：

$$P_{生态}=(\beta_{买}-\beta_{卖})\cdot\frac{C}{S} \tag{8—8}$$

式中：C 为所在区域污水处理厂的建设及运行维护成本，元 / 年；S 为所在区域现有污水处理厂的处理能力，立方米 / 年；C/S 为水权交易后，相应污染转移单位水量的生态修复成本，元 / 立方米。

当 $\beta_{买}>\beta_{卖}$时，表示水权交易买方的产业污染比卖方严重，水权交易将增加环境负荷，需征收一部分生态补偿费用；

当 $\beta_{买}<\beta_{卖}$时，表示水权交易买方的产业污染比卖方小，通过水权交易可以降低环境污染负荷，此时 $P_{生态}<0$，代表政府给予一定的优惠补贴，可以有效激励水资源配置向低污染行业转移；

当$\beta_{买}=\beta_{卖}$时，表示同行业内或污染负荷相同的行业之间的水权交易，由于污染水平相同，不改变区域内环境负荷，因此$P_{生态}=0$可以不考虑生态补偿。

另外，与流域内区域水权交易相比，不存在水权交易对环境的外部影响，因此可以忽略外部性影响因子 。综上所述，用水户之间水权交易参考价格计算公式：

$$P_{用水户}=P_0+P_{生态}=P_0+(\beta_{买}-\beta_{卖})\cdot\frac{C}{S} \tag{8—9}$$

以上交易价格估算公式仅作为水权交易初期政府主导的水权交易市场中，政府制定的指导性价格，为交易双方价格协商提供一定的参照。为了有利于水权交易市场的培育，仍然建议在具体交易中由交易双方在一定范围内通过协商谈判、竞价、拍卖、招标等多样化的定价方式完成水权交易。

（三）政府储备水权交易价格

政府储备水权包括应急储备水权和发展储备水权两部分。其中，应急储备水权作为社会公共安全保障的重要资源，不能用于水权交易，不涉及交易价格的定价问题。因此，政府储备水权出让价格主要研究政府储备水权中属于发展储备水权部分的交易价格定价方式。

政府发展储备水量是指为了维护地区之间的公平性，规避和降低未来发展中的风险，或者为满足未来可能出现的重大发展战略调整、重新布局和国防建设等而储备的水量，因此，政府发展储备水量具有战略性和竞争性的特点。

为此，政府储备水权出让价格应以政策性水权价格定价方式为基础。同时，政府储备水权受到自然因素、自然因素和经济社会发展水平因素等各种因素的影响。

综上所述，南方流域政府储备水权交易价格的制定以政策性定价为基准价格，综合考虑省内年降雨量空间分布不均匀的影响、区域水资源开发利用率影响、区域单位水量万元 GDP 产出量耗水量等综合要素的影响，形成简单实用的政府储备水权交易价格计算方法，计算方法如下式所示：

$$P_{储备} = \eta_1 \times \eta_2 \times \eta_3 \times P_0 \quad (8—10)$$

式中：$P_{储备}$——政府储备水权交易价格（元 / 立方米）；

η_1——降雨量条件影响系数；

η_2——水资源开发利用率影响系数；

η_3——单位水量万元 GDP 产出量影响系数；

P_0——基础水权价格，由政府物价部门确定的水权交易基准价格（元 / 立方米）。

以上参数值 η_1 和 η_2 反映了水资源的自然条件和其稀缺性，η_3 则反映的是水资源的社会贡献因素，前两者相对客观，在相近区域内的变化不甚明显，而 η_3 受到地区产业结构和经济发展水平的影响较大，即使在相近地区都可能有较大的差异，若水权在两个经济条件相差较大的主体之间进行交易，该参数可取两者的平均值。

参数值 η_1 可以根据各地区水资源空间分布不均的分区规律进行取值。在降雨低值区水资源相对比较稀缺，政府储备水权的竞争将会比较激烈，因此其交易竞争价格会比较高，降雨量条件影响系数取高值。在降雨高值区则相反。

政府储备水权交易的最终价格可在政府指导价的基础上，根据交易双方上述的参数指标的差异性，在合理的框架内进行协商决定。

在开展农业水权转换时，通过农业节水所取得的水权剩余可以采取回收纳入政府储备水权或者存入“水银行”的方式回收，并按照“谁投资，谁受益”的原则进行该部分水权的再分配。

四、南方流域水权交易规则与流程

（一）水权交易规则

建立明确的交易规则是水权交易得以有序进行的前提，为水权交易主体提供行为规范的框架。水权交易规则与商品市场交易规则相似，主要包括价格引导供求，供求双方本着公平、诚信、等价有偿进行交易等。规章制度用以弥补水市场外部影响等市场失灵的场合，维护水权交易主体和第三方的合法利益，保护生态环境，惩罚非法转让行为等。总体来说，交易规则重在确保价格机制良性运转，规章制度侧重市场规则的调整、补充和完善。

由于水权是产权在水资源上的具体体现，水权交易可归于产权交易的范畴。相应地，水权交易规则的制定可将产权交易规则的共性与水权交易的个性结合起来进行，一方面可通过利用既有产权交易规则的一般性来降低交易规则制定成本，一方面充分考虑水权交易的个性因素，减少规则的运用成本并促进交易收益的最大化。目前，产权交易规则主要依据《企业国有产权转让管理暂行办法》制定，2005 年水利部发布的《水利部关于水权转让的若干意见》对水权交易规则的一般性进行了规范，对水权交易的目的、概念、原则、费用、期限、监管、适用范围等作出了说明。

1. 水权交易规划

坚持水资源可持续利用，公平和效率相结合，产权明晰，政府主导，公众参与，公平、公正、公开、自愿，有偿转让与合理补偿，试点先行，以点带面的原则。

2. 水权交易主要的限制范围

有下列情形之一的，原审批机关不予批准取水权转让申请，但是法律、法规和国务院另有规定的除外：（1）取用水总量超过本流域或本行政区域根据最严格的水资源管理制度分配的总量控制指标内的可利用水量，除国家有特殊规定的，不得向本流域或本行政区域以外的用水户转让。（2）在地下水限采区的地下水取水户不得将水权转让。（3）为生态环境、生活用水分配的水权不得转让。（4）对公共利益、生态环境或第三者利益可能造成重大影响的不得转让。（5）受让方经营范围属国家或者当地限制发展的领域的。

3. 水权交易主要条件

（1）一般交易主体交易条件。对于水权交易市场中的一般交易主体应设置以下准入条件：①水权出让方出让的水权必须是通过各种节水措施节约的水量部分，以及通过购买等方式已经获得又不再需要该水权。②已建项目的受让方必须拥有初始水权，其用水效率满足一定条件下仍然缺少水资源的单位或个人。③对新、改、扩建需要新增取水的项目适时推行政府分配与水权交易相结合的方法。④水权交易原则上需在省内同一行政区域（流域）内进行，跨行政区域（流域）的水权交易需建有引水工程。⑤水权买卖双方在进行水权交易之前必须进行相关论证及资格审核程序，并经相应水行政主管部门审批许可后，才能进入水权交易市场交易。⑥买方享有购买水权使用权与支配权的权利，但应承担相应的引水工程管理、生态补偿和退水达标治理的义务；卖方需要承担保护相关水源的义务。⑦水权交易双方需配有符合技术要求的监控设备。⑧水权交易应满足最严格的水资源管理制度“三条红线”（用水总量控制，用水效率控制和水功能区限制纳污）的要求，有利于提高用水效率。

（2）重点工程交易条件。区别于一般的水权交易主体，列入各地市相关规划的特定重点工程具有较为特殊意义，在确定政府储备水权时，往往考虑了该类工程的用水需求，因此，其水权交易准入条件应与常规项目有所不同，纳入该类交易的对象需要符合国家或地方政府的重大发展战略，符合特定的供水范围和对象，而且要符合一定的用水管理水平要求。

4. 水权交易方式

水权交易一般应当通过水权交易平台进行，也可以在转让方与受让方之间直接进行，主要有以下三种交易方式：（1）协议转让。指出让方在交易平台挂牌，在规定期限内只征集到一个买家的情况下，双方按挂牌价签订协议进行交易。（2）电子竞价。指出让方在交易平台挂牌，在规定期限内征集到两个及以上的买家，买家相继出价竞购，价高者得。电子竞价交易是在网络平台上实现的一种新型竞价交易方式，采用异地、限时、连续、竞争报价的方法进行操作，既能够节约买卖双方成本，又增加了招标行为的便捷性和保密性。（3）定向出让。指由政府主管部门在储备水量中提取适当的配额按由物价局制定的基准价格出让给指定的省内重点项目。

根据《水权交易管理暂行办法》，区域水权交易或者交易量较大的取水权交易，应当通过水权交易平台进行。

5. 水权交易期限

为了确保水权的稳定性和可预期性，应赋予水权明确的期限，水资源有偿使用原则也决定了水权交易必须确定合理的期限。《水利部关于水权转让的若干意见》中提到：“水行政主管部门或流域管理机构要根据水资源管理和配置的要求，综合考虑与水权转让相关的水工程使用年限和需水项目的使用年限，兼顾供求双方利益，对水权转让的年限提出要求，并依据取水许可管理的有关规定，进行审查复核。”

综合与水权转让相关的水工程使用年限、需水项目的使用年限两个因素，结合国内外的实践经验及南方流域水情，将水权转让期限分为短期、中长期和长期。

（1）短期水权转让。短期水权指转让期限在一年内的水权流转，通常所说的临时性水权转让可归为短期水权转让的一种。短期水权转让适用于企业用水户之间、农业用水户之间的水权转让以及农业取水户与供水管理机构之间的水权转让。对于企业（如热电厂、造纸厂、纺织厂等）来说，某一年度实际生产规模远大于计划生产规模时，企业需水量将超出拥有的用水配额，这时企业需要购买短期的水权来完成年内的生产任务，或者企业通过购买短期水权完成生产任务，同时采用节水措施改善用水工艺以满足企业自身生产规模扩大的需求。另外，农业用水户也存在相似的情况。

（2）中长期水权转让。中长期水权转让指转让期限在 1—10 年内的水权流转，适用于企业用水户之间、政府与企业之间的水权交易。企业用水户初始水权的分配，主要依据企业获得的取水许可证，取水许可证的有效期一般为 5 年，期限届满前，企业可向审批机关批准提出延长取水期限的申请更换取水许可证。企业用水户水权转让期限的界定可与取水许可证中取水期限相结合，企业获得的初始水权期限与取水许可证的有效期相同，企业可转让的水权的期限为初始水权期限与已使用年限的差，水权转让期满后水行政主管部门将结合行业平均用水效率指标、企业节水效果、企业规划等因素对企业用水量进行核准与审批，核加或核减各企业用水户的初始分配配额。

（3）长期水权转让。长期水权转让指转让期限在 10 年以上的水权流转。长期水权转让适用于区域间水库向城市转让、农业灌溉用水向工业和城市转让，其长期性一方面是由于城市和工业用水需求稳定，需要长期、稳定的水权；另一方面是由于灌区改造工程、输水工程等水权转让必需的硬件设施工程规模大、投入高、资产折旧慢，本身要求经其进行的水权转让期限长。[①] 在南

① 李晶等：《中国水权》，知识产权出版社 2008 年版，第 81 页。

方流域已开展的水权交易实践中，进行长期水权转让的案例不少，且多采取“长期意向”与“短期协议”相结合的方式进行来满足交易双方的不同诉求。

（二）水权交易流程

1. 确权登记

水行政管理部门对初始水权分配方案进行公示，公示期间若各地方政府或用水户无异议，初始水权分配遵照方案执行；若有异议，则组织协商会议，按最终协商结果重新编制分配方案进行初始水权的分配。对获得初始水权配额的各地方政府及各用水户负责人须在初始水权配额发放登记表上签字盖章后交由水行政管理部门相关机构备案，管理机构通过登记系统为各地方政府及各用水户建立账户，并对获得取水许可证的新、改（扩）建项目进行注册登记，实现初始水权的归属清晰。

初始水权的分配与登记是积极响应国家对水资源管理要求的体现，十八届三中全会决定明确提出，“健全自然资源资产产权制度和用途管制制度。对水流、森林、山岭、草原、荒地、滩涂等自然生态空间进行统一确权登记，形成归属清晰、权责明确、监管有效的自然资源资产产权制度”。初始水权的分配和明晰是水权交易的前提和基础。

2. 申请

申请是水权交易主体向水权交易管理机构表达购买或出让水权意愿的过程。如地方政府或用水户有水权出让或购买的需求，可向水权交易管理机构提出交易申请，填写《水权交易申请登记表》，并提交水权交易的相关材料，如水权交易所在地政府的意见、取水许可证、水权转让双方签订的意向性协议、建设项目水资源论证报告、水权交易论证报告等相关资料，供水权交易管理机构审批之用。

《中华人民共和国水法》中明确规定：“水资源属国家所有”，水权持有者进行转让时就必须向主管机构提出申请，并阐明水权转让的必要性、经济合理性、技术可行性、促进效率和公平性等。

3. 论证

水权交易主体向水权交易管理机构提出交易申请后，应进行相关论证，对申请人的水权交易资格、剩余水权核算或申请购买水权额度核算、申请交易水权对水环境和他人合法权益的影响、区域水权交易中输水工程的基础设施建设的水环境影响评价与工程可靠性论证等多个方面的综合分析论证。通过严格论证审查，以维护水权交易市场的正常秩序，确保水权交易双方的合法权益，促进水资源的优化配置和可持续发展。

4. 审批

审批程序是水权交易管理机构对水权配额出让或购买主体的申请进行受理的一系列相关步骤。水权交易审批与水资源管理权限密切相关，在审批权限集中管理的模式下，省水利厅及其代理的各流域机构应水权交易申请者的请求，统一对各级水权交易进行审批；在审批权限分散管理的模式下，各级地方政府及相关管理部门对管辖区域的水权交易申请进行审查批复。同流域内跨区域的水权交易申请经所在流域管理机构初审同意后报省水权交易管理机构审批；同区域内跨流域的水权交易及不同区域不同流域的水权交易的申请均直接报省水权交易管理机构审批。

各级水权交易管理机构在接到水权交易申请后，在规定期限内主要对水权交易是否在取水许可范围内、拟交易的水量与水质是否合理、水权交易意向双方是否自愿达成转让协议、建设项目水资源论证报告是否合理、水权转换在技术和经济上是否可行、拥有初始水权的地方人民政府是否同意等进行审查和批复。

5. 公告

公告是加强水权交易管理的重要内容和依据，是由水权交易管理机构或交易主体对水权交易相关事宜进行披露，为公众提供交易信息的必要环节，《水利部关于水权转让的若干意见》中明确规定要“积极向社会提供信息，组织进行可行性研究和相关论证，对转让双方达成的协议及时向社会公示”。

6. 交易

经水权交易管理机构审批后，水权交易主体需持营业执照、取水许可证、批复意见等相关材料到水权交易平台进行注册登记与申请，并缴纳一定数额的交易保证金，平台受理后可在平台上进行水权配额的购买与转让。

7. 签约

按约定的方式交易后，交易双方须签订水权交易标准合同，明确交易双方的名称和地址、水权转让的起始时间和期限、转让的水量、转让价格、被转让水的用途、取水方式、节水措施、污水处理措施、经济补偿等内容，经平台鉴证后交易方为有效。

8. 结算

交易双方按合同的交易价款支付方式履行，并同时结清相关水权交易费用、水资源费、交易手续费。水资源费与交易手续费直接划入银行专用账户，水权交易费用可以暂由银行专用账户保管，在交易后三个月内如无恶意倒卖水权或其他违规行为，则可将该部分费用及产生的利息一并交付水权的出售方。水权的结算在交易中心的见证下由交易双方签署水权交接清单。

9. 交易登记

水权交易双方在签订交易合同后，需持交易合同、取水许可证等相关材料到水权交易管理机构办理水权交易登记。

10. 监管

水权交易监管是规范交易主体行为的必要条件，主要监管三方面内容：一是交易主体资格、行为及合法性；二是交易数量；三是交易价格。

综上所述，组成水权交易程序的基本环节如图 8–3 和图 8–4 所示。合理、规范的交易程序对水资源合理配置和高效利用必不可少。

（三）水权交易相关责任的转移

水权交易完成后，交易的水权的使用权由出让方转向了受让方，同时对应最严格的水资源管理制度的“三条红线”（用水总量控制，用水效率控制和水功能区限制纳污）应承担的责任与义务也由出让方转移到了受让方的身上。

1. 用水总量控制方面

若进行的是短期或中长期交易，交易期内受让方拥有交易的水权的使用权，交易期满后交易的这部分水权的使用权归还出让方所有；若进行的是长期水权交易时，由于交易的长期性与稳定性，应对出让方的取水许可证界定的取水量做相应的核减，对受让方的取水许可证界定的取水量做相应的增加，若地

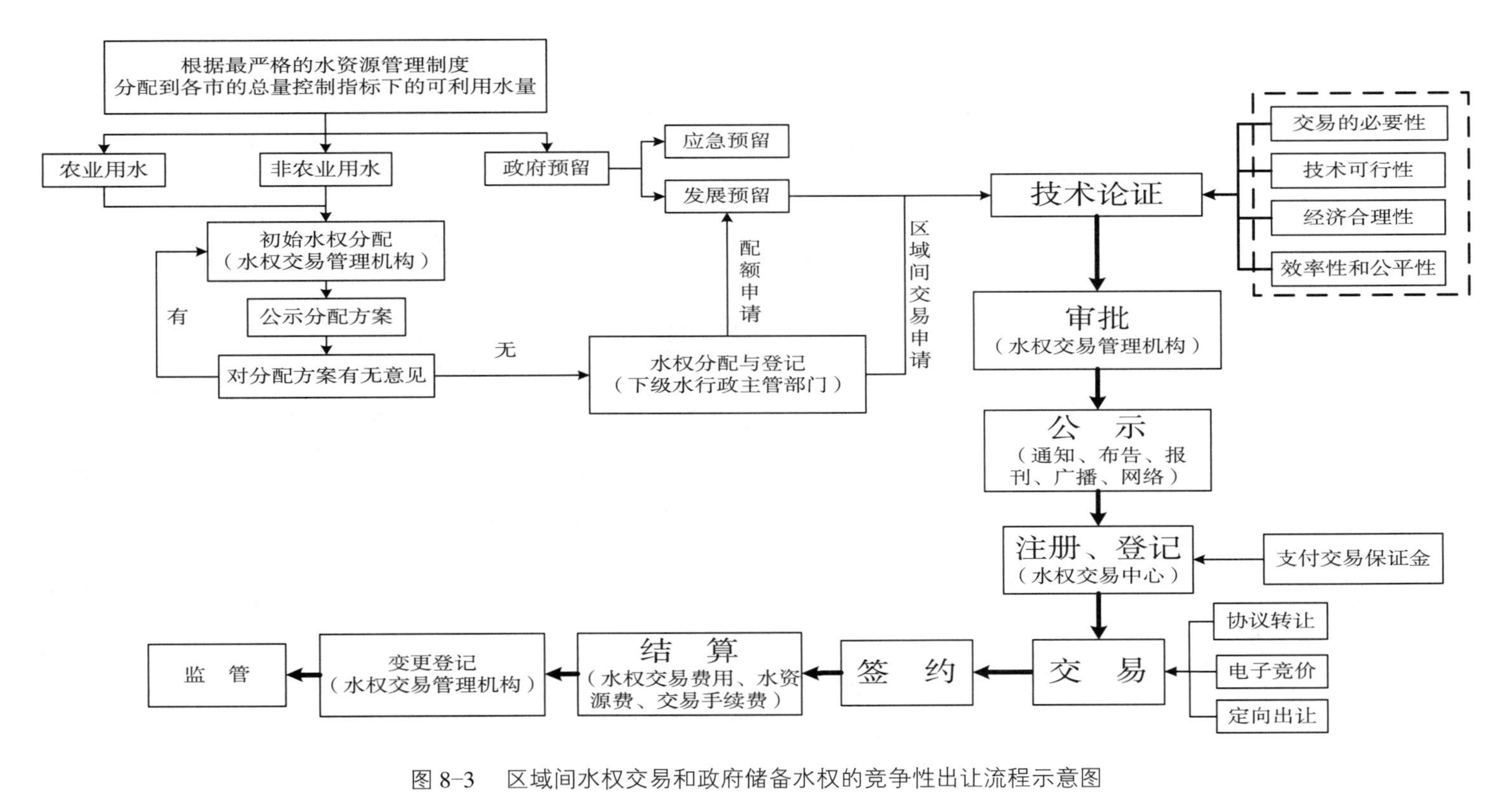

图 8-3 区域间水权交易和政府储备水权的竞争性出让流程示意图

资料来源：根据相关资料整理而得。

市级政府之间进行交易，应对最严格的水资源制度下分配的总量控制指标进行核加或核减。

2. 用水效率控制方面

水权交易的受让方在购买到水权配额后的用水效率不得低于购买前的用水效率，以此促进经济社会整体用水效率的提高。

3. 水功能区限制纳污方面

水权交易的受让方获得交易配额用于生活生产会导致排污量的增加，因此受让方应承担相应生态补偿和退水达标治理的义务。

以上是水权交易基本原则中“权、责、义统一”要求的具体体现，权利和义务的统一是国家通过水权配置，实现用水权利社会化的前提，也是实现水权交易的前提。

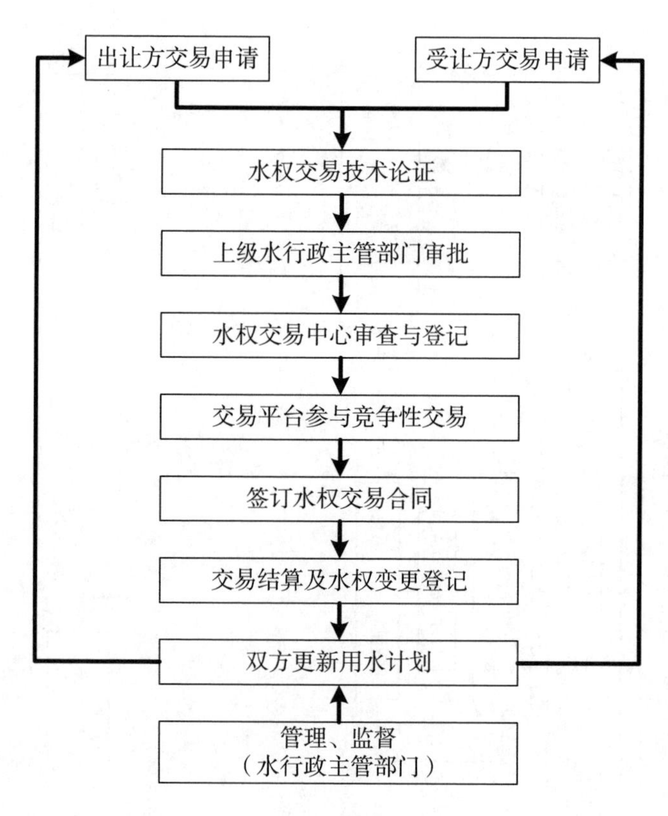

图 8-4　用水户之间水权交易流程示意图

资料来源：根据相关资料整理而得。

五、南方流域水权交易制度体系建设

水权交易制度体系建设的主体应当而且只有是政府，因为“政府在水权交易的确立和立法方面具有比较优势”，市场机制则在微观层次上对资源的配置效率比较有优势。根据现有南方流域水权交易实践，水权交易制度体系建设主要包括水权交易法规体系建设、水权交易管理体系建设、水权交易技术论证体系、水权交易市场建设等四个方面。通过前三个方面的基础体系建设，共同支撑水权交易市场建设。

（一）水权交易法规体系建设

1. 完善水权交易法规保障

（1）水资源民事法律制度的完善：主要包括水资源所有权法律制度的完善、水资源用益物权的法律制度完善两方面。（2）水资源环境保护法律的完善：需要强化水资源规划的法律地位、初步确定水资源规划法的具体内容。（3）水资源行政法律制度的完善：从四个方面进一步完善水资源行政法律制度：①加快完善水法配套行政法规的制定和修订；②理顺体制、加大实施水行政执法力度；③理顺经费渠道，强化执法保障；④建立交流培训和激励机制，提高执法队伍行政能力。

2. 制定水权交易制度和政策框架体系

依据《中华人民共和国水法》和《取水许可制度实施办法》，我国实行取水许可制度和有偿使用制度。目前，南方流域基于国家现有政策法规精神，制定了相关的水权法规条例，如广东省现行的水权制度是《广东省取水许可制度与水资源费征收管理办法》和《广东省水资源管理条例》、上海市的《上海市取水许可和水资源费征收管理实施办法》和《上海市水资源管理若干规定》、浙江省的《浙江省取水许可和水资源费征收管理办法》和《浙江省水资源管理条例》等。由于法律的完善需要较长的周期，为满足当下水权交易制度建设需求，有必要通过行政手段制定相关的管理办法及政策文件，为水权交易活动提供政策依据，因此，水利部于 2016 年发布了《水权交易管理暂行办法》。

《水权交易管理暂行办法》对水权交易的形式、水权交易原则、水权交易监督管理主管部门、区域水权交易、取水权交易、灌溉用水户水权交易、水权交易监督检查等内容作出规定。一些地区根据该暂行办法和各自行政区域实际情况，亦制定了具体的实施办法，如《广东省水权交易管理试行办法》、《贵州省水权交易管理办法（试行）》、《江西省水权交易管理办法》、《安徽省水权交易管理实施办法（暂行）》等。

（二）水权交易管理体系建设

1. 设立水权交易的专门管理机构和市场服务机构

（1）政府内部水权交易管理机构。以试点省区之一的广东省为例，广东省水利厅是代表省委、省政府执行水权交易制度建设、政府主导以及监督管理职能的最高水行政主管部门，拥有水权分配、交易论证、资格审批、市场监督权限，各市、县（区）水行政主管部门按照规定拥有一定的分级限额审批权限。设立在流域管理局和地方市级水务（利）部门，作为流域（区域）的水权交易管理部门，其职责主要在于流域（区域）初始水权的界定和分配、交易规则的制定，以及对流域（区域）内取水户水权交易论证报告编制、审批和交易活动的监督管理。

（2）市场服务机构。水权市场服务机构一般是由政府培育的中介管理机构，如美国的水银行、智利和中国甘肃张掖市的用水者协会。市场服务机构的职责是为水权交易提供市场场所，并负责交易系统平台的运行维护、交易活动及各个交易环节的组织，协助政府水权交易管理机构维护水权交易市场秩序，执行管理机构的有关政策法规。

2. 建设水权交易软、硬件系统

完备的信息系统是水权交易顺利进行的重要保障。水资源的流动性决定了对水权交易的动态监测和计量，这是水权交易市场不同于其他要素市场的主要特征，从而决定了水权交易市场对技术设备和技术措施高度依赖。以先进的监测体系为基础，建设实现水权交易账户注册、交易信息登记、网上即时交易等功能的硬件和软件系统，采用互联网平台整合和提供水权信息，并允许在网上进行交易操作。

3. 水权交易管理体系建设保障措施

水权交易制度的建设是一个长期性、系统性的工作，需要从立法层面到实际操作层面，再到管理和后续保障层面，均要形成一个完整的体系。从政府管理机构的职能出发，提出相应的水权交易制度建设的保障措施，明确各级主管部门（水利、发改委、司法、财政、物价、国资委、环保厅、统计局等）在水权交易制度保障体系中的任务与分工。

（1）省政府统一领导并负责全局的总体协调。水权交易制度涉及政府多个机构的管理领域，政府各机构需要在省政府的统一领导下形成合力。由省政府领导省水利厅、省发展改革委、财政厅、物价局、统计局、法制办、国资委等各个机构组织建设本省水权交易制度体系、水权交易试点等相关工作，负责各个机构之间的分工部署及任务协调。并负责组建水权交易制度建设领导小组，负责水权制度建设的日常工作，建立专用的信息沟通渠道。

（2）省水利厅负责水权制度建设、相关研究工作及水权市场督导工作。省水利厅根据其水行政主管部门的职责，作为水权交易制度建设主要负责单位，并且在广东省水权交易中作为主要管理机构行使相关职能，其主要职责包括：①负责水权制度建设前期研究工作；②主持编制水权交易管理办法及水权交易资格评估实施细则、资金使用管理实施细则、价格管理实施细则等相关细则；③联合法制办共同研究本省取水许可制度与水资源费征收管理办法和水资源管理条例等的修订；④负责水权交易监测计量系统等基础平台建设；⑤主持编制本省水权交易试点工作实施方案并牵头负责水权交易市场试点建设工作；⑥在广东省水权交易市场中代表政府进行水权交易的论证审批、监督执行及水权交易相关政策法规制定。

（3）物价局与统计局共同研究水权交易的定价方法。省物价局牵头，联合省统计局、省发展改革委共同研究省水权交易中政府基准价的制定工作。

（4）财政厅负责对水权交易资金的管理。省财政厅联合科技厅、省发展改革委等部门负责水权交易制度前期研究工作的审批及财政支持；在水权交易市场中由财政厅负责交易资金的管理和分配。

（5）国资委负责水权市场交易中心的组建与运行。省人民政府国有资产监督管理委员会及其下属单位共同负责水权交易中心的组建、交易平台系统开发以及水权交易市场的管理维护。

（6）省环境保护厅负责研究水权交易的生态补偿机制及环境保护评价。

（7）省司法厅负责研究对水权交易政策法规的审核，并负责水权交易法规体系的完善和水权交易立法程序启动。

（三）水权交易技术论证体系

1. 技术论证准则

水权交易是贯彻落实最严格的水资源管理制度的有力抓手，其制度建设需在现行的水资源管理制度的框架下搭建，水权交易技术论证应设置三个准则：数量准则、效率准则、环境准则。

（1）数量准则。水权交易要在用水总量控制的前提下开展，积极鼓励在总量控制条件下，盘活有限的水资源，使其发挥最大的基础性支撑作用；对于新增用水量要严格控制，区域之间的水权交易或动用政府储备水量将增加水权购买方所在区域的用水总量指标，对于用水总量指标增加的水权交易进行的技术论证应更加严格。

（2）效率准则。不同行业或企业之间进行水权交易后，总体的用水效率要有所提高，对于用水效率降低或持平的交易，应从水量、水价及政府监管方面设置更为严格的门槛。

（3）环境准则。水权交易前后应不增加入河污染的负荷量，水权购买方有义务对新增用水的排放进行达标处理，交易前后不增加入河污染的负担。

以上三个准则的设置与最严格的水资源管理制度划定的三条红线相一致，有力地与最严格的水资源管理挂钩，是可持续发展原则的具体体现。

2. 水权交易论证

水权交易论证是指根据《取水许可制度实施办法》、相应的水权交易管理办法、水权交易资格评估实施细则和水权交易论证技术导则，结合流域或者区域综合规划以及水资源专项规划，对新建、改建、扩建而需要获取水权的建设项目或者通过技术改造、产业结构调整等产生水权剩余的用水户，按照水权交易市场的准入条件、交易限制范围等，对申请参与水权交易的主体进行技术论证。主要内容包括申请人的水权交易资格、剩余水权核算或申请购买水权额度核算、申请交易水权对水环境和他人合法权益的影响、区域水权交易中输水工程的基础设施建设的水环境影响评价与工程可靠性论证等多个方面的综合分析论证。通过严格论证审查程序，以维护水权交易市场的正常秩序，确保水权交易双方的合法权益，促进水资源的优化配置和可持续发展。

3. 农业水权转化为非农业水权论证

发展农业节水是实现农业可持续发展的必然选择。我国南方地区目前普遍存在农业水资源配置效率低下、灌区和农户节水积极性不高、农业用水短缺与浪费并存等问题。随着市场经济的日益成熟，针对农业节水需求，目前学术界已就农业水资源二次分配环节的市场交易机制引入达成共识，即通过建立健全农业水权流转机制，提高农业水资源的配置效率以及各主体的节水积极性。

根据流转后的水资源是否仍用于农业生产，可以将农业水权流转分为两大类，其一是农业水权的内部流转，流转后的水资源仍然用于农业生产；其二是农业水权的外部流转，即所谓农业向非农业转让或跨行业流转，流转后的水资源不再用于农业生产。水权农业向非农业转让具体包括两种情形：采用有偿转让方式将农业用水转为工业和生活用水；通过政府购买或给予必要补偿方式将农业用水转为生态等公益用水。

从长远上看，在最严格水资源管理制度下，通过发展农业水权转化为非农业水权，激励农业节水、挖掘农业节水潜力，是满足不断增长的用水需求、有效缓解水资源供需矛盾的有效途径。因此，必须积极探索农业水权转化机制，开展农业水权转化为非农业水权的科学论证研究工作，提前为农业水权机制的建立和农业水权转化做好技术储备，以适应长期发展的需求。

4. 技术论证体系建设

为了规范和统一水权交易论证报告的技术要求，需在水权制度建设过程中编制“水权交易论证技术导则”，指导水权交易论证报告的编写，同时也作为管理单位进行水权交易资格审批的主要依据。

（四）水权交易市场建设

1. 水权交易市场框架设计

结合目前南方流域水权实践存在着地方政府间以及地方政府与取水户之间

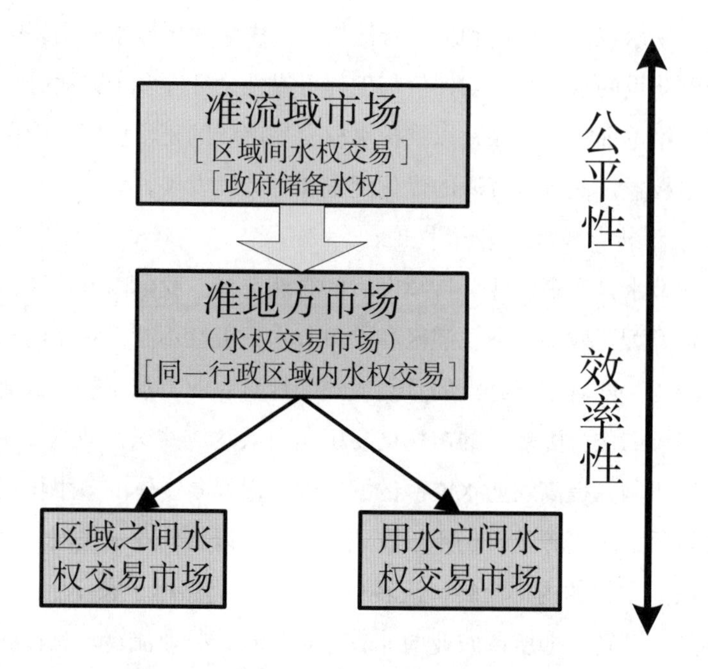

图 8-5　水权交易市场框架

资料来源：根据调研资料整理而得。

两个层面水权交易的现状，根据将政府和市场各自优势有机结合的原则，构建南方流域水权交易的准流域市场和准地方市场。

（1）准流域市场。准流域市场是针对地方政府之间的水权交易活动所设立的。具体操作思路如下：以流域管理局与流域内地市级水行政主管部门为组织依托。

第一步：根据流域分水方案所确定的流域供水所及城市取用水的年度总量，由流域管理局负责统一对流域内的水资源在各取水城市进行初次分配，同时上报水利厅备案。

第二步：在流域管理局内部设立水权交易管理办公室，登记流域水权初次分配结果，同时负责收集、整合和发布流域城市的水权交易信息（如：出让城市、出让水量、出让水量的取水期限、需求城市、需求水量等）。

第三步：基于水权交易管理办公室发布的信息，有交易意向的城市双方进行协商，达成共识。交易协议应在水权交易管理办公室的见证下签署，或者以事前索要由水权交易管理办公室统一编制的水权交易合同文本，由城市双方共同签署后经水权交易管理办公室确认的方式代替。

第四步：水权交易管理办公室对交易结果进行登记备案，并协调、监督交易的执行情况。同时，对流域水权交易信息进行滚动更新。

（2）准地方市场。准地方市场是指以行政区域内部的微观经济组织或个人为交易主体的市场类型。准地方市场以流域城市内各级水行政主管部门为组织依托，具体操作思路如下：

第一步：在流域水权初始分配额度下达到各市后，由各市水务局根据国务院《取水许可和水资源费征收管理条例》的规定，以及依据不同行业的用水定额指标，基于对所辖区县的行政配给以及取水户的取水申请对本市可用水的使用权进行二次分配。依此类推，由上而下逐级分解，由区县进行水权的三次分配，直至将水权落实到各类用水户。

第二步：在各市水务局内部设立水权交易管理办公室，登记该市内部水权分配的最终结果，同时负责收集、整合和发布辖区内部的水权交易信息（如：出让者、出让水量、出让水量的取水期限、需求者、需求水量等）。

第三步：基于各市水权交易管理办公室发布的信息，有交易意向的微观主体双方进行协商，达成共识。交易协议应在水权交易管理办公室的见证下签署，或者以事前索要由水权交易管理办公室统一编制的水权交易合同文本，由交易主体双方共同签署后经水权交易管理办公室确认的方式代替。

第四步：水权交易管理办公室对交易结果进行登记备案，并协调、监督交易的执行情况。同时，对辖区内的水权交易信息进行滚动更新。

2. 水权交易制度监测计量系统建设

监测计量系统建设在水权制度建设中具有十分重要的地位，是水资源管理工作的基础，因为只有进行了监测计量，才能真正了解水资源的开发利用情况，才能真正掌握水权的执行和落实情况。

对区域用水的监测与计量通过取水过流断面、取水口的监测实现，对用水户的监测与计量通过安装在线监控系统的手段实现，对取水户进行取水计量在线监测，实时掌握取水户取水信息，从而为水权交易提供有力的监督手段和可靠的基础数据支撑。

3. 水权交易市场与交易平台建设

相关交易环节的软件系统平台。

充分借鉴排污权、碳排放权交易平台建设的经验，建设水权交易平台，进行水权交易的资格核查、账户注册、水权交易、资产结算（确权）等。结合水权交易的实际情况，开发注册登记系统、交易系统、竞价系统及结算系统。同时通过开发信息公告系统平台，实现交易全过程的实时信息公开，向社会展示公开透明的交易过程，充分体现水资源作为公共资源，其资源有偿使用的公正性、公平性。

（五）南方流域水权交易制度建设

综合前述分析研究内容，南方流域水权交易制度建设主要包括法规体系、管理体系、技术论证、交易市场等四个方面。

其中法规体系主要建设内容是对相关法规条例进行制修订，完善水权交易法规体系，真正实现有法可依；管理体系建设包括管理机构、市场服务机构的设立和交易基础设施建设；技术论证体系主要包括《水权交易论证技术导则》编制和对农业水权转化为非农业水权的科学论证；市场建设的首要任务是开展监测计量基础设施建设，同时搭建水权交易平台。

第九章　南方流域水权制度建设的立法思路

水权是平等民事主体使用水资源并获得收益的权利，水权取得优先位序是水权取得制度的核心。我国确定水权取得位序的现行规则简单、笼统且欠缺司法操作性，导致用水冲突频发，需借鉴先进的现代水权许可制度予以完善。特别是对于南方流域这样的丰水地区，水事关系复杂，涉水矛盾多发，水权制度建设要实现其有效性和配置力，需要从立法上规范取得用水许可资格、水权转让手续等方面问题，使单位和个人在使用受益时具有可预见性和平等性。

一、基本背景

（一）我国水权制度建设的法律基础

现阶段国内水权交易制度的法律规章尚不完善，并未形成完善法律体系。《宪法》第九条规定，矿藏、水流、森林、山岭、草原、荒地、滩涂等自然资源，都属于国家所有，国家保障自然资源的合理利用。《民法通则》第八十一条明确提到，任何组织或个人不得非法转让水资源。《水法》第四十八条规定，直接从江河、湖泊或者地下取用水资源的单位和个人，应当按照国家取水许可制度和水资源有偿使用制度的规定，向水行政主管部门或者流域管理机构申请领取取水许可证，并缴纳水资源费，取得取水权。但是，家庭生活和零星散养、圈养畜禽饮用等少量取水的除外。实施取水许可制度和征收管理水资源费的具体办法，由国务院规定。《物权法》规定，矿藏、水流、海域属于国家所有。依法取得的探矿权、采矿权、取水权和使用水域、滩涂从事养殖、捕捞的权利受法律保护。《民法典》规定，依法取得的探矿权、采矿权、取水权和使用水域、滩涂从事养殖、捕捞的权利受法律保护。《取水许可与水资源费征收管理条例》明确提出依法获得取水权的单位或者个人，通过调整产品和产业结构、改革工艺、节水等措施节约水资源的，在取水许可的有效期和取水限额内，经原审批机关批准，可以依法有偿转让其节约的水资源，并到原审批机关办理取水权变更手续。具体办法由国务院水行政主管部门制定。

为规范全国水权交易试点工作，水利部出台了《水权交易管理暂行办法》，规定了水权包括水资源的所有权和使用权。提出水权交易是指在合理界定和分配水资源使用权基础上，通过市场机制实现水资源使用权在地区间、流域间、流域上下游、行业间、用水户间流转的行为。全国各地积极探索推进水权制度建设，在水权立法方面也进行了诸多有益实践。宁夏、江西将水权确权和交易纳入了地方水资源条例，广东省出台水权交易管理办法，内蒙古出台闲置取用水指标处置办法、水权交易管理办法，盘活水权指标。此外，山东、贵州、河南、江西、安徽、宁夏、甘肃、陕西、河北等省相继出台规范水权交易、水权确权登记等省级部门规章制度。

宁夏、内蒙古两区政府高度重视水权转换的立法工作，在水利部《关于内蒙古宁夏黄河干流水权转换试点工作指导意见》、黄河水利委员会《黄河水权转换管理实施办法》等基础上，两区及地方政府相应制定了一系列文件，对国家及自治区的有关规定做了细化和补充，明确了转让双方的责、权、利，建立了灌区节水补贴奖励机制，丰富和完善了水权转换的规章制度，提高了可操作性，也使得水权转换工作有法可依、有章可循。如宁夏出台了《宁夏回族自治区黄河水权转换实施细则》《水权转换资金使用管理办法》《宁夏水利厅水权转换项目管理办法》等。内蒙古自治区政府印发了《内蒙古自治区盟市间黄河干流水权转让试点实施意见》《自治区水权转换节水改造建设资金管理办法》，近期还计划出台《闲置水权指标管理办法》；地级市巴彦淖尔市政府印发了《关于促进河套灌区农业节水的实施意见》，积极支持盟市间水权转让工作；鄂尔多斯市出台了《二期水权转换工程实施管理办法》等，推动了水权转换制度化建设。

（二）我国水权立法面临的困境

1. 水权交易法律支撑不足

水权界定、水权转让权责、水价等的核心法律概念的模糊，导致实践过程中一些基本认识不是太清楚。水权交易法律制度的基本概念就在于对于水权以及水权交易概念的确认。对于水权以及水权交易的概念界定，仅仅是在水利部印发的部门规范性文件《水权交易管理暂行办法》第二条进行了规定。但是深究此规定，概念的周延性还远远不足，对水资源的占有、使用、收益、支配等权利也缺乏具体的规定，难以做到对交易的整体过程的全方位的保障。

2. 初始水权界定不清晰

我国现行的法律体系尚未对“水权”进行清晰的概念界定，这一概念还仅仅停留在学术层面，由于法律的缺失，水权交易受到严重阻碍。但在现实当中，事实水权确早已形成。水资源的使用权和所有权并未实际分离，且实际存在一些未获得的取水许可证就进行取水的行为。但大体来看，此阶段水资源的使用权已经从所有权当中分离出来，且在人格化的基础上落实到每一位用水户身上，表现出政府对用水户的水权分配。

3. 水权水市场不健全

当前，我国水权的确权工作与交易仍处于探索期，由于全国性立法规范的缺乏，存在的水权交易大都在省级行政区域内或单一流域内进行，难以进行跨行政区域或跨流域操作，对同样的水权交易，因为试点自身条件的不同尚未形成统一的实施标准规范。而由于制度原因造成水权交易市场的人为隔离，使得健全的、规范化的水权市场难以形成，给我国水权交易的顺利开展造成了一定的阻碍。

4. 水资源的价格形成机制不尽合理

在粗放经济发展思想影响下，人们大肆围湖造田、挤河道造田，水资源被极大地浪费。随着市场经济不断深化，水资源的市场价值和商品价值已逐渐被公众认可。然而当前水资源价值管理制度不尽完善，尚未形成全国统一的水资源费用征收管理方面的法律。

（三）南方流域地区水权立法的必要性与依据

1. 必要性

完善现有水权相关法律法规体系的客观需要。目前，我国的水资源法律还不能与水权交易制度建设相适应，水权理论基础薄弱，在我国法律体系中，水权还只是一个原则性的概念，没有相应的法律依据，学术界对水权的范围和定义还存在分歧；水权市场的交易主客体、市场规则及水权交易流程并未建立。从长远来看，水权交易法规体系的建设是水权交易制度建设必不可少的一部分，相关的法律法规体系缺乏会成为水权交易制度建设和水权交易市场形成的重要障碍。因此，亟须制定水权交易管理办法，可以进一步完善和细化现有的法律法规体系，为水权交易行为提供法理依据。

深化和完善水资源管理体制改革的现实需要。2011 年中央一号文件提出“建立和完善国家水权制度，充分运用市场机制优化配置水资源”。2012 年《国务院关于实行最严格水资源管理制度的意见》提出“建立健全水权制度，积极培育水市场，鼓励开展水权交易，运用市场机制合理配置水资源”。2012 年底，党的十八大报告在大力推进生态文明建设的重要战略部署中，明确提出积极开展水权交易试点。2013 年，党的十八届三中全会《决定》中明确提出“推行水权交易制度”。2014 年，水利部《关于深化水利改革的指导意见》，提出“建立健全水权交易制度”，并在全国七个省市启动水权交易试点工作。虽然国家和有关地方多次将水权交易制度建设作为深化水资源管理体制改革的重要部署，但是在实际操作层面仍然缺乏相应的规范性文件，因此，建立符合当地省情和水情的水权交易管理法规制度，是深化和完善水资源管理体制改革的现实需要。

当前推进全国水权交易试点工作的迫切需要。水权交易在南方流域各省份仍处于起步阶段，相应的水权确权、交易原则、交易流程、交易价格、交易期限、技术论证和监督管理等都没有明确的规定，这给水权交易的实际操作带来较大的障碍。研究制订水权交易管理办法等规章及规范性文件，明确水权交易的基本要求、基本规则、监督管理等相关规定，从而初步建立水权交易法规和制度体系是全国水权交易试点的重点任务之一。因此，亟须制定水权交易管理办法，推进全国水权交易试点工作，合理指导水权交易活动开展。

2. 立法依据

(1)《中华人民共和国宪法》第九条：矿藏、水流、森林、山岭、草原、荒地、滩涂等自然资源，都属于国家所有，国家保障自然资源的合理利用。

(2)《中华人民共和国水法》第三条：水资源属于国家所有。水资源的所有权由国务院代表国家行使。第七条：国家对水资源依法实行取水许可制度和有偿使用制度。第四十七条：国家对用水实行总量控制和定额管理相结合的制度。第四十八条：直接从江河、湖泊或者地下取用水资源的单位和个人，应当按照国家取水许可制度和水资源有偿使用制度的规定，向水行政主管部门或者流域管理机构申请领取取水许可证，并缴纳水资源费，取得取水权。但是，家庭生活和零星散养、圈养畜禽饮用等少量取水的除外。

(3)《中华人民共和国民法典》第三百二十九条：依法取得的探矿权、采矿权、取水权和使用水域、滩涂从事养殖、捕捞的权利受法律保护。

(4)《中华人民共和国物权法》第一百一十七条：用益物权人对他人所有的不动产或者动产，依法享有占有、使用和收益的权利。第一百二十三条：依法取得的探矿权、采矿权、取水权和使用水域、滩涂从事养殖、捕捞的权利受法律保护。

(5)《取水许可与水资源费征收管理条例》第十五条：批准的水量分配方案或者签订的协议是确定流域与行政区域取水许可总量控制的依据。第二十七条：依法获得取水权的单位或者个人，通过调整产品和产业结构、改革工艺、节水等措施节约水资源的，在取水许可的有效期和取水限额内，经原审批机关批准，可以依法有偿转让其节约的水资源，并到原审批机关办理取水权变更手续。具体办法由国务院水行政主管部门制定。

(6)《取水许可管理办法》第二十八条：在取水许可证有效期限内，取水单位或者个人需要变更其名称（姓名）的或者因取水权转让需要办理取水权变更手续的，应当持法定身份证明文件和有关取水权转让的批准文件，向原取水审批机关提出变更申请。取水审批机关审查同意的，应当核发新的取水许可证；其中，仅变更取水单位或者个人名称（姓名）的，可以在原取水许可证上注明。

(7)《水权交易管理暂行办法》第二条：水权包括水资源的所有权和使用权。

本办法所称水权交易，是指在合理界定和分配水资源使用权基础上，通过市场机制实现水资源使用权在地区间、流域间、流域上下游、行业间、用水户间流转的行为。

（8）其他法规规章文件。

二、南方流域地区水权立法的总体思路

南方流域广东、江西、湖北等3个省份纳入了全国水权试点，其中制定《广东省水权交易管理试行办法》（以下简称《办法》）是具有南方丰水流域典型特征且相对完整和综合性的制度文件。为此，本章以此为例解析南方流域水权立法有关问题及成果。

（一）指导思想

以党的各项会议精神以及习近平总书记“节水优先、空间均衡、系统治理、两手发力”的治水思路为指导，贯彻落实党中央水利改革方针政策，坚持社会主义市场经济改革方向。根据广东省水资源的禀赋条件和经济社会发展需求，以用水总量控制为前提，充分发挥市场机制在资源配置中的决定性作用与效率优势，从优化水资源配置、提高用水效率与效益、保护生态环境利益等角度出发，制定符合南方流域区情水情且具有可操作性的水权确权、水权交易流程和监督等管理办法，合理指导丰水地区水权交易试点工作有序开展，建立和健全能够反映水资源稀缺程度和经济价值的水权交易制度，最终实现南方流域水资源的可持续利用，并以水资源的可持续利用支撑经济社会的可持续发展。

（二）基本原则

本《办法》制定的原则是：突出实操、强化监管、合理创新。一是突出《办法》的实际可操作性，明确了水权的界定、交易的主客体、交易原则、交易条件、交易流程和交易期限等关键性内容。二是强化《办法》的监督管理职责，对水权交易技术论证基本要求、水权交易审核、计量监控、节水改造工程建设和节水评估等监督管理做出了规定。三是针对目前取水许可管理遇到的突出问

题，从战略层面合理创新制度，分别提出针对新增取用水项目水权获取和不合理用水指标占有处置的办法，并提出建立水权储备制度。

（三）技术路线

在水权立法纳入广东省政府规章立法计划后，有序开展水权立法前期研究工作。通过开展国内和广东省内调研，学习借鉴了国内外水权交易相关办法，以及广东省碳排放权及排污权交易管理办法，广东省自然资源交易平台等，根据已有法律法规和国家有关文件要求，形成广东省水权交易管理办法初稿。通过组织座谈讨论、征求意见、专家研讨等多种形式，不断完善立法草案，呈请省政府报批。

（四）水权立法主要内容

《广东省水权交易管理办法（试行）》共九章四十条。第一章总则，第二章初始水权确定，第三章水权交易基本原则，第四章水权交易的程序，第五章水权交易技术论证开展的基本要求，第六章水权交易的期限与价格制定，第七章水权交易的监督与管理，第八章水权交易资源管理，第九章附则。主要内容包括如下方面：

明确了对水权的界定。第二条明确了水权是指在水资源属国家所有的前提下，用水单位或个人获得的水资源使用权，即为满足全省用水总量控制指标和水量分配方案下依法取得的水资源使用权，为水权的定义提供了明晰的界定。根据水权界定，第四条确定了广东省水权交易的三种类型，即政府储备水权的竞争性配置、区域之间的水权交易、用水户之间的水权交易。

明确了初始水权确定方式，提出了建立确权登记和水权储备制度。第六条和第七条分别提出了水权确权登记的原则和方式，第八条明确了新增水权项目初始水权获取途径，第九条提出通过初始分配预留和通过回收、回购方式进行水权储备的政府储备制度。

明确了水权交易的基本原则。第十条从六个方面明确了水权交易开展需要遵循的基本原则。

明确水权交易的主客体和基本条件。第十二条明确了水权交易的出让方和受让方，为水权交易主体的合法身体提供了依据；第十三条从交易水权来源、水权明晰、计量明确、效率要求以及禁止交易的六种情形给出了水权交易的基本条件。

明确水权交易的基本流程。第十四条从申请、论证、审核、公告、交易、签约、结算、变更登记等环节明确了水权交易的基本流程；第十五条明确了水权交易的形式；第十六条明确了水权交易的平台。

明确了水权交易的期限和价格构成。第十条规定了水权交易分为短期、中长期和长期三种，并分析了三种交易期限分别适用的交易对象及类型；第二十条明确了水权交易的费用计算包括节水工程建设费用、节水工程的更新改造费用、运行维护及管理费用、提高供水保障率的成本补偿、经济利益补偿和生态环境补偿等；第二十二条提出了三种类型水权交易价格计算的参考因素。

明确了水权交易的监督与管理责任。第二十五条和第二十六条分别明确了水权交易需要开展水权确权登记和计量监控的要求；第二十七条明确了水权交易的审核要求；第二十八条明确了水权交易的平台要求；第二十九条明确了水权交易与最严格水资源管理考核的衔接关系；第三十条和第三十一条分别对不合理的闲置水权指标处置和新增水权项目水权获取方式作出了规定；第三十二条对水权交易保证金和节水改造工程建设资金作出了规定；第三十四条规定了水权出让方应开展节水效果分析和评价。

对水权交易资金管理作出了规定。第三十七条和第三十八条分别对三种类型的水权交易资金征收部分、收益单位和资金使用用途作出了明确规定。

三、南方流域水权立法的核心问题

2016年，广东的水权交易尚未开展实质性工作，全国范围内亦无地方政府水权立法的先例。广东开展水权立法是没有上位法支撑和水权立法经验借鉴，对于水权交易确权、规则、监管等问题探索是摸着石头过河，没有先例可循，创新性立法的难度大，具有一定挑战性。

（一）可交易水权定义

我国现行法律法规对水权尚无具体定义，各地对水权交易也有不同看法，比如《黄河水权转让管理实施办法》规定“本办法所称水权转让是指黄河取水权的转让”。《河南省南水北调水量交易管理办法》规定“本办法适用于南水北调水量交易及其监督管理”。从广东省的情况看，取水单位之间的交易主要是水资源使用权的交易，转让方采取节水措施节约的水量转让给受让方；行政区域之间的交易主要是分配给该行政区域的用水总量控制指标的交易。为稳妥推进水权试点工作，《办法》规定的广东省水权交易的标的物包括取水权和用水总量控制指标两种，对于公共供水管网用水户、灌区用水户和农村集体经济组织的水权，暂不列入《办法》规定范围。

（二）水权交易主体

根据《水法》和《取水许可和水资源费征收管理条例》规定，依法申请办理取水许可证的包括单位和个人，因此，取水单位和个人是取水权的主体是明确的。

对于用水总量控制指标的拥有者是各级人民政府。从代表水量指标交易的出让方分析，可有如下三种情况：一是拥有水量指标分配权的县级以上人民政府。但由水行政主管部门去监督政府的水权交易活动，不符合行政管理现状；二是有水资源配置和管理权限的县级以上人民政府水行政主管部门。但水行政主管部门是水权交易的监督管理部门，如果又作为水权交易的其中一方，必然导致自己监督自己的同体监督问题；三是县级以上人民政府指定的机构。在政府和水行政主管部门不适合作为交易主体的情况下，有必要考虑第三项选择，是较为可行的方案。因此，《办法》规定人民政府可以委托有关机构办理用水总量控制指标交易。

（三）水权交易条件

对于取水权交易，转让方交易的水量指标必须是在严格用水定额管理条件下，取水单位通过节水措施节约的水量，严格禁止通过减少产量或调整产品类型等无须投入而节余水量指标进行参与交易。对于受让方寻求受让水量，应当在自身节水、非常规水源充分利用等情况下，且符合有关法律法规和政策，水资源节约、保护和管理有关要求。

对于用水总量控制指标交易，应当采用更为谨慎原则。首先是用于交易的水量指标仅限于政府储备的水量指标；其次考虑到灌区改造可能是县级以上人民政府投资，也可能是用水企业出资，故规定政府投资节水工程节约的水量，应当纳入政府水量指标储备的范围；再次对交易后的取水进行限制，在同一流域取水的，取水总量不得超过流域可取用水量，跨流域取水的，应当有跨流域的取水工程，堵住可能出现的交易漏洞。

（四）政府主管部门监管作用

政府主管部门在水权交易事前、事中、事后发挥监管的问题，一直存在较大争议。一方面认为：《办法》应当规定水权交易准入清单，交易前政府主管部门不参与评估和认定，同时为避免把评估设定为行政许可，政府主管部门发挥事后监管作用，加强交易后主体监管和用途管制。在交易过程即事前事中的行为，基本由市场主导，对交易后的确权发证和监督管理，履行加强事后监督管理的职能。一方面认为：水资源作为公共资源，涉及面广，处理不当可产生严重的负外部性。从广东省水权试点期应当遵循积极稳妥原则，加强政府监管和用途管制，政府主管部门对水权交易过程应当加强监管，对交易的可行性和可靠性及其对第三者、区域水资源水生态影响在交易前进行把关，因此政府主管部门在水权交易前期应适当介入，发挥监管作用。为此，《办法》在不新设行政许可的前提下，须充分发挥水行政主管部门在水权交易前监管的作用，避免出现监管不力现象。

（五）交易期限和价格

水权交易期限对于交易主体积极性和交易成本等具有重要影响。过长的交易期限可能导致转让方惜售的行为，过短的交易期限可能难以满足受让方水量指标需求，因此，不合理的交易期限都会打击交易主体参加水权交易的积极性。

对于取水权交易，受让方在转让协议期限届满后，可以依法办理取水许可的延续手续，归受让方所有，这样可导致转让方不愿意转让取水权。如果交易期限届满后取水权归还转让方，那一个新的企业（受让方）会因为交易期限届满后没有水量指标而倒闭，导致受让方没有购买取水权的内在动力。为充分保障取水权交易双方的权益和积极性，充分尊重交易主体和市场供求关系，《办法》规定取水权交易期限可以由交易主体协议确定，未约定的，取水权优先属于受让方，受让方可以依法申请办理取水许可延续手续。

对于用水总量控制指标交易，从其他省市的水权交易实践看，各地规定的期限不尽一致，黄河水利委员会规定的交易期限不超过 25 年。由于用水总量控制指标交易往往需要兴建取水输水工程，投入较大，期限太短，可能交易价格过高，对保护受让方的权益不利；期限太长，则出让方的发展权也可能受到限制，导致出让方不愿或者不敢出让水权。鉴于目前最严格水资源管理制度用水总量控制指标仅分配到 2030 年，因此水量指标的交易期限定不超过 10 年是较为合适的。同时，考虑重大水资源配置工程等重点项目，因工程投资回报期限长，对经济发展作用重大，需要有较长的水权交易期限，为此，规定这类工程的用水总量控制指标交易期限由省政府批准，可以超过 10 年。

另外，交易价格是否指导定价问题也非常重要。水权交易价格的构成比较复杂，难以具体界定，故仅作原则性规定为宜。水权交易价格主要由市场供求关系决定，由市场调节，政府不应过多干预。

四、南方流域水权立法的主要成效

（一）支持全国水权改革试点工作

水权交易试点工作是贯彻落实中共中央有关深化改革决定精神的需要，关乎水资源可持续利用与经济社会的可持续发展。法律障碍问题是打通水权交易重要一环，但修改水法、取水许可条例等需要漫长的过程。通过全国试点，在地方层面推进制度建设，通过水权立法工作研究，对水权交易相关法律问题进行研究，确保全国水权试点工作的开展建立于依法决策机制。

（二）保障南方流域水权交易开展

南方地区，比如广东，由于水资源相对丰沛，交易的需求动力不足；从水行政主管部门到取用水户习惯了行政配置水资源的思维，推进水权过程中思想上有顾虑，进度缓慢，亟须从法律法规层面对水权交易予以规范。东江流域用水需求旺盛，但流域水资源开发已接近承载能力警戒范围，部分地区用水量已超过流域水量分配指标，区域用水矛盾日益尖锐。本项目通过研究水权交易相关法律问题，一方面利用法律手段规制市场，引导市场水权交易活动，减少潜在水权交易风险和障碍，为水权交易本身提供保障；另一方面，通过发现法律问题、研究法律问题、解决法律问题来为水权交易制度的构建与完善提供了有力保障。

（三）填补我国水权相关法律空白

水权交易客观上十分复杂，还存在法律法规依据不足、基础工作薄弱等困难和制约，尚需深入探索实践，积极稳妥推进。现有法律《中华人民共和国水法》《取水许可和水资源征收管理条例》《广东省实施〈中华人民共和国水法〉办法》等，在水权交易相关规定方面存在空白。因此，通过水权交易相关法律问题研究，出台省政府规章《广东省水权交易管理办法》，填补了水权领域相关法律的空白问题。

（四）促进水权水市场良性发育

本项目通过开展水权立法相关研究，并出台水权交易管理办法，确保水权交易主体、客体、条件、类型等得到法律法规保障，促进水权交易活动正常有序开展，实现完善水资源合理分配，推动建立公平、公正、公开的市场化水权交易平台，能够有效缓解水资源低效用水。

五、南方流域水权立法的未来展望

建立水市场，发挥市场在资源配置中起决定性作用，必然要求有法制的保障。但是，国家尚未出台水权交易的专门法律法规，水权交易的法律依据不够充分，且散见于相关法规中，南方流域地区虽然有水权交易的实践和成功的经验与范例，但都没有出台政府规章以上层级的法规文件，法规支撑不足是水权工作的重要障碍，各级政府和取水户开展水权交易工作的顾虑较多。在这种情况下，南方流域地区广东省按照党的十八届四中全会“实现立法和改革决策相衔接”的精神，一方面开展水权改革各项专题研究，积极推进各项水权改革工作，另一方面加快水权交易立法步伐，在试点初期就将水权交易管理办法纳入省政府年度立法计划，较好地实现了立法与改革的衔接，确保水权改革在法治轨道上运行。

制订南方流域地区广东省的水权交易管理办法，基本上是摸着石头过河，没有先例可循，创新性立法的难度很大。从加快立法进度，及时为水权交易试点提供法律依据考虑，我们重点研究解决好几个立法难点：合理界定水权交易标的和主体、科学设置取水权的交易条件、准确把握水权交易平台的功能、妥善设立水权交易的价格和期限、精准界定政府和市场的边界等核心内容。

2016 年广东省人民政府以粤府令第 228 号发布《广东省水权交易管理试行办法》，是全国首个以省政府规章出台的水权交易管理办法，有效地解决了什么水权可以交易、水权交易的主体、满足什么条件才能交易、需要提交什么材料、政府部门如何监管等一系列问题，规范和指导水市场主体行为，助力全国水权试点，为南方流域开展水权交易及立法提供经验借鉴。

第三篇　国内调查

第十章　南方流域水权交易探索
——四省调研

2014年，水利部印发《水利部关于开展水权试点工作的通知》，位于南方丰水地区的江西省、湖北省和广东省被列为水权试点省区，其中，江西省重点选择在工作基础好、积极性高、条件相对成熟的地区，分类推进取用水户水资源使用权确权登记；湖北省重点在宜都市开展农村集体经济组织的水塘和修建管理的水库中进行水资源使用权确权登记；广东省重点在东江流域开展流域上下游水权交易。经过三年的努力，全国各试点省区的水权改革工作目标和任务顺利完成，在水权交易方面取得丰硕成果，初步构建了水权确权机制，建立了一套适应市场需求的水权交易规划和流程，以及配套的水权交易信息化管理体系和监管体系，并完成了区域间的水权交易。

一、水权交易市场与制度

（一）水权交易形式

水权交易的形式多种多样，可以按照交易性质、主体和时间的不同进行种类划分，见图10–1。

1. 按交易性质划分

按交易的性质可以将水权交易分为买卖的交易、管理的交易和限额的交易，这三种交易与三种制度相对应（即市场、企业和政府）。在分配得到的私有水权基础上的水权交易属于买卖的交易；在水资源垂直管理、企业化经营中的水务公司就是管理的交易；在共有水权基础上的水资源计划配置属于限额的交易。

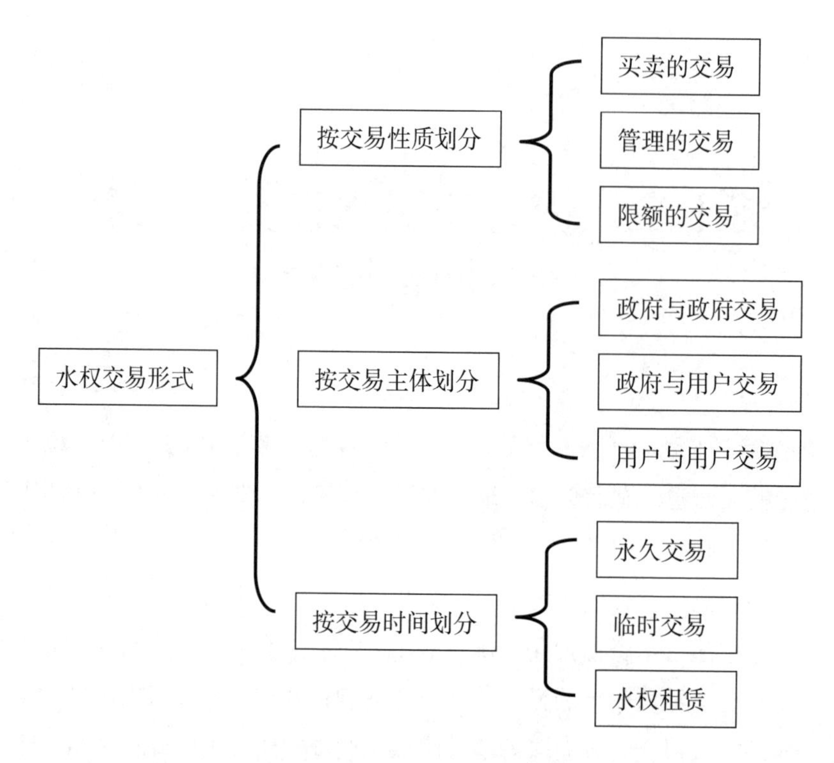

图 10-1　水权交易形式分类

资料来源：根据相关资料整理而得。

2. 按交易主体划分

按照交易主体不同，水权交易可以划分为政府与政府之间的交易、政府与用户之间的交易、用户与用户之间的交易。

3. 按交易时间划分

按照交易时间的长短不同，可以将水权交易划分为永久交易、临时交易和水权租赁。永久水权交易是指水权拥有者出售和转让部分或者全部水权，包括销售者的部分或者全部水权的永久减少或者签发新的水权许可证给购买者。永久水权交易需要经过一定的法律程序，也需要较长的时间。临时交易是一种最为广泛的交易形式，临时交易主要发生在一年内的水资源调配量在不同用户之间的转移，但水权仍由原来的所有者拥有，水权临时交易在工农业生产方面发挥了积极的作用，相反，工农业生产在促进水权交易市场发展方面也起到重要作用。随着水权市场的不断发展，介于永久交易与临时交易之间的水权租赁得到不断发展，这种模式在租期内由买方拥有水权，租赁期满后水权再次转回卖方。

（二）水权市场理论

水权市场是指水权交易关系的总和，包括交易范围、交易方式和交易程度等等。目前，关于水权市场的观点主要有五个方面：统一管理论、官督商办论、准市场论、纯市场论和自主治理论。

（1）统一管理论。统一管理论的核心是加强水资源的统一管理，其在流域或区域水权初始分配中起着极为重要的作用，但是在微观层面的统一管理不利于市场配置效率的发挥。

（2）官督商办论。官督商办的水权市场主要是让政府管水的职能转变到宏观调控、公共服务和监督水权交易的运行上来，而在细化的操作中可以突出"商办"的市场化行为，因此，该模式在强调政府管理和监督职能的同时，突出了市场机制在水资源配置中的作用。在计划经济向市场经济转型的过渡期，水权市场将是一个准市场。

（3）准市场论。水权交易"准市场"理论的核心体现在不同地区或行业部门之间发生的水权转让谈判时引用市场机制的价格手段来完成，而并非完全意义的"纯市场"。

（4）纯市场论。纯市场理论主要出现在西方私有制国家，该理论认为包括水资源在内的自然资源都有可能通过市场机制进行配置，让市场机制配置来实现稀缺水资源从低效率部门向高效率部门的转移，使水资源产生最高的经济价值。但是"纯市场"在水权交易市场极易面临市场失灵的风险，这主要是由于水资源具有公共属性的缘故。因此，对于水市场而言，纯市场论从某种意义上来说，属于理想化的理论，在实际操作中很难实现，即使该理论可以充分体现出水权配置的有效性原则，但漠视了水权配置的公平性和可持续性。

（5）自主治理论。自主治理论认为流域或者区域无论是缺少还是水资源低效率配置，应该由用户自己自主努力解决，并减少外部性（如上层政府）的干扰。该理论在小范围的水权市场有实现的可能，但是在大范围的水权市场难以推广。

（三）水权市场特征

与排污权和碳排放权等其他体系相对成熟的资源权交易相比，水权交易具有自身的特点，尤其是在广东省这样的南方地区，更具有地域特征：

交易影响因素存在差异。行业之间的转移面临的风险较大，主要是在排污量的转移方面，不同行业之间的水权转移，不仅仅要考虑用水总量及用水效率的控制，更需要重点考虑水权转移对水功能区的影响及所附带的生态补偿问题。

水权交易存在保证率的问题。在交易过程中还需要考虑不同保证率之间的转换问题，而碳排放权交易与排污权交易则不存在这一问题。

交易期限存在差异。水权交易具有较为明显的区域或流域限制，跨流域的水权交易需要借助大型的水利工程，工程投资金额巨大，资金回收周期长，相应水权交易往往为长期交易，而碳排放权交易期限一般为 1 年，属于短期交易。

交易影响程度存在差异。由于水流具有流动性的特点，更承担着所流经区域的生活和生态等公共义务，水权的转移势必会对一定范围内的居民生活、生产和生态基流产生一定的影响，尤其是跨流域且建有输水工程的水权交易的影响面更广泛、影响力更大。

水权交易具有较强的地域特征。即使是均为水权交易，由于我国南北水资源禀赋条件、人口分布和经济发展水平的差异，会造成我国不同地区的水权交易存在差异，而碳排放权交易受地域的影响程度相对较小，碳排放的限制条件亦较为宽松。

综上所述，与排污权和碳排放权等交易相比，水权交易具有自身的特点，并存在着显著的地域特征，因此，水权交易制度的建设在借鉴已有资源权交易经验的同时，还需要根据水权交易自身的特点和各省的水情特征，因地制宜地开展。

二、广东省水权交易实践

根据《水利部关于开展水权试点工作的通知》，此次 7 个水权试点省区中，进行水权交易探索的省份（自治区）主要为内蒙古自治区、河南省、甘肃省和广东省，其中位于南方丰水地区的省份为广东省。

广东省是我国的经济大省和人口大省，随着经济发展方式的进一步转变和水生态文明建设的深入推进，广东省产业结构调整趋势加深，城镇化进程不断加快，生活和工业新增用水量需求较大，用水总量控制、用水效率提高和水功能区水质达标面临巨大压力。开展水权交易试点工作，是深化水资源管理体制改革、实现水资源优化配置和高效利用、落实最严格水资源管理制度的重要手段，对破解广东省当前水资源紧缺、生态环境脆弱、水事矛盾突出地区的水资源管理难题具有重要的现实意义。

2013 年，广东省政府批准《广东省东江流域深化实施最严格水资源管理制度的工作方案》，“先行探索建立流域水权转让制度”，《2013 年省政府重点工作督办方案》提出“探索试行水权交易制度”，2014 年省委、省政府印发的《广东省贯彻落实党的十八届三中全会精神 2014 年若干重要改革任务要点》进一步提出“推动水权交易市场建设”。2014 年 8 月，在《水利部关于开展水权试点工作的通知》下发之后，广东省水利厅成立了水权试点工作领导小组，研究部署水权试点工作。2015 年，水利部和广东省人民政府联合批复《广东省水权试点方案》，明确广东省在东江流域开展水权交易试点，建立水权交易规则、流程及相关配套体系的任务。为扎实稳妥推进水权交易试点工作，进一步落实水权试点目标任务，广东省制定了《广东省水权交易试点工作实施方案》。

经过三年的试点工作，广东省基本探明了可交易水权的范围和类型，同时在水权交易一级市场（政府将水权出让给企业）方面进行了探索，实行政府预留水权的有偿配置，激活和培育区域水权交易市场，在发挥政府管理和监督职能的同时，积极吸引社会资金，从而充分发挥市场机制的作用。

水权交易试点期间，广东省完成了东江上游惠州市和下游广州市行政区之间的水权交易，启动了东江上游河源市和下游广州市行政区之间的水权交易，探索了省级储备水权向东江流域内深圳市和东莞市有偿配置试点。通过近三年的努力，广东省顺利完成了纳入试点方案的潜在项目交易，既解决了东江下游水资源供需矛盾突出地区的工业企业新增用水需求，保障区域经济社会可持续发展；又实现了水资源优化配置的目的，拓宽了上游地区农业节水改造资金投融资模式，提高了节水内在动力和水资源利用效率，实现水资源市场优化再配置的目的，开拓了广东省东江流域“节水优先、空间均衡、系统治理、两手发力”的新格局。

（一）惠州市与广州市的水权交易

近年来，惠州市不断加大农业灌区节水改造投入，农业灌区节水成效显著。依托中、小型灌区节水改造工程，惠州市农田灌溉用水拥有了2.98亿立方米的节水潜力，且现状流域取水分配指标和行政区用水总量控制指标尚有富余，是潜在的水权交易转让方。为准确掌握惠州市在东江流域农业节水和可交易潜力，惠州市先后开展了《惠州市主要灌区渠系水利用系数测定》和《惠州市东江流域农业水权交易潜力研究》，开展了重点灌区计量设施安装工作，完善了农业用水取水许可发证手续，核定了农业用水合理取水量。

而广州市部分地区位于东江流域下游，水资源供需矛盾突出。部分年份广州市在东江流域的取水量已超过东江流域水量分配的指标限制。旺隆电厂和中电荔新电厂属于广州市在东江流域取水的工业大户，是广州市新塘环保工业园和新洲环保工业园的热电联供配套项目，对于保障环保工业园区的稳定运行起到了至关重要的作用。两个电厂获批的直流冷却水取水许可量为29943万立方米/年(旺隆电厂为12000万立方米/年，中电荔新电厂为17943万立方米/年)。因环保产业园区企业生产用热需求的不断增加，两个电厂年利用小时数达到8000小时，远超过设计的5000小时，直流冷却水用水量达到40235万立方米/年。鉴于广州市在东江流域的取水量已逼近红线，已无富余指标满足两个电厂新增用水需求，且两电厂自身节水有限，难以满足新增用水需求，因此，需要通过水权交易来解决新增用水需求。

通过开展电厂水平衡测试、惠州市农业节水潜力分析、水权交易可行性论证等一系列专题研究，以及交易各方多次协商，最终确定水权交易方案：惠州市通过农业节水向广州市（旺隆电厂和中电荔新电厂）转让514.6万立方米/年的用水总量控制指标和10292万立方米/年的东江用水指标，用水总量控制指标交易价格为0.662元/立方米·年，东江用水指标交易价格为0.01元/立方米·年，每年总交易费用为443.58万元，水权交易期限为5年，具体交易情况见表10–1。

2017年7月19日，惠州市用水总量控制指标以及东江流域取水量分配指标转让项目在省环境权益交易所正式挂牌。2017 年 11 月，惠州市政府和广州市政府，以及旺隆电厂和中电荔新电厂联合签订了水权交易协议书。

表 10-1　惠州市与广州市水权交易情况表

交易标的	交易量（万立方米）	交易单价（元 / 立方米·年）	交易费用（万元 / 年）	合计（万元 / 年）
用水总量控制指标	514.6	0.662	340.66	443.58
东江用水指标	10292	0.01	102.92	

资料来源：广东省水利厅水资源处：《广州与惠州水权交易信息公告》，http://slt.gd.gov.cn/jcgk8785/content/post_912809.html。

（二）河源市与广州市的水权交易

河源市是位于广东省东江流域中上游的农业大市，农业用水占全市用水总量 70%，且农业用水效率较低，节水潜力较大。近年来，河源市积极投入农业中小型灌区节水改造工程建设，全市 23 宗中型灌区、566 宗小型灌区，设计总灌溉面积 132.23 万亩，渠道 9264.3 公里纳入广东中小型灌区续建配套与节水改造工程规划。

广州市地处东、西、北江流域下游，随着经济社会的不断发展，水污染问题日益加剧，威胁城市居民饮用水安全。为此，广州和河源两市政府提出建设万绿湖直饮水工程的设想，将河源市新丰江水库的优质水引至广州市，满足下游地区广州市民对优质水源的渴求，同时通过市场机制做大、做强河源水市场，实现“绿水青山就是金山银山”的目标。由于受到广州市在东江流域用水指标不足的限制，两市政府可以通过水权交易的方式解决万绿湖直饮水项目的用水指标问题。

为推进河源市与广州市水权交易，河源市开展了河源—广州水权交易节水潜力研究。河源市农业节水潜力研究表明，河源市通过采取农业灌区渠系节水改造，到 2020 年可节约农业用水量指标 33976 万立方米 / 年。据此，河源与广州两市共同制定了《河源—广州水权交易方案》。根据交易方案，河源市向广州市交易 1 亿立方米 / 年的水量指标，交易期限暂定为 30 年，具体交易情况见表 10–2。两市政府已于 2016 年 2 月达成该项目的交易意向。

表 10–2 河源市与广州市水权交易情况表

项目	数量	备注
交易量（亿立方米）	1.00	双方协商
交易价格（元 / 立方米 · 年）	0.33	不含经济利益补偿
交易期限（年）	30	

资料来源：根据调研资料整理而得。

（三）省级储备水权有偿配置

珠江三角洲地区是我国改革开放前沿地区和经济中心区域，是世界级城市群——粤港澳大湾区的重要组成部分。随着地区经济社会的进一步发展，城市化、产业聚集化和城市人口的持续增长，必然伴随着用水需求在较长一段时间内的持续增长，对水资源的开发利用亟待优化改善。目前区域内深圳、东莞两市人口已超 2000 万，经济总量超过 4.6 万亿元，两市均是全国节水型社会建设的示范区，其用水效率在全国处于领先水平。根据需水预测，在秉承节水优先的前提下，深圳市和东莞市到 2030 年需水量仍将分别达到 23.67 亿立方米和 22.48 亿立方米。而省政府下达深圳和东莞两市到 2030 年用水总量控制指标分别为 21.13 亿立方米和 22.07 亿立方米，两市到 2030 年分别存在 2.54 亿立方米和 0.41 亿立方米的用水总量控制指标缺口。

广东省不仅是经济大省、人口大省，同时也是农业大省，农业用水管理粗放、用水效率低，农业节水潜力巨大。因此，自 2011 年以来，广东省不断加大对农业节水改造的力度，制定了《广东省中型灌区续建配套与节水改造工程规划（2011—2020）》和《广东省山区小型灌区改造工程规划（2011—2020 年）》。其中全省纳入节水改造规划的中型灌区 449 宗，投资预算达到 264.82 亿元，预计新增节水能力达到 17.13 亿立方米；全省纳入节水改造规划的山区小型灌区共 3433 宗，投资预算达到 114.38 亿元，预计新增节水能力 27.55 亿立方米。通过农业灌区的渠系改造，预计农业节水量可达到44.68亿立方米(其中省级投资超过 50%)，而通过回收的方式将节约的农业用水指标纳入省级储备水权，即可进一步用于全省水资源优化配置。

为满足深圳和东莞等地区未来社会经济发展用水需求，改善目前单一的供水格局，进一步优化配置珠江三角洲地区东、西部水资源，保障城市供水安全和东江流域水生态环境安全，省政府正在积极建设珠江三角洲水资源配置工程，该工程也是国务院要求加快建设的全国 172 项节水供水重大水利工程之一。根据《广东省水权交易管理试行办法》规定，省政府已明确通过水权交易方式（有偿配置）解决珠江三角洲水资源配置工程深圳市和东莞市 2.54 亿立方米和 0.41 亿立方米的用水总量控制指标缺口。为此，深圳和东莞两市分别组织开展了申请省级储备水权有偿配置可行性论证工作。根据可行性论证的初步结论，考虑工程节水成本和生态补偿环境价格，初步确定交易价格为 0.40 元 / 立方米 · 年；交易期限采取静态与动态相结合的方式，静态期限为 50 年，动态期限分为三个阶段，第一阶段期限到 2030 年（考虑用水总量控制指标分解年限）、第二阶段到 2040 年（考虑珠江三角洲水资源配置工程达到设计规模年度）、第三阶段为 2041 年至珠江三角洲水资源配置工程运行期满（考虑输水工程最终使用寿命），共计 50 年，具体交易情况见表 10–3。

表 10–3　广东省政府与深圳、东莞两市水权交易情况表

项目		数量	备注
交易量（亿立方米）	深圳市	2.54	
	东莞市	0.41	
交易价格（元 / 立方米 · 年）		0.40	
交易期限（年）	第一阶段	12	2018 年至 2030 年
	第二阶段	10	2031 年至 2040 年
	第三阶段	28	2041 年至工程运行期满（预计至 2068 年）

资料来源：根据调研资料整理而得。

三、江苏省水权交易实践

2014年，为全面深化水利改革，江苏省明确“积极探索水权交易市场，通过市场杠杆的调节，提高水资源配置效率，促进水资源可持续利用”的发展方向。2016年《江苏省节约用水条例》颁布，首次以法律法规的形式确定“推行用水权初始分配制度，计划用水户采取节水措施节约的水量可以按照国家有关规定进行水权交易”；同年，为落实最严格水资源管理制度，江苏省水利厅、省发展改革委联合印发《江苏省用水总量控制管理办法》，其中提及“鼓励开展多种形式的水权交易”，对确需取用水的建设项目，可以通过水权交易等措施满足用水需求。2017年，江苏省印发《江苏省生态河湖行动计划（2017—2020年）》，明确要“开展水权交易试点，推进水权制度建设”。2020年，江苏省完成首例水权交易，同时也是我国首例地下水水权交易实践。[①]2021年9月，江苏省完成首例地表水水权交易。

（一）宿迁市水权交易实践

2020年11月，在江苏省水利厅指导下，宿迁市水利局联合中国水权交易所起草编制《宿迁市关于加快地下水水权交易改革试点工作实施方案》，对地下水水权交易改革进行了方案设计。同年12月，江苏宿迁洋河地下水水权交易签约仪式在洋河新区举行，出让方为宿迁德源水务有限公司，受让方为江苏洋河酒厂股份公司、洋河汉匠坊酒厂、江苏乾隆江南酒业股份有限公司等酒企业。

此次签约标志着宿迁市作为江苏省水权交易改革试点之一，地下水水权交易改革试点工作进入实质性阶段，为江苏省水权交易改革工作开展了有益探索。同时这次地下水水权交易为全国首例，通过在取水量控制指标之内运用市场化手段，优化地下水资源配置，从而为区域经济社会高质量发展提供了水资源支撑保障。

---

① 江苏省从整个省域来看是南方地域，课题组在江苏调研中发现，江苏省的典型案例包括苏南、苏北两个案例，为了有利于读者更加全面了解南方流域水权改革，本书出版时保留了位于苏北的宿迁市水权试点情况。

（二）句容市水权交易实践

2021年9月，江苏华电句容发电有限公司和建华建材（中国）有限公司正式签订水权交易协议，并完成交易费用结算。在正式签约之前，为确保水权交易公平公正，保护交易双方合法权益，句容市水利部门多次组织双方沟通协商，并组织制定了《句容市关于推进地表水水权交易试点工作实施方案》，此后在市水利局的监督指导下，交易双方协商确定了交易标的、交易价格、履约方式等，并签订了交易合同。

此次交易采用“长期意向，短期协议”的方式，达成了长期合作共识，江苏华电句容发电有限公司将通过节水技术改造等措施节约得到的60万立方米取水指标有偿转让给建华建材（中国）有限公司使用。此次地表水水权交易是江苏省首例。

表10-4　江苏省水权交易实践

序号	出让方	受让方	交易水量（万立方米）	交易价格（元/立方米）	交易年限	交易类型
1	宿迁德源水务有限公司	洋河新区中小型酒企业	12.76	2.66	1	区域水权、取水权交易
2	江苏华电句容发电有限公司	建华建材（中国）有限公司	60	—	—	区域水权、取水权交易

资料来源：根据调研资料整理而得。

四、江西省水权交易实践

2014年，江西省被水利部列为水权试点7个省（区）之一，主要在吉安市新干县、宜春市高安市、抚州市东乡县三地推进水资源使用权的确权登记。在水权确权试点工作过程中，江西省亦开始了水权交易实践的探索之路。

2014年，江西省为省政府出台《关于深化水利改革的意见》，提及要“完善取水许可制度，研究探索政府有偿出让水资源使用权并开展水权交易试点”。2015年，萍乡市山口岩水库水权交易成功签约，这是江西省首例政府、企业多主体参与的跨流域水权交易。2017年，江西省印发《江西省全面推进河长制工作方案（修订）》，再次提到要“探索水权制度改革，推进水权交易试点”。2020 年 7 月，江西省水利厅、江西省发展和改革委员会联合印发《推进水权水市场改革工作方案》；12 月两部门再次联合印发《江西省水权交易管理办法》，为水权交易实践和规范发展提供了制度支撑。2021 年，江西省水利厅印发《江西省水权交易可行性论证技术导则（试行）》，为落实水权交易制度提供了技术指南，并将水权交易纳入江西省公共资源交易平台；同年 5 月，九江永修县取水权交易正式签约，这是在江西省公共资源交易平台完成的首例水权交易，标志着全省水权水市场改革工作进入实战操作和加快推进的时期。

（一）萍乡市山口岩水库水权交易实践

萍乡市地处湘赣分水岭，是一个资源型、工程型和水质型缺水并存的城市。2015 年，萍乡市与江西省水利厅推进水权交易试点，萍乡市山口岩水库被列为全省水利改革中水权交易唯一试点。此次交易中，芦溪县每年从山口岩水库调剂出 6205 万立方米水量转让给安源区、萍乡经济技术开发区，使用期限 25 年，交易总价 255 万元。同时，安源区政府、萍乡经济技术开发区管委会又分别与萍乡水务有限公司签订流转水资源经营权交易协议书，安源区和萍乡经济技术开发区把每年 6205 万立方米水资源经营权有偿转让给萍乡水务有限公司经营，交易期限 25 年，交易总价 20 万元，萍乡水务有限公司每年向安源区政府缴付费用 1.14 万元、向萍乡经济技术开发区管委会缴付费用为 0.86 万元。

山口岩水库是通过赣江上游袁水流域调水到湘江流域，跨流域、跨区域供水特点突出。因此，此次水权交易是江西省乃至南方丰水地区首例跨流域的水权交易，开创了江西省水权交易的“先河”。

（二）九江永修县取水权交易实践

2021 年 5 月 17 日，永修县云山水库管理处与江西云山集团军山水厂取水权交易在江西省产权交易所（江西省公共资源交易中心）成功签约。江西云山集团军山水厂原先肩负 160 万立方米 / 年的供水任务，由于城市供水任务扩大，需再增加 200 万立方米 / 年的取水规模，因此向永修县云山水库管理处购买部分水权，解决现实用水需求。本次交易价格 0.11 元 / 立方米，交易期限 2 年，交易总金额为 44 万元。此次水权交易的成功对南方丰水地区通过市场化手段和水权水市场改革的办法，有效促进水资源集约节约利用和最严格水资源管理探明了新方向。

表 10-5 江西省水权交易实践情况

序号	出让方	受让方	交易水量（万立方米）	交易价格（万元）	交易期限（年）	交易类型
1	芦溪县政府	安源区政府、萍乡经济技术开发区管委会	6205	255	25	取水权交易、水资源经营权交易
2	永修县云山水库管理处	江西云山集团军山水厂	200	44	2	取水权交易

资料来源：根据调研资料整理而得。

五、贵州省水权交易实践

2011 年，中共贵州省委、贵州省人民政府出台《关于加快水利改革发展的意见》，明确提到“鼓励水权流转，大力培育水权交易市场……加强水权交易基础工作，在条件具备的基础上进行试点”。2016 年，贵州省水利厅印发《推进供给侧结构性改革实施方案（2016—2020 年）》，创新 8 大项水利改革，其中之一便是“通过水权制度改革，建立归属清晰、权责明确、监管有效的水资源资产产权制度，积极培育水权交易市场，初步建立全省水权交易平台”。2016 年 4 月，贵州省水利厅组织召开威宁自治县玉龙镇、牛棚镇水利工程水权交易试点工作座谈会；同年 12 月 30 日，在威宁县召开水权交易试点启动会议，玉龙镇和牛棚镇的区域水权交易工作正式启动。2018 年，贵州省水利厅印发《贵州省水权交易管理办法（试行）》；同年，省水利厅确定了息烽县、关岭县、盘州市等 8 个县（市）为开展水权交易试点县。2020 年，贵州省水利厅印发《贵州省水权交易规则（试行）》，规范水权交易行为，进一步推动贵州省水权交易改革。

（一）威宁县水权交易实践

2016年12月30日，威宁自治县玉龙镇、牛棚镇水权交易试点现场会在威宁召开，此次水权交易以牛棚镇为出让方，玉龙镇为受让方，对威宁县邓家营水库富余的46万立方米水资源使用权进行交易，交易期限50年，交易总价格为138万元，同时按取水每立方米0.2元的价格缴纳水利工程维修费。此次水权交易采取集中式自流供水工程从邓家营水库放水管取水，解决玉龙镇及周边村庄1.5万余人的饮水安全问题。威宁县玉龙镇、牛棚镇水权交易成功打响了贵州省水权交易改革的“第一枪”，标志着贵州探索通过优化水资源配置，解决缺水难题路子正式开始。

（二）关岭县水权交易实践

2018年，关岭自治县被贵州省水利厅列为8个水权交易试点县之一，开展水权交易先行先试工作。关岭县水务局在深入实际、广泛调研的基础上，先后编制完成《关岭县水权工作调研报告》《关岭县水权确权实施方案》等，积极推进关岭县鸡窝田渠道管理所与贵州港安水泥有限公司水权交易工作。2019年6月13日，关岭县鸡窝田渠道管理所与贵州港安水泥有限公司签订取水权交易协议，通过中国水权交易所平台完成交易流程，这是贵州省在国家级水权交易平台成交的首单水权交易。

关岭县鸡窝田渠道管理所位于关岭自治县东北部，引郎岱河之水，灌区设计灌溉面积6500亩，通过种植结构调整等方式存在一定的节余水量，港安水泥有限公司存在生产、生活用水需求。基于此，在水务局指导下，关岭县鸡窝田渠道管理所和贵州港安水泥有限公司采取“长期意向”与“短期协议”相结合的方式，进行了水权交易。

（三）息烽县水权交易实践

息烽县亦为贵州省水利厅确定的8个水权交易试点县（市）之一，主要开展全县工业、农业、生活及其他水权确权工作和水权交易试点工作。2019年，息烽县结合县情和水情，确定水权交易示范项目点，并拟定《息烽县板厂水库灌区水权转换交易试点改革工作方案》，明确工作目标和内容，成立工作领导小组，统筹推进息烽县探索开展水权交易试点工作。息烽县水务局委托第三方编制《息烽县板厂水库灌区和贵州开磷有限责任公司水权转换交易可行性研究报告》，确定了出让方和受让方以及水权交易情况，并于2019年1月11日签订协议。双方采取“长期意向”与“短期协议”相结合的水权交易机制，总体交易意向15年，首次交易期限5年；交易价格动态调整，第一年交易单价0.9元/立方米，以后每年交易单价按6%增长率逐年计算，受让方按实际取水量、按月向出让方缴纳交易水费。本次交易是贵州省首个取水户之间的水权交易。

表10-6　贵州省水权交易实践情况

序号	出让方	受让方	交易水量（万立方米）	交易价格	交易期限（年）	交易类型
1	威宁县玉龙镇	威宁县牛棚镇	46	138万元，同时按取水每立方米0.2元的价格缴纳水利工程维修费	50	区域水权、取水权交易
2	关岭县鸡窝田渠道管理所	贵州港安水泥有限公司	49.18	13.7704万元	1	区域水权、取水权交易
3	息烽县下红马水库管理所	开阳县贵州开磷有限责任公司	30	0.9元/立方米（首付），以后每年按6%增长率逐年计算	首次交易5年，总体交易意向15年	区域水权、取水权交易

资料来源：根据调研资料整理而得。

六、南方丰水地区水权交易实践经验

（一）坚持问题导向，探索丰水地区水权改革路径

坚持问题导向是全面深化改革的基本遵循。习近平总书记指出，“改革是

由问题倒逼而产生，又在不断解决问题中而深化”。这对于水权改革来说也是如此。总体上看，水权制度是现代水资源管理的有效制度，是市场经济条件下科学高效配置水资源的重要途径，也是建立政府与市场两手发力的现代水治理体系的重要内容。与华北、西北等严重缺水地区不同，南方丰水地区水资源丰沛，但空间分布不均，局部地区资源性缺水、水质性缺水严重，节水意识淡薄，许多省市在落实最严格水资源管理制度中还存在较为严重的区域用水指标紧缺现象，同时，许多地区水资源管理还不够精细，水资源利用方式还比较粗放，水资源利用效率和效益还有待提高。水资源管理过程中存在的这些现实问题，蕴含和催生出了水权改革的需求。

一方面，南方丰水地区水权交易的重点是因地制宜，探索多种形式的区域水权交易。其基本路径是在行政区水权确权之后，严格用水总量控制，倒逼用水总量已经超过或接近区域用水指标的地区，通过开展水权交易满足新增用水需求。以广东省为例，目前在东江流域组织开展的 3 宗水权交易，本质上均属于区域水权交易，但形式上又存在区别。其中惠州市和广州市的水权交易具有定向配置性，广州市在购买用水总量控制指标后定向有偿配置给旺隆电厂和中电荔新电厂，实现了惠州市、广州市和电厂的多方共赢；河源市和广州市的水权交易具有跨区域供水属性，通过万绿湖直饮水工程实现了上下游河源市和广州市的共赢；省级储备水权向东江流域内深圳市和东莞市有偿配置则属于政府储备水权后的再配置，属于政府运用市场机制配置区域水权的新探索，具有较强的示范价值。

另一方面，南方丰水地区空间战略协调发展和调整产业结构的重要途径是建立水权储备和竞争性配置机制。由于南方地区水资源量相对丰沛，容易造成水资源取之不尽、用之不竭的假象，再加上水资源传统的无偿分配模式，造成了部分地区和取水户“有水滥用、无水靠要”的局面，高耗水、高污染、低效率的产业转型压力偏弱。但由于南方丰水地区水资源在局部地区的空间分布不均以及与社会经济发展不匹配的现实问题，进一步加剧了局部地区水资源紧缺的局势。如何通过水资源配置优化产业结构和保障空间战略协调发展是许多省市水权实践探索的一个重点问题。广东通过建立水权储备机制，并设置储备水权竞争性配置门槛条件以及实现有偿配置的模式，助力解决了上述问题。

（二）坚持立法和改革相向而行，确保水权改革合法合规

建立水市场，发挥市场在资源配置中起决定性作用，必然要求有法制的保障。但是，国家尚未出台水权交易的专门法律法规，水权交易的法律依据不够充分，且散见于相关法规中。在这种情况下，南方丰水地区一方面开展水权改革各项专题研究，积极推进各项水权改革工作，另一方面加快水权交易立法步伐，推动立法与改革的衔接，确保水权改革在法治轨道上运行。

2016 年广东省政府发布《广东省水权交易管理试行办法》，是全国首个以省政府规章出台的水权交易管理办法，有效地解决了什么水权可以交易、水权交易的主体、满足什么条件才能交易、需要提交什么材料、政府部门如何监管等一系列问题，规范和指导水市场主体行为，助力水权试点。2018 年，贵州省水利厅印发《贵州省水权交易管理办法（试行）》。2020 年江西省水利厅、江西省发展与改革委员会联合出台《江西省水权交易管理办法》。各省水权交易管理办法的发布为水权交易实践和规范发展提供了制度支撑。

（三）坚持厘清政府与市场界限，积极培育水权交易市场

《中共中央关于全面深化改革若干重大问题的决定》指出，经济体制改革的核心问题是处理好政府和市场的关系，使市场在资源配置中起决定性作用和更好发挥政府作用。在水权制度改革与创新中，如何处理好政府与市场的关系一直是各界关心的问题之一。

一是市场的事情交给市场来决定，发挥交易平台纽带作用。以广东省为例，其水权试点坚持采取行政管理及市场调控相结合的新型管理模式，通过交易平台开展水权交易规范操作。在惠州市与广州市水权交易项目运作过程中，在省水利厅的牵头下，省产权交易集团积极参与多方座谈，与相关方多次磋商交流沟通项目交易细节问题，仔细讲解交易流程，协助解决资料准备问题，加快推进了项目进场。此外，省产权交易集团连续三届参加中国（广州）国际金融交易博览会，通过博览会向社会进一步传递了水权试点政策，让社会各界对广东水权试点工作有了更为全面的了解，为广东省水权交易试点建设提供了舆论支持，为水权交易试点不断提升社会影响力。贵州省关岭县鸡窝田渠道管理所与贵州港安水泥有限公司之间的水权交易是通过中国水交所完成，江西省永

修县云山水库管理处与江西云山集团军山水厂取水权交易在江西省产权交易所完成。通过市场化手段和水权水市场改革的办法，一定程度上能有效促进水资源集约节约利用和最严格水资源管理。

二是借助信息化手段，实现试点工作规范高效惠民。广东省高标准、高起点建设了省水权交易信息化管理系统，可将取水户监控系统与交易系统有机结合，为水权交易提供了自动化、协同化、普及性、合规性的服务。政府可以通过信息化管理系统，实现对水权交易项目的监控，改变了以往技术导向、项目驱动的信息化建设模式，强化了多单位联合监管和协同服务，创新服务模式，拓宽服务渠道，构建方便快捷、公平普惠、优质高效的交易服务信息体系，全面提升交易服务水平和交易管理能力，促进水权交易高效进行和监管一体化。

（四）坚持“长期意向”与“短期协议”结合，建立水权交易动态调整机制

在区域水权交易中，如果交易期限过短，在经济上不划算，交易期限过长则会引起卖方顾虑。贵州省关岭自治县水权交易、河南南水北调中线工程水权交易、江苏华电句容发电有限公司与建华建材（中国）有限公司之间水权交易经验均表明，采取“长期意向”与“短期协议”相结合，有助于水权交易双方达成长期合作共识。

第十一章　南方流域上下游水权交易创新——东江考察

为贯彻落实中央决策部署，探索利用市场机制优化配置水资源，积极稳妥推进水权制度建设，水利部于2014年发布《水利部关于开展水权试点工作的通知》，广东省被列为全国七个水权试点省区之一，重点在东江流域开展上下游水权交易。试点期间，广东省完成了东江上游惠州市和下游广州市行政区之间的水权交易，启动了东江上游惠州市和下游广州市行政区之间的水权交易，探索了省级储备水权向东江流域内深圳市和东莞市有偿配置试点，既解决了东江下游水资源供需矛盾突出地区的工业企业新增用水需求，保障区域经济社会可持续发展；又实现了水资源优化配置的目的，拓宽了上游地区农业节水改造资金投融资模式，提高了节水内在动力和水资源利用效率，实现水资源市场优化再配置的目的。

本报告将借助广州市与惠州市之间的水权交易成功案例，详细阐述广东省水权交易规则和流程，以及水权交易配套的技术体系和监管体系，为未来的水权交易项目提供可借鉴、复制之路。

一、交易主体基本概况

此次水权交易主体为位于东江流域下游的广州市和上游的惠州市，其中，受让方为广州市A电厂，出让方为惠州市。

（一）受让方基本概况

1. 地理位置

A 电厂于 2009 年获国家发改委核准，于 2011 年底建成投产。该项目位于广州市所辖的增城市，是新塘漂染工业环境保护综合治理的核心工程。

A 电厂建设规模为两台 330 兆瓦热电联产机组，自机组投产以来，一直向新塘环保工业园区内众多漂染企业及周边企业进行集中供热，替代了区域内 200 多台供热小锅炉，很好地解决了园区内小锅炉供热效率低、排放高污染严重等突出问题，有力地推动了新塘漂染工业环境保护综合治理工作。

2. 取用水情况

A 电厂取水包括东江水和工业园净水。1 号机采用直流冷却方式，东江水主要用于 1 号机凝汽器及辅机冷却水；2 号机采用冷却塔循环冷却方式，工业园净水首先进入工业水池，经各设备冷却用水后进入吸收塔补水，随后进入复用水池，复用水主要用于脱硫、除湿、厂区冲洗绿化、灰库冲洗水等。A 电厂生活用水、机组除盐水用水等均由电厂公用系统提供。

A 电厂建成 2×330 兆瓦热电联产机组，年许可最大取水量 17945 万立方米，有效期至 2024 年。

根据水量平衡测试结果计算，电厂年取东江水量为 26771 万立方米。

根据 A 电 2013—2015 年取水量数据，2013—2015 年，年取东江水量分别为 28817 万立方米、23730 万立方米、23120 万立方米。无论是水量平衡测试的结果，还是实际取水量，A 电厂急需获取增量用水指标。

3. 电厂咸淡水利用分析

根据《生活饮用水水源水质标准》（CJ3020—93），氯化物含量应小于 250 毫克 / 升。当河道水体含氯度超过 250mg/L，就不能满足供水水质标准，影响城镇和工业供水。普通水厂的制水工艺还不能消除氯离子，水中的盐度过高，就会对人体造成危害，人们饮用含高氯化物水，生理上不能适应，容易产生腹泻现象，尤其是对老年人、高血压、心脏病、糖尿病等的特殊人群影响较大。

水中的含氯度高还会对企业生产造成威胁，我国规定钢铁工业生产要求总盐度不能超过 20mg/L，电厂锅炉用水要求氯化物含量低于 300mg/L，造纸行业用水要求氯化物含量低于 2—200mg/L 之间，一般工业工艺与产品用水的含

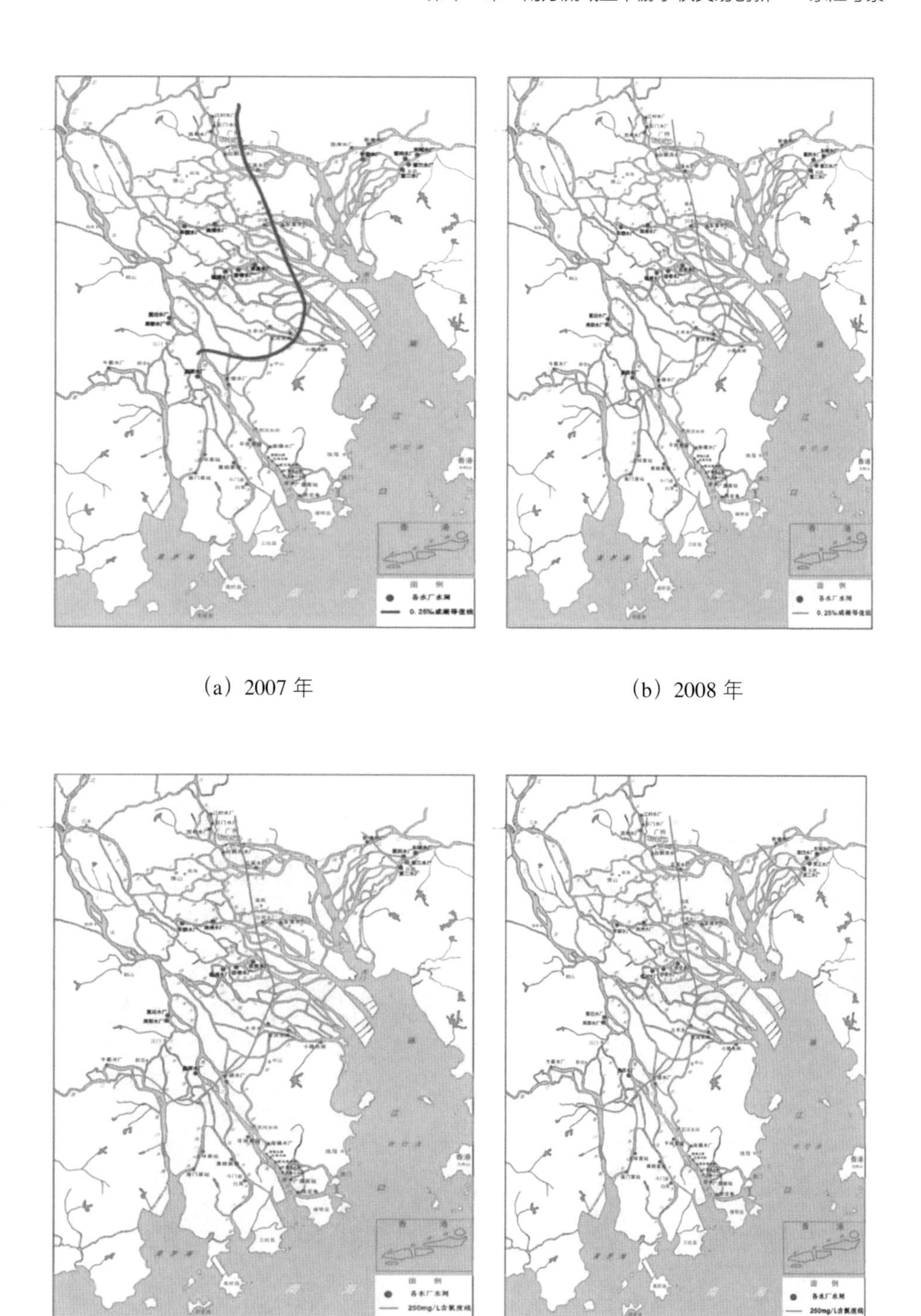

（a）2007 年

（b）2008 年

（c）2009 年

（d）2010 年

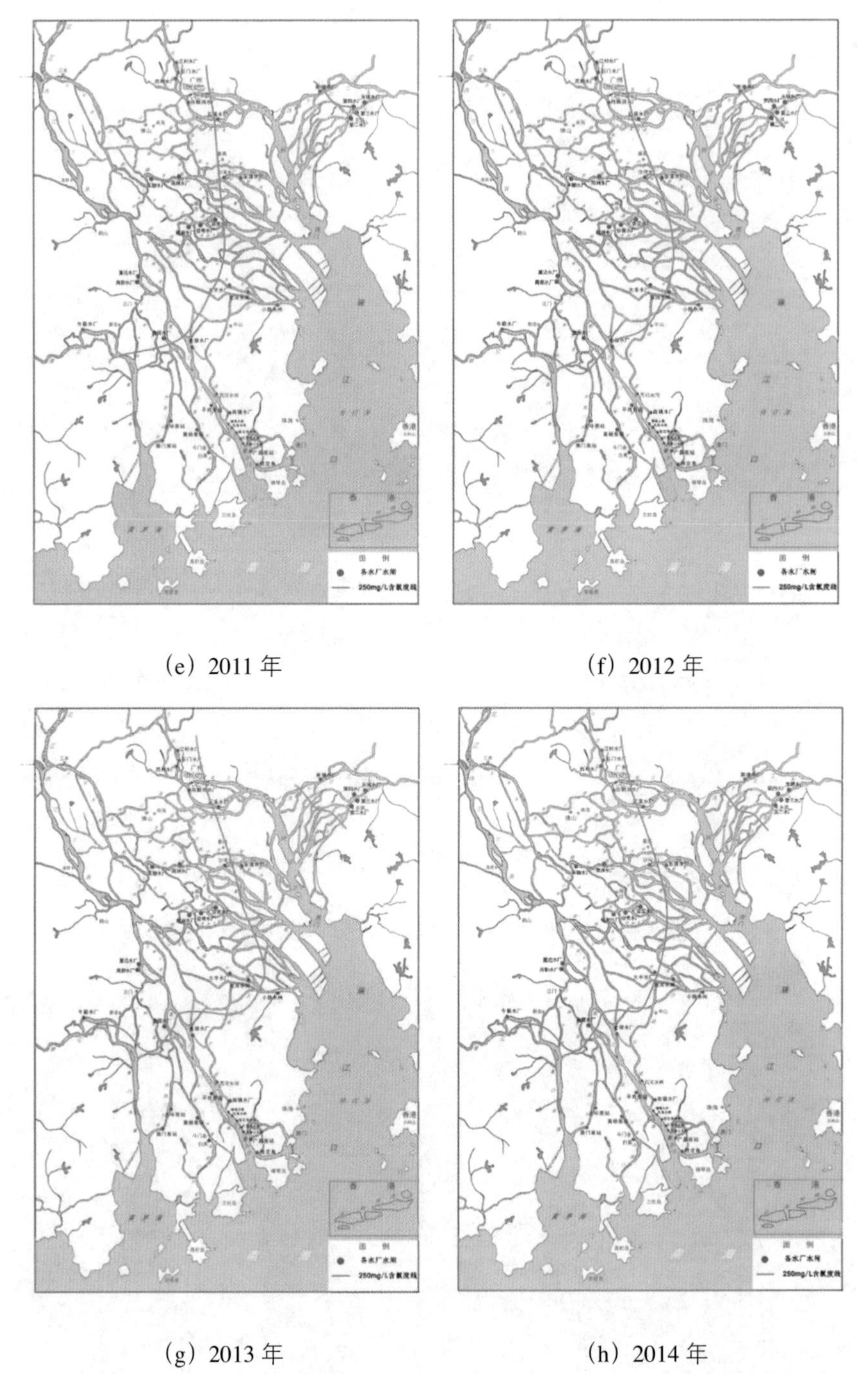

（e）2011 年　（f）2012 年

（g）2013 年　（h）2014 年

图 11-1　2007—2014 年枯季咸潮（250mg/L 含氯度）上溯范围图

资料来源：2007—2014 年《广东省水资源公报》。

氯度要求小于 250mg/L，在咸潮灾害中，生产设备容易氧化，锅炉容易积垢，生产中用水量较大的化学原料及化学制品制造、金属制品、纺织服装等产业受到的冲击较大，其中一些企业不得不停产。

通常将含氯度 250mg/L 定义为淡水和咸水的分界线。即含氯度大于等于 250mg/L 为咸水，含氯度小于 250mg/L 为淡水。

根据 2007—2014 年广东省水资源公报中年度枯季咸潮（250mg/L 含氯度）上溯最远位置图（图 11–1）可知，枯季咸潮上溯最优位置位于 A 电厂取水口附近。

电厂取水口所在河段（示意图见图 11–2）在 50%、75% 和 90% 不同保证率典型年水文条件下的咸淡水比例分别为 2.7%、4.0% 和 4.7%。按年许可水量 17943 万立方米计，在 50%、75% 和 90% 保证率来水条件下，咸水量分别为 484.5 万立方米、717.7 万立方米和 843.3 万立方米。

因此，A 电厂咸淡水量按实际取水的 2.7% 部分水量计入海水（即 484.5 万立方米 / 年）。

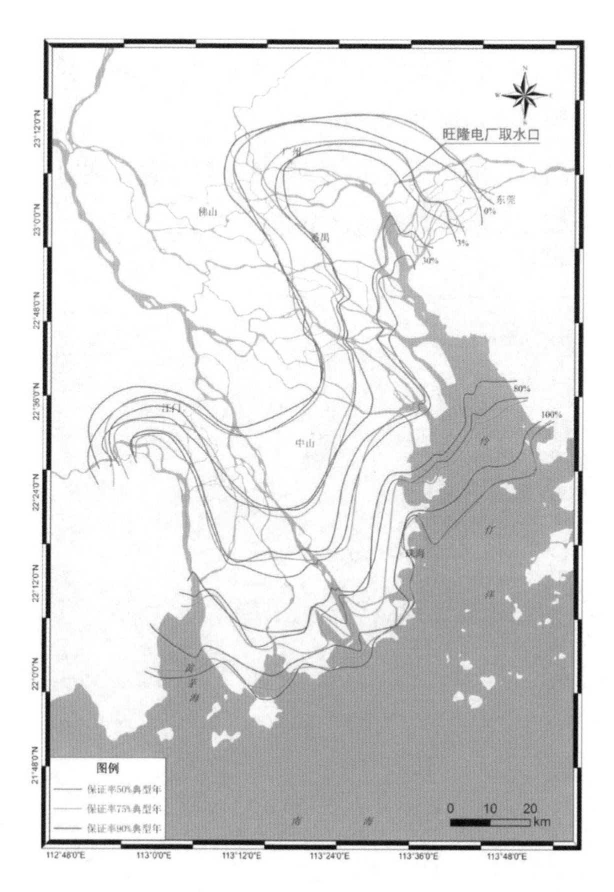

图 11–2　不同保证率典型年水文条件下的咸淡水比例对比

资料来源：《广东省珠江河口咸淡水区水资源管理相关技术论证报告（报批稿）》。

（二）出让方基本概况

1. 地理位置

惠州市位于广东省东南部、珠江三角洲的东北端，属珠三角经济区。惠州市南临南海大亚湾，东接汕尾市，北与韶关、河源两市为邻，全市国土面积 11343 平方公里（见图 11-3）。现辖 2 个市辖区（惠城区、惠阳区）、3 个县（惠东县、博罗县、龙门县）、1 个国家级经济技术开发区（大亚湾经济技术开发区）、1 个国家级高新技术产业开发区（仲恺高新技术产业开发区）。

2. 水资源及其开发利用状况

（1）水资源概况。惠州市多年平均水资源量为 127.49 亿立方米，占广东省水资源量近 7%，是珠三角水资源相对丰富的地区。惠州市本地水资源人均占有量 2658 方，约为深圳、东莞人均水平的 8 倍。

全市过境水量较为丰富，全市多年平均入境总水量为 180.3 亿立方米，出境总水量为 287.2 亿立方米。与本地产水量 127.49 亿立方米相比，惠州市的过境水量是比较丰富的，也是可以为惠州市所利用的重要水资源。

地表水资源时空分布不均。惠州市河川径流量（及地表水资源量）在时空上的分布和变化与降水的年内分配、年际变化和地区分布基本吻合。惠州市水

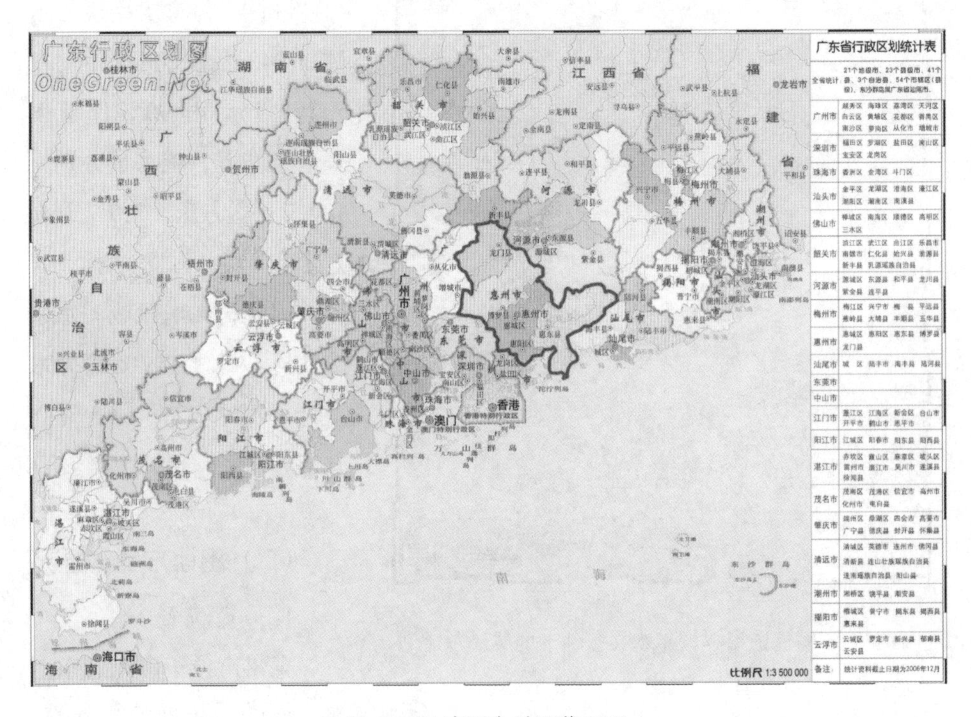

图 11-3　惠州市地理位置图

资料来源：自然资源部官方网站，http://bzdt.ch.mnr.gov.cn/index.html。

资源年内和年际变化剧烈，季节性洪涝灾害、干旱缺水问题比较突出，农业生产不稳定和水资源供需矛盾比较尖锐。南部沿海一带的部分城镇资源性缺水严重，部分地区存在水质型缺水现象。

（2）水资源分配状况。①东江流域水量分配情况。根据广东省东江流域水资源分配方案，在对新丰江、枫树坝、白盆珠等控制性水库(电站）按照防洪、供水、发电的顺序进行联合调度、优化运行的前提下，正常来水年份可供东江河道外分配使用的年最大取水量为 106.64 亿立方米，惠州市分配的东江流域用水指标为 25.33 亿立方米；特枯来水年份可供东江河道外分配使用的年最大取水量为 101.83 亿立方米，惠州市分配的东江用水指标为 24.05 亿立方米，详见表 11-1。

表 11-1　广东省东江流域各区域水量分配表

单位：亿立方米

地区		P=90%	P=95%
梅州		0.26	0.22
河源		17.63	17.06
韶关		1.22	1.13
惠州	东江流域	22.68	21.55
	大亚湾、稔平半岛调水	2.65	2.5
	小计	25.33	24.05
东莞		20.95	19.44
广州	增城市	8.09	7.45
	广州东部取水	5.53	5.4
	小计	13.62	12.85
深圳		16.63	16.08
东深对香港供水		11	11
合计		106.64	101.83

资料来源：《广东省东江流域水资源分配方案》。

②惠州市用水总量控制指标。根据《广东省实行最严格水资源管理制度考核办法》，省政府分配给惠州市 2016—2030 年的用水总量控制指标为 21.94 亿立方米，与 2015 年的用水总量控制指标基本持平。同时，惠州市将 2016—

2030年的用水总量控制指标分解至各县区，明确了各县区的区域水权，见表11-2。惠州市全市地区基本都从东江流域进行取水。

表11-2 惠州市各区域用水总量控制指标（2016—2030年）

地区	用水总量控制指标（亿立方米）
惠城区	3.38
仲恺区	2.08
惠阳区	1.91
大亚湾区	1.02
博罗县	6.45
惠东县	4.52
龙门县	2.08

资料来源：《广东省实行最严格水资源管理制度考核办法》。

（3）水资源开发利用现状。① 供用水现状分析。2015年惠州市总供水量为20.82亿立方米，其中地表水20.31亿立方米，地下水0.5亿立方米。全市以地表水源供水为主，占总供水量的97.6%，地下水源仅占2.4%。在地表水供水量中，蓄水工程供水占32.7%，引水工程供水占19.6%，提水工程供水占46.0%，调水工程供水占1.7%（见图11-4）。

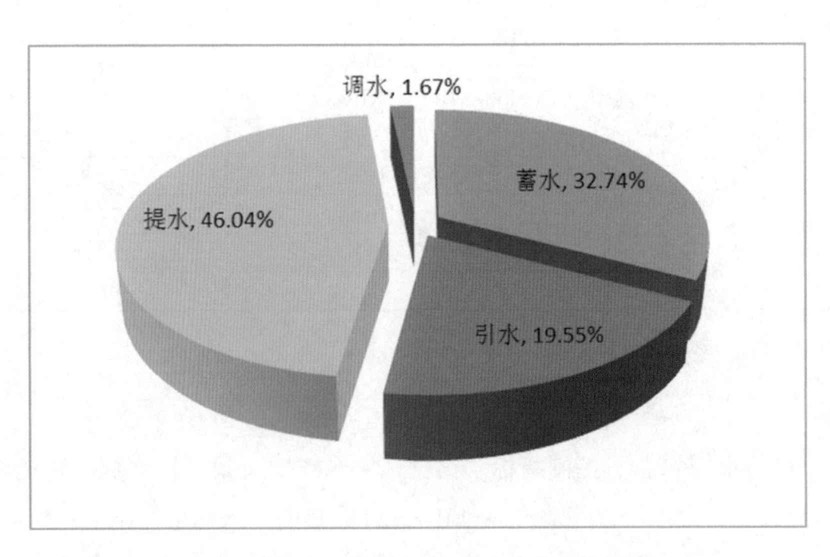

图11-4 惠州市2015年地表水分水源供水比例图

从各类用水比例图（图 11-5）可看出，农业用水占用水总量的主要部分，占用水总量的接近 60%。近年来惠州市的产业总值每年都在增加，产业结构也在逐年优化，第一产业所占的产值比重逐年在减少，由 2008 年的 7.0%下降到 2015 年的 4.7%，降幅为 32.9%；与惠州农业地位相对的是惠州水资源利用中农业用水的比重，农业用水居高不下，农业用水占总用水量比重由 2008 年的 57.9%变化到 2015 年的 58.62%，农业用水比重略有升高；从农业用水总量上看，由 2008 年的 12.74 亿立方米变化到 2015 年的 12.21 亿立方米，农业用水总量略有降低。总体上看，农业用水尚存在较大的节水空间。

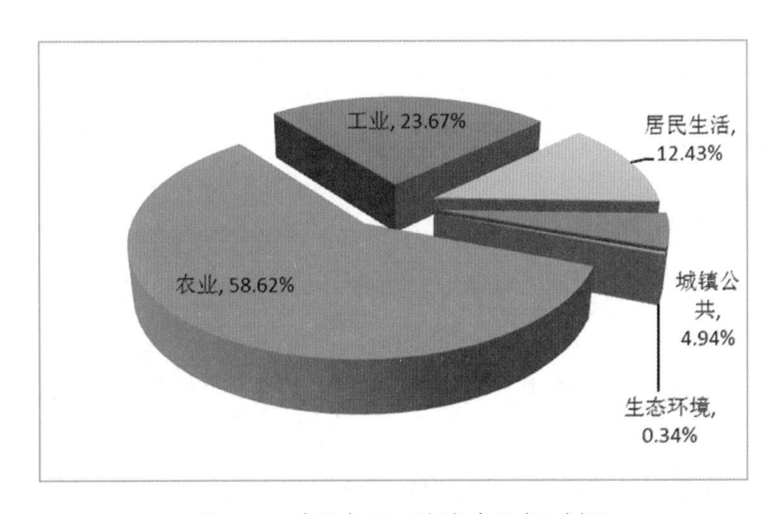

图 11-5 惠州市 2015 年各类用水比例图

资料来源：《2015 年惠州市水资源公报》。

②用水水平分析。2014 年，惠州市人均综合用水量为 445 立方米，万元 GDP 用水量 70 立方米，万元工业增加值用水量 28.4 立方米，水田实灌亩均用水量 807 立方米，城镇居民人均生活用水量 168 升 / 日，农村居民人均生活用水量 136 升 / 日。

2015 年，惠州市人均综合用水量为 439 立方米，万元 GDP 用水量 66 立方米，万元工业增加值用水量（不含火电）31 立方米，水田实灌亩均用水量 746 立方米，城镇居民人均生活用水量 158 升 / 日，农村居民人均生活用水量 131 升 / 日。

表 11-3 惠州市用水指标统计分析

年份	区域	人均综合用水量（立方米）	万元 GDP 用水量（立方米）	万元工业增加值用水量（立方米）		农田灌溉亩均用水量（立方米）	居民生活人均用水量（升 / 日）	
				不含火电	含火电		城镇生活	农村生活
2014 年	惠州市	445	70	28.4	/	807	168	136
	广东省	414	65	28	40	733	193	137
2015 年	惠州市	439	66	31	30	746	158	131
	广东省	411	61	23	37	753	193	136

资料来源：相关年份《惠州市水资源公报》。

表 11-3 为 2014 年和 2015 年惠州市、广东省用水指标统计分析表，由表可见，2015 年惠州市人均综合用水量 439 立方米，比全省高 6.8%，比 2014 年低 1.3%；万元 GDP 用水量 66 立方米，比全省高 8.2%，比 2014 年低 5.7%；万元工业增加值用水量（不含火电）31 立方米，比全省高 34.8%，比 2014 年高 9.2%；农田灌溉亩均用水量 746 立方米，与全省基本一致，比 2014 年低 7.6%；城镇居民生活人均用水量 158 升 / 日，比全省低 18.1%，比 2014 年低 6.0%；农村居民生活人均用水量 131 升 / 日，比全省低 3.7%，比 2014 年低 3.7%。

从惠州市与广东省的用水指标对比结果可以看出，惠州市居民生活用水指标小于广东省平均值，用水水平较高；人均综合生活用水、单位 GDP 用水、工业增加值用水等用水指标高于广东省平均水平，存在一定的节水空间。近两年来，惠州市农田灌溉亩均用水量略低于广东省平均水平，农业用水在惠州水资源利用总量中的比重较大，很大程度上影响了惠州水资源的利用效率。因此，提高水资源利用效率，特别是农业用水效率，是惠州市获取水权交易指标的主要途径。

③东江流域分水指标分析。根据《2015 年惠州市水资源公报》，2015 年惠州市用水总量 20.82 亿立方米，其中，东江流域取用水量 19.14 亿立方米，包括东江秋香江口以下取用水 14.75 亿立方米，东江三角洲取用水 4.39 亿立方米。

与东江流域水量分配指标（表 11-1）相比，P=90%来水条件下，惠州市分配的东江流域用水指标为 22.68 亿立方米，P=95%来水条件下，惠州市分配的东江流域用水指标为 21.55 亿立方米，因此，现状惠州市取用水量符合东江流域水量分配指标的要求。

表 11-4　惠州市东江流域用水量情况表

单位：亿立方米

水资源分区	农业	工业	城镇公共	居民生活	生态环境	合计
东江秋香江口以下	8.34	3.52	0.81	2.02	0.06	14.75
东江三角洲	3.18	0.73	0.11	0.37	0.01	4.39
合计	11.52	4.25	0.92	2.39	0.06	19.14

资料来源：相关年份《惠州市水资源公报》。

二、受让方用水需求分析

（一）业主提出的用水方案

A 电厂 2013—2015 年年取水量分别为 2.88 亿立方米、2.37 亿立方米、2.31 亿立方米，2013 年为电厂试运行期取水量，2014 年、2015 年为正常运行期取水量，年取水量相对稳定。考虑一定富余水量，初步估算 A 电厂年总取水量为 2.4 亿立方米。

（二）节水潜力分析

根据水量平衡测试分析结果，A 电厂主要节水潜力有三个方面：

化学制水自来水用量大。根据水量平衡测试分析结果，由于超滤反渗透设备老化严重，性能已严重下降，过滤效果差，造成反渗透保安过滤器运行压差上升快，保安过滤器滤芯更换频繁，难以保证连续运行，从而减少了工业净水的使用量，导致自来水用量大。超滤反渗透系统正常运行，化学制水自来水用水可由 315 立方米 /h 减少至 74 立方米 / 小时，减幅为 241 立方米 / 小时。按 6600 小时，即年节约自来水量为 159 万立方米。

跑冒滴漏及异常用水。部分取水设备和用水管路（超滤系统、消防水系统等）存在一定的跑冒滴漏现象，主要的节水点包括以下几个方面：消防水方面，通过消防水管网排查，减少消防水的乱接乱用现象，可减少系统补水量170立方米/日；公用水方面，冲洗绿化等其他杂用水（85立方米/日）偏高，根据经验按3立方米/小时计算，可减少用水13立方米/日；脱硫及湿除系统方面，系统运行稳定，可优化的空间较少，节水潜力有限，不使用自来水改为全部使用公用水，公用水使用量会增加；化学制水方面，改造后设备回收率提高，可一定程度上减少系统水耗，但自来水化学制水量的降低还会使公用水使用量有一定增加。电厂经过改造后，应当具有一定节水量，但节水量有限。

此外，灰库冲灰水等其他杂用水（679立方米/日）明显偏高，根据经验按10立方米/小时计算，可减少用水439立方米/日；定排坑冷却水目前排至水务公司，可考虑改为直接回收利用，将直接减少工业园净水取水2272立方米/日。

（三）新增用水核定

1.用水合理性分析

根据电厂水量平衡测试分析结果，在电厂非冷却水用水方面，A电厂1号机组单位发电量取水量为0.39立方米/（兆瓦·小时），满足《广东省用水定额（DB 44/T 1461—2014)》关于单机容量＜300兆瓦级直流冷却机组的单位发电量取水量定额指标0.79立方米/（兆瓦·h）的要求；2号机组单位发电量取水量为2.43立方米/（兆瓦·h），满足《广东省用水定额（DB 44/T 1461—2014)》关于单机容量＜300兆瓦级循环冷却机组的单位发电量取水量定额指标2.75立方米/（兆瓦·h）的要求。

在电厂冷却水用水方面，A电厂1号机组单位发电量用水量为122立方米/（兆瓦·h），满足《广东省用水定额（DB 44/T 1461—2014)》关于单机容量＜300兆瓦级直流冷却机组的单位发电量取水量定额指标150立方米/（兆瓦·h）。

在重复利用率方面，A电厂的复用水率为96.6%，满足《火力发电厂节水导则（DL/T 783—2001)》大于95%的要求。

2.新增用水量

根据水利部珠江水利委员会核发的取水许可证，A电厂现有取水权指标为 17943 万立方米。根据该电厂近年稳定用水情况初步提出的年总取水量为 24000 万立方米，需新增用水量为 6057 万立方米。

A 电厂 2×300 兆瓦热电联产机组工程分别采用直流冷却方式和冷却塔循环冷却方式，主要用水为机组冷却用水、工业系统用水以及厂区生活用水，其中机组冷却用水占 99.7%。根据前面节水潜力分析，工业和生活用水系统具体一定的节水潜力，但节水空间有限，难以满足电厂新增用水需求。根据水平衡测试结果，A 电厂 1 号机组直流冷却用水单位发电量用水量为 122 立方米 / 兆瓦・h，满足《广东省用水定额（DB 44/T 1461—2014)》（≤ 140 立方米 / 兆瓦・h）要求，冷却水用水效率较高。

广州市东江流域地区用水指标相对紧张，已无新增用水指标。按节水优先的原则，电厂须充分挖掘自身节水潜力后，确定其新增用水量。A 电厂 1 号机组冷却水用水效率较高，2 号机组采用冷却塔循环冷却方式用水，用水效率均满足国家和省用水定额要求，因此，A 电厂用水水平较高，需新增用水量为 6057 万立方米 / 年。考虑到 A 电厂 485 万立方米 / 年的咸淡水使用量扣减后，仍需新增东江用水量指标为 5572 万立方米 / 年。

3. 新增用水指标

A 电厂位于广州市增城市新塘镇，地处东江三角洲地区，所在地区已实现了流域水量分配和行政区用水总量控制。根据《广东省人民政府办公厅关于印发广东省最严格水资源管理制度考核办法的通知》下达广州市 2030 年阶段用水总量控制指标，用水总量统计中火核电直流式用水按耗水量计。2008 年省政府批准的《广东省东江流域水资源分配方案》中用水量指标统计口径为全口径，即火核电直流式用水全部纳入用水量统计。因此，A 电厂所在区域存在两种用水总量统计口径，见表 11-5。

①按《广东省东江流域水资源分配方案》用水量统计口径，新增东江用水指标为 5572 万立方米 / 年。②按最严格水资源管理制度用水总量控制统计口径，火核电直流式冷却用水按耗水量计（按水资源综合规划采用耗水率 3%—5%）。取水许可证中并未单独统计 A 电厂 1 号、2 号机年取水量，按水量平衡测试分析结果，2 号机组平均每天取水量为 1.46 万立方米，年取水量约 533 万立方米（按 365 天计），取水量明显比 1 号机组小。因此，可考虑现有取水许

可证许可水量优先满足 2 号机组用水，新增用水指标主要用于 1 号机组用水。考虑扣除 485 万立方米咸淡水使用量后，按最严格水资源管理制度用水总量控制统计口径，火核电直流式冷却用水按耗水量计（按水资源综合规划采用耗水率 3%—5%），A 电厂的耗水量按照 5%计，则新增用水指标为 278.6 万立方米 / 年。

表 11-5　A 电厂新增用水指标分析

<table>
<tr><th colspan="2">项目</th><th>数量</th></tr>
<tr><td colspan="2">需求水量（万立方米 / 年）</td><td>24000</td></tr>
<tr><td colspan="2">许可水量（万立方米 / 年）</td><td>17943</td></tr>
<tr><td colspan="2">节水潜力（万立方米 / 年）</td><td>/</td></tr>
<tr><td colspan="2">咸淡水量（万立方米 / 年）</td><td>484.5</td></tr>
<tr><td rowspan="2">新增水量（万立方米 / 年）</td><td>东江分水统计口径</td><td>5572</td></tr>
<tr><td>水资源考核口径</td><td>278.6</td></tr>
</table>

资料来源：根据《广东省人民政府办公厅关于印发广东省最严格水资源管理制度考核办法的通知》，以及调研获取资料整理而得。

（四）交易规模确定

根据上述受让方的新增用水需求分析可知，A 电厂需要购买 278.6 万立方米 / 年的用水总量控制指和标 5572 万立方米 / 年的东江用水指标。

三、出让方节水措施和实施方案分析

（一）惠州市农业灌区概况

惠州市的灌区主要分布在博罗县、龙门县、惠城区、惠阳区，根据《广东省中型灌区续建配套与节水改造工程规划（2011—2020）》和《惠州市农田水利工程建设方案》，惠州市共有中型灌区 23 个，其中大于 5 万亩的重点中型灌区共有 5 宗，分别为白盆珠灌区、花树下水库灌区、联和水库灌区、显岗水库灌区、龙平渠灌区，总设计灌溉面积为 48.63 万亩；一般中型灌区共 18 宗，总设计灌溉面积为36.69万亩。在行政区划上，中型灌区龙门县有4个，博罗县有8个，惠东县有3个，惠城区有4个，惠阳区有3个，仲恺高新区有1个。

根据《广东省小型灌区改造工程建设规划报告（2011—2020）》，惠州市有小型灌区共132宗，共计26.33万亩，主要在惠东县和龙门县。其中惠东县有小型灌区100宗，设计灌溉面积20.01万亩；龙门县有小型灌区32宗，设计灌溉面积6.32万亩。

（二）惠州市农业节水实施情况

惠州是广东省的农业大市和粮食主产区之一，全年气候温和、雨量丰富、日照充足、土壤肥沃，农牧业资源丰富。惠州市现有灌区多数仍采用传统的地面灌溉技术，农灌渠、沟过长，田间不平整，农田相对分散。由于受到南方丰水条件以及传统的灌溉理念影响，现有的灌溉方式仍以大水漫灌的模式为主，灌水次数多，灌水量大，导致田间水利用率较低，农田水分生产率较低。由于工程建设投资大、管理成本较高，高效节水的滴灌和喷灌技术仅在经济附加值较高的仲恺区陈江和惠阳区平潭等蔬菜种植基地有规模化应用。在加快推进农业节水灌溉的背景下，惠州市农业和水务部门近年来逐步组织推广投入低、易操作、节水效果显著的水稻灌溉技术，同时，不断加快推进农业灌区节水基础设施建设和管理手段。

惠州市农业节水规划主要包括小农水重点县建设规划、水利示范镇建设规划、灌渠续建配套与节水改造工程规划以及高标准农田建设规划等。根据《惠州市节水型社会建设规划》，惠州市农业节水除了加强工程建设以外，还将在传统灌溉模式转变、节水灌溉投入机制创新和灌区管理制度改革等方面着手，采用一系列的非工程措施提高灌溉水利用效率。

根据惠州市中小型灌区改造进展情况，截至2015年12月，惠州市在建的中型灌区节水改造工程共10宗，其中5宗已完工，剩下5宗已进入工程收尾阶段，按照工程进度预计2016年全部完工；山区小型灌区节水改造工程共22宗，全部完工。23宗中型灌区，已有19宗完成了取水许可发证手续，其余灌区根据节水改造进展情况，适时完善发证手续。截至2015年12月，惠州市中、小型灌区改造工程建设进度如下：

中型灌区。截至2015年底，惠州市已开展了10宗中型灌区节水改造工程建设，工程实际投资65537.51万元，已完成工程总投资的90%以上，各灌区改造进展情况见表11-6。其中，庙滩水库灌区、花树下水库灌区、龙平渠水库灌区、稿树下水库灌区和石坑水库灌区已基本完工，均已完成总投资的100%，显岗水库灌区改造工程完成总投资的98%，黄山洞水库灌区改造工程完成总投资的97%，梅树下水库灌区改造工程完成总投资的64%，水东陂水库灌区改造工程完成总投资的60%，下宝溪水库灌区改造工程完成总投资的61%。

表11-6　惠州市10宗中型灌区续建配套与节水改造工程进展情况

序号	所属县区	灌区名称	工程进展	投资完成率（%）
1	惠城	庙滩水库灌区	基本完成	100
2	惠东	花树下水库灌区	基本完成	100
3	龙门	龙平渠灌区	基本完成	100
4	博罗	稿树下水库灌区	基本完成	100
5		石坑水库灌区	基本完成	100
6		显岗水库灌区	工程收尾	98
7		黄山洞水库灌区	工程收尾	97
8		梅树下水库灌区	部分完成	64
9		水东陂水库灌区	工程收尾	60
10		下宝溪水库灌区	工程收尾	61

注：以上投资完成率截止日期为2015年12月，资料来源于《惠州市节水型社会建设规划》。

山区小型灌区。22宗山区小型灌区总投资7017.6万元，已全部完工。其中惠东县13宗，龙门县9宗。

拟建工程。惠城区伯公坳水库灌区、招元水库灌区、角洞水库灌区，惠阳区大坑水库灌区，博罗县联和水库灌区，龙门县白沙河、路溪灌区可研报告已经批复，正在开展初步设计工作，待计划下达后开展下阶段工作。惠阳区沙田水库灌区已编制完成可研报告。

（三）惠州市农业灌溉水利用系数测算

惠州市水务局于2015年开展了惠州市主要灌区渠系水利用系数测定工作，选取了全市具有代表性的16个灌区开展测定工作，总设计灌溉面积为66.56万亩，有效灌溉面积39.55万亩，占全市总灌溉面积的1/3左右，选取的样点灌区基本情况见表11-7。其中选取中型样点灌区共13个，数量占中型灌区总数的56.5%；中型样点灌区设计灌溉总面积65.75万亩，有效灌溉总面积39.55万亩，分别占中型灌区设计灌溉总面积的77.1%，有效灌溉总面积的72.1%。样点灌区中涵盖了惠州市中型灌区面积分布区间，且13个样点灌区分布于惠州市的各个县区，其中博罗县4个、惠城区2个、惠东县3个、惠阳区2个、龙门县1个、仲恺高新区1个，样点的区域代表性好，而且样点灌区续建与节水改造工程进度平均水平与惠州市中型灌区续建与节水改造工程较接近。小型样点灌区为碗窑灌区、麻榨南线灌区、义联灌区，分别位于惠州市惠阳区、龙门县、大亚湾区，区域代表性好；小型样点灌区除麻榨南线灌区外，碗窑灌区和义联灌区均未进行灌区节水改造，所选的小型样点灌区节水改造平均进度与惠州市较接近。由此可知，惠州市渠系水利用系数测定样点灌区选择合理，代表性较好。

表11-7　惠州市灌区渠系水利用系数测算样点灌区选择成果表

序号	灌区名称	行政区域	取水方式	灌溉面积（万亩）	
				设计	有效
1	显岗水库灌区	博罗	蓄	11.00	7.25
2	联和水库灌区		蓄	11.74	7.24
3	黄山洞水库灌区		蓄	2.70	2.50
4	下宝溪水库灌区		蓄	3.20	1.80
5	庙滩水库灌区	惠城	蓄	1.32	1.00
6	角洞水库灌区		蓄	2.50	1.00
7	上鉴陂灌区	惠东	引	13.96	6.00
8	黄坑水库灌区		蓄	1.82	1.05
9	花树下水库灌区		蓄	5.19	3.50
10	沙田水库东灌区	惠阳	蓄	1.40	1.01
11	大坑水库灌区		蓄	1.07	1.00
12	碗窑灌区		蓄	0.80	0.70

续表

序号	灌区名称	行政区域	取水方式	灌溉面积（万亩）	
				设计	有效
13	龙平渠灌区	龙门	蓄引	6.74	4.00
14	麻榨南线灌区		引	0.68	0.50
15	石鼓水库总灌区	仲恺	引	1.40	0.70
16	义联灌区	大亚湾	引	0.17	0.14

资料来源：根据《惠州市节水型社会建设规划》计算整理而得。

根据惠州市各样点灌区各级渠道渠系水利用系数测算成果，各样点灌区各级渠道渠系水利用系数及各灌区渠系水利用系数测算成果见表 11-8。

表 11-8 惠州市样点灌区渠系水利用系数测算成果表

序号	灌区名称	灌区类型	渠系水利用系数				
			总干渠	干渠	支渠	斗渠	灌区
1	显岗水库灌区	中型	/	0.784	0.854	0.867	
2	联和水库灌区	中型	/	0.751	0.853	0.864	
3	黄山洞水库灌区	中型	0.908	0.823	0.885	0.908	
4	下宝溪水库灌区	中型	/	0.717	0.858	/	
5	庙滩水库灌区	中型	0.880	0.849	0.849	0.889	
6	角洞水库灌区	中型	0.908	0.806	0.850	0.874	
7	上鉴陂灌区	中型	/	0.699	0.835	0.859	
8	黄坑水库灌区	中型	/	0.757	0.827	0.868	
9	花树下水库灌区	中型	0.874	0.827	0.849	0.902	
10	沙田水库东灌区	中型	/	0.773	0.832	0.867	
11	大坑水库灌区	中型	/	0.817	0.796	0.836	
12	碗窑灌区	小型	/	0.877	0.746	0.795	
13	龙平渠灌区	中型	0.916	0.839	0.876	0.899	
14	麻榨南线灌区	小型	/	0.791	0.815	/	
15	石鼓水库总灌区	小型	/	0.689	0.789	/	
16	义联灌区	小型	0.817	0.773	0.837	/	

资料来源：根据《惠州市节水型社会建设规划》计算整理而得。

根据主要灌区渠系水利用系数测定结果见表 11–9。惠州市农业灌区渠系水综合利用系数达到 0.558，部分改造工程完成较好的灌区可达 0.60 左右，如龙平渠灌区达到 0.605，下宝溪灌区达到 0.615，麻榨南线灌区达到 0.645。根据测算结果，统计至各县区的灌区渠系水利用系数如下：博罗县为 0.569，惠东县为 0.523，龙门县为 0.609，惠城区为 0.554，惠阳区为 0.543，仲恺区为 0.544，大亚湾区为 0.529。

表 11–9　惠州市各县区灌区渠系水利用系数测算结果

县区名称	灌区渠系水利用系数
博罗县	0.569
惠东县	0.523
龙门县	0.609
惠城区	0.554
惠阳区	0.543
仲恺区	0.544
大亚湾区	0.529
惠州市	0.558

资料来源：根据《惠州市节水型社会建设规划》计算整理而得。

（四）惠州市农业节水潜力分析

为了促进惠州市节水型社会建设，顺利推进本次水权交易，合理确定惠州市农业节水潜力和可交易水量，惠州市开展了《惠州市节水型社会建设规划》和《惠州市东江流域农业水权交易潜力研究》。

根据《惠州市节水型社会建设规划》成果，以及惠州市农业发展与土地利用指标以及农业灌溉节水定额标准，计算得出惠州市 2020 年农业节水潜力为 4.55 亿立方米，2030 年农业节水潜力达到 5.71 亿立方米。

上述惠州市节水型社会建设中的农业节水潜力分析是从惠州市乃至广东省节水型社会建设的整体目标出发而得出的理论节水潜力，为了更好地从实际操作层面促进惠州市与广州市的水权交易，惠州市依托灌区节水改造工程，计算分析惠州市东江流域农业灌区因节水改造后减少渠道输水渗漏损失可节约的农业用水量，并根据节水改造工程建设进度计算不同水平年的节水潜力。

根据惠州市灌区及污水改造工程规划及水权交易前的规划实施情况，本次节水计算以 2010 年为节水改造前对照年；以 2015 年为现状年，按照现状节水改造工程建设进度，计算现状年的节水量；以 2020 年为节水改造完成年，计算节水改造工程全部建设完工后的节水量；以 2030 年为远期水平年，根据惠州市水资源综合规划等目标，考虑远期节水水平的进一步提高，计算远期水平年的节水量。根据惠州市 2015 年水资源公报中各县区的农田灌溉用水量、农田有效灌溉面积，计算出各县区农田毛灌溉定额；根据《惠州市渠系水利用系数测算成果报告》中各县区的渠系水利用系数（田间水利用系数按 0.95 计），计算出各县区农田灌溉净定额。

惠州市中型灌区各水平年的需水量及相应节水量计算结果见表 11–10，小型灌区计算结果见 11–11，中小型灌区改造节水量汇总成果见表 11–12。

表 11–10　惠州市东江流域中型灌区各水平年需水及节水计算成果

行政区	灌区名称	农业灌溉需水量（亿立方米）				农业灌溉节水量（亿立方米）		
		2010 年	2015 年	2020 年	2030 年	2015 年	2020 年	2030 年
惠城区	庙滩水库灌区	0.127	0.090	0.090	0.075	0.037	0.037	0.052
	招元水库灌区	0.116	0.116	0.075	0.068	0.000	0.041	0.048
	伯公坳水库灌区	0.077	0.077	0.063	0.057	0.000	0.014	0.020
	角洞水库灌区	0.071	0.071	0.063	0.057	0.000	0.008	0.014
惠阳区	沙田水库东灌区	0.055	0.055	0.050	0.045	0.000	0.005	0.010
	鸡心石水库灌区	0.103	0.103	0.059	0.053	0.000	0.044	0.050
	大坑水库灌区	0.055	0.055	0.049	0.044	0.000	0.006	0.011

续表

行政区	灌区名称	农业灌溉需水量（亿立方米）				农业灌溉节水量（亿立方米）		
		2010 年	2015 年	2020 年	2030 年	2015 年	2020 年	2030 年
博罗县	显岗水库灌区	1.005	0.709	0.709	0.606	0.296	0.296	0.399
	联和水库灌区	0.498	0.498	0.432	0.391	0.000	0.066	0.107
	黄山洞水库灌区	0.277	0.185	0.185	0.163	0.092	0.092	0.114
	梅树下水库灌区	0.148	0.100	0.097	0.087	0.048	0.051	0.061
	稿树下水库灌区	0.277	0.180	0.180	0.163	0.097	0.097	0.114
	水东陂水库灌区	0.542	0.279	0.264	0.239	0.263	0.278	0.303
博罗县	石坑水库灌区	0.190	0.108	0.108	0.098	0.082	0.082	0.092
	下宝溪水库灌区	0.169	0.110	0.110	0.100	0.059	0.059	0.069
惠东县	白盆珠灌区	0.330	0.330	0.269	0.243	0.000	0.061	0.087
	花树下水库灌区	0.342	0.173	0.173	0.141	0.169	0.169	0.201
龙门县	白沙河灌区	0.132	0.132	0.075	0.068	0.000	0.057	0.064
	路溪灌区	0.132	0.132	0.075	0.068	0.000	0.057	0.064
	永汉灌区	0.309	0.309	0.176	0.159	0.000	0.133	0.150
	龙平渠灌区	0.477	0.297	0.297	0.245	0.180	0.180	0.232
仲恺区	石鼓水库总灌区	0.067	0.067	0.059	0.054	0.000	0.008	0.013
合计		5.499	4.176	3.658	3.224	1.323	1.841	2.275

注：农业灌溉节水量为改造前（2010 年）与各水平年的差值，数据系根据《惠州市渠系水利用系数测算成果报告》整理计算而得。

表11-11 惠州市东江流域小型灌区各水平年需水及节水计算成果

行政区	农业灌溉需水量（亿立方米）				农业灌溉节水量（亿立方米）		
	2010年	2015年	2020年	2030年	2015年	2020年	2030年
惠东县	0.778	0.575	0.483	0.445	0.203	0.295	0.333
龙门县	0.454	0.317	0.281	0.259	0.137	0.173	0.195
合计	1.232	0.892	0.764	0.704	0.340	0.468	0.528

注：农业灌溉节水量为改造前（2010年）与各水平年的差值，数据系根据《惠州市渠系水利用系数测算成果报告》整理计算而得。

表11-12 惠州市东江流域各区域不同水平年农业灌区节水成果

单位：亿立方米

行政区	现状年（2015年）	改造完成（2020年）	远期水平（2030年）
惠城区	0.037	0.100	0.135
惠阳区	0.000	0.056	0.071
博罗县	0.938	1.021	1.260
惠东县	0.372	0.525	0.621
龙门县	0.316	0.599	0.704
仲恺区	0.000	0.008	0.014
合计	1.663	2.309	2.805

注：农业灌溉节水量为改造前（2010年）与各水平年的差值，数据系根据《惠州市渠系水利用系数测算成果报告》整理计算而得。

由计算结果可知：惠州市东江流域22个中型灌区至2015年可节约渠系渗漏损失水量为1.323亿立方米，至2020年规划工程全部改造完成后节水量为1.841亿立方米，至2030年可节约水量2.275亿立方米；惠州市东江流域92宗小型灌区至2015年可节约水量0.340亿立方米，至2020年规划工程全部改造完成后节水量可达到0.468亿立方米，至2030年节水量可达到0.528亿立方米。由此可以计算出惠州市东江流域至2015年农业灌区改造可节约水量为1.663亿立方米，至2020年可实现节水量为2.309亿立方米，至2030年节水量可达到2.805亿立方米。从行政区域来看，灌区面积最大的博罗县节水量最大，现状节水量超过0.9亿立方米，全部灌区改造完成后节水量可超过1亿立方米；

其次是惠东县，现状节水量可达3700万立方米以上；再次是龙门县，现状节水量在3000万立方米以上；惠城区、惠阳区和仲恺区节水潜力相对较小。

（五）可交易水量分析

规划改造的山区小型灌区数量多、分布相对较散，单个灌区节水量小，计量监控相对困难。因此，本次水权交易的可交易水量暂不考虑惠州市小型灌区的节水量和尚未开展节水工程建设的中型灌区节水量，重点考虑现状已基本完成改造的10宗中型灌区的节水量，即为惠城区的庙滩水库灌区，博罗县的显岗水库灌区、黄山洞水库灌区、梅树下水库灌区、稿树下水库灌区、水东陂水库灌区、石坑水库灌区、下宝溪水库灌区，惠东县的花树下水库灌区，以及龙门县的龙平渠灌区。选择以上已改造的10宗灌区作为惠州市与广州市旺隆电厂和中电荔新电厂水权交易试点的节水指标来源灌区，该10宗灌区的节水量统计见表11-13。

表11-13　惠州市现状可交易水量统计

行政区	灌区名称	设计灌溉面积（万亩）	农田灌溉节水量（亿立方米）		
			2015年	2020年	2030年
惠城区	庙滩水库灌区	1.32	0.037	0.037	0.052
博罗县	显岗水库灌区	11.00	0.296	0.296	0.399
	黄山洞水库灌区	2.70	0.092	0.092	0.114
	梅树下水库灌区	1.50	0.048	0.052	0.061
	稿树下水库灌区	3.00	0.097	0.097	0.114
	水东陂水库灌区	4.37	0.263	0.278	0.303
	石坑水库灌区	2.00	0.082	0.082	0.092
	下宝溪水库灌区	3.20	0.059	0.059	0.069
惠东县	花树下水库灌区	5.19	0.169	0.169	0.201
龙门县	龙平渠灌区	6.74	0.179	0.179	0.232
合计		41.02	1.322	1.341	1.637

资料来源：根据《广东省惠州市流域综合规划修编报告》整理计算而得。

然而，由于农业灌溉用水设计保证率为90%，而中电荔新电厂属于工业用水，其用水设计保证率为97%，因此，需要考虑在特枯来水年条件下的供水保证率问题。为了合理确定农业节水向工业用水保证率转化的问题，本次97%保证率特枯来水年可交易水量计算以东江流域博罗站来水量为参考进行类比分析。根据《广东省惠州市流域综合规划修编报告》，东江博罗站不同设计保证率的年径流量计算结果见表11–14。

表11–14　不同设计来水保证率博罗站年净流量计算结果

河名	站名	年径流量（立方米/s）				
		均值	变差系数（Cv）	设计保证率（%）		
				75	80	90
东江	博罗	776	0.31	603	569	487

资料来源：根据《广东省惠州市流域综合规划修编报告》整理计算而得。

由此可推求东江博罗站97%设计来水频率的流量为390立方米/s，是90%设计保证来水频率流量的0.801。博罗站实测1954年至今逐日径流系列中，1963年为历史特枯来水年。以1963年特枯来水年进行排序得到特枯年来水保证率（见图11–6），97%来水保证率的流量为142立方米/s，90%来水保证率的流量为170立方米/s，90%来水保证率向97%来水保证率折算系数为0.83。鉴

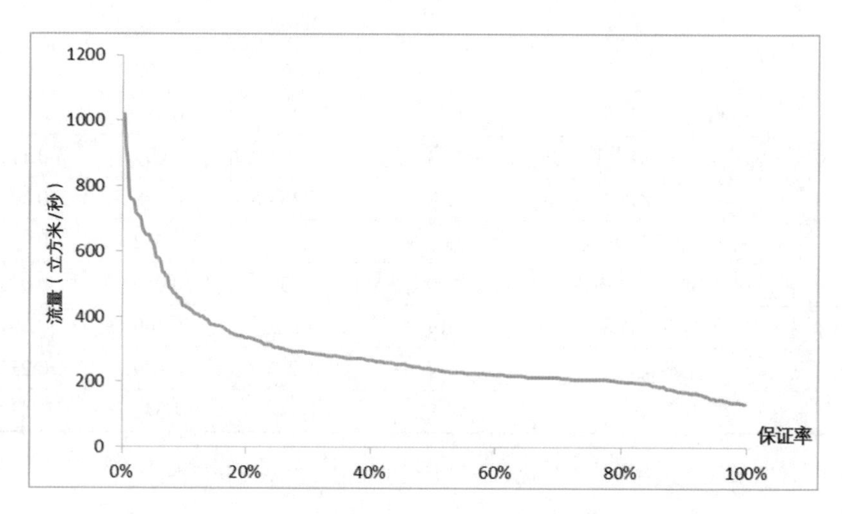

图11–6　博罗站特枯来水年（1963年）来水保证率曲线

资料来源：根据《广东省惠州市流域综合规划修编报告》整理计算而得。

于 2008 年东江实施水量调度以来，东江枯水期来水量有明显保障。因此，基于偏保守考虑，惠州农业灌区正常来水年（90%设计保证率）节水量转换为特枯来水年（97%设计保证率）可交易水量的转换系数可取为 0.801，由此可计算出惠州市 10 宗已改造灌区在特枯来水年的可交易水量为 1.06 亿立方米 / 年。鉴于 2008 年东江实施水量调度以来，东江枯水期来水量有明显保障；另外，惠州市具有较大量的东江分水指节余，再加上上述 10 宗已改造的中型灌区节水量，考虑惠州市与旺隆电厂交易的前提下，仍然可以满足 A 电厂的新增用水需求。

此外，通过对上述惠州市已开展改造的 10 宗中型灌区实地调研表明，由于受到经济利益和劳动力输出等多重因素的影响，目前各灌区种植结构已发生了较大的变化，传统大水漫灌的水田逐渐转变为需水量更少的水浇地和菜地，甚至是林果地。由此可知，从灌区农作物的需水结构分析，以上 10 宗灌区的节水量有一定增加的空间，节水计算成果具有较高保障性。另外，从灌区的用水现状调研表明，随着土地集约化和规模化的流转承包，灌区的用水模式也逐渐发生变化，部分以经济作物为主且规模化经营的农田，已由传统的大水漫灌的用水模式逐渐转变成喷灌为主的精细化、节约化的灌溉用水模式。由此可知，从灌区的灌溉模式分析，以上 10 宗灌区的节水量计算成果亦具有较高的保障性。

四、水权交易期限及价格计算

（一）水权交易期限确定

水权交易包括水量指标的交易和取水权的交易，由于水量指标交易往往需要兴建取水设施，工程投入较大，期限太短，可能交易单价过高，而且对保护受让方的权益不利；期限太长，则转让方的发展权也可能受到限制，导致转让方不愿或者不敢出让水权。取水权的交易期限不得超越转让方取水许可证规定的剩余期限，交易后纳入取水许可管理，受让方在交易期限届满后，可以依法申请办理取水许可证延续手续，不影响受让方权益。因此，水权交易期限要综合考虑节水主体工程使用年限，并兼顾水权交易双方的利益。根据《广东省水权交易管理试行办法》规定：取水权转让协议约定的转让期限应当在转让方取水许可证载明的有效期限内，交易双方可以约定转让期限届满后取水权的归属；用水总量控制指标的转让期限一般不超过10年；转让期限届满后，用水总量控制指标归还转让方。

此次水权交易的节水工程措施主要是渠道防渗砌护，依据《灌溉与排水工程设计规范》（GB50288-1999）、《渠道防渗技术规范》（SL18-2004）和《水利建设项目经济评价规范》（SL72-2013），大型混凝土、土工膜砌护防渗渠道的折旧年限为40年，中小型渠道为30年，机电设备和金属结构为20年。考虑到南方地区降雨量大、地下水位高，而且惠州中型灌区主要位于丘陵地带，以及灌渠不仅仅承担灌溉任务，同时兼有防洪和发电排水功能等特点，因此，惠州市的中小型灌区渠道折旧年限按照20年考虑。鉴于节水工程的可靠性和节水成果的有效性，水权交易的期限一般不宜高于节水工程设计使用寿命。

综上所述，结合惠州市中小型灌区节水改造工程实施情况和特点，根据《广东省水权交易管理试行办法》的要求，以及交易双方的协商意愿，建议本项目水权交易期限取5年，水权交易期满，受让方需继续取水的，应重新办理水权交易手续；受让方不再取水的，水权返还转让方。

（二）水权交易价格确定

根据《广东省水权交易管理试行办法》，水权交易价格根据成本投入、市场供求关系等确定，实行市场调节。综合考虑保障持续获得水权的工程建设成本与运行成本以及必要的经济补偿与生态补偿，并结合区域水资源开发利用状况、水权交易期限等因素合理确定。在交易价格计算的基础上，本着双方协商的原则，最终协商确定交易价格。

本次广州与惠州市交易的水权来源主要是通过惠州市的农业灌渠改造节约的渗漏损失水量，因此需要投入资金建设节水工程；而且为了保障节水工程的稳定运行和节水效果，亦需要投入一定的人力和物力对节水工程进行管理维护和更新改造；同时，节约的水资源在惠州市可以带动经济发展，若作为惠州市发展储备水权，将具有一定的经济效益；此外，东江用水指标作为一种资源，若在惠州市新建项目，也会产生一定税收效益。因此，广州中电荔新电厂与惠州市水权交易的价格应包括节水工程建设费用(包括节水主体工程及配套工程、量水设施等建设费用)、节水工程设施的管理及维护费用、经济水价（水资源的边际成本）以及东江用水指标的资源价格。本次水权交易价格计算如下：

$$P=\frac{A}{W+T}+\frac{B}{W}+C+D \tag{12—1}$$

式中：P——水权交易价格（元/立方米·年）；

A——节水工程建设费用（元）；

W——节水量（立方米）；

T——节水工程设计使用寿命（年）；

B——节水工程设施管理及维护费用（元/年）。

C——经济水价（元/立方米·年）；

D——东江用水指标水资源价格（元/立方米·年）。

1. 工程成本水价

惠州市23宗中型灌区节水改造总投资为15.904亿元，其中省级补助按照1000元/亩计，共投入补助8.532亿元，占比53.6%，地方自筹资金7.372亿元，占比46.4%。

根据惠州市灌区续建配套与节水改造工程建设任务，已开展改造工程建设且参与本次水权交易的10宗中型灌区总经费投资共71121.98万元，根据各灌区的节水改造工程建设进度，截至2015年底，惠州市已开展的10宗灌区节水改造工程的实际投资65537.51万元。

各灌区的可交易水量按照2015年的节水成果考虑，节水工程使用寿命按照20年计，则各灌区的节水工程成本价格计算结果见表11–15。由计算结果可知，惠州市已改造的10宗中型灌区的节水工程成本为0.075—0.419元/立方米·年，平均为0.232元/立方米·年。

表11–15　惠州市已改造的10中型灌区节水工程成本价格

灌区名称	已完成工程投资（万元）	节水量（万立方米）	节水工程成本（元/立方米）
庙滩水库灌区	2308.49	370	0.312
显岗水库灌区	22060.00	2960	0.373
黄山洞水库灌区	3800.00	920	0.207
梅树下水库灌区	1515.00	480	0.158
稿树下水库灌区	3374.41	970	0.174

续表

灌区名称	已完成工程投资（万元）	节水量（万立方米）	节水工程成本（元 / 立方米）
水东陂水库灌区	3930.00	2630	0.075
石坑水库灌区	2153.64	820	0.131
下宝溪水库灌区	2520.00	590	0.214
花树下水库灌区	8873.37	1690	0.263
龙平渠灌区	15002.60	1790	0.419
合计 / 平均	65537.51	13320	0.232

资料来源：根据《广东省惠州市流域综合规划修编报告》整理计算而得。

2. 工程管理及维护成本水价

惠州市中型灌区节水改造工程运行管理费以灌区续建配套与节水改造工程初步设计报告为依据，各灌区节水改造工程相应的管理维护费统计见表 11–16。由于各灌区特点及管理水平的差异化，导致节水工程的管理维护成本差异较大，节水管理维护成本为 0.038—0.202 元 / 立方米 · 年。惠州市 10 宗已改造灌区的节水工程平均管理维护成本为 0.131 元 / 立方米 · 年。

表 11–16　惠州市已改造的 10 宗中型灌区节水工程管理维护成本

灌区名称	管理维护费用（万元）	可交易水量（万立方米）	管理维护成本（元 / 立方米）
庙滩水库灌区	59.85	370	0.162
显岗水库灌区	346.51	2960	0.117
黄山洞水库灌区	114.06	920	0.124
梅树下水库灌区	62.99	480	0.131
稿树下水库灌区	97.56	970	0.101
水东陂水库灌区	101.19	2630	0.038
石坑水库灌区	108.71	820	0.133
下宝溪水库灌区	97.72	590	0.166
花树下水库灌区	341.09	1690	0.202
龙平渠灌区	240.95	1790	0.135
合计 / 平均	1570.63	13220	0.131

资料来源：根据《广东省惠州市流域综合规划修编报告》整理计算而得。

3. 经济水价

水资源作为一种生活和生产必需的基础资源，以及经济社会发展的战略资源，可以创造一定的经济价值。若惠州市通过农业灌区节约的水权不进行转让，作为惠州市的发展储备水权亦会为惠州市带来一定的经济效益，在进行水权交易过程中，交易价格需要考虑经济水价（即水资源的边际成本）。根据《惠州市东江流域农业水权交易潜力研究报告》成果，在考虑上述 10 宗农业灌区节水工程成本及节水工程年度运行管理与维护成本的基础上，还考虑了灌区改造投资工程的经济内部收益率作为惠州市水权交易的经济水价。经济水价主要是考虑改造工程投入资金的时间价值，根据《建设项目经济评价方法与参数》，按照内部收益率来考虑资金的时间价值或边际成本。根据惠州市已基本完成的 10 宗中型灌区节水改造工程初步设计报告，各灌区改造工程的内部收益率均达到 8%以上，考虑灌区改造工程具有公益属性，本次水权交易的经济内部收益率取值参考社会折现率，统一按照 8%取值。以工程水价为基础，根据该 8%的内部收益率，考虑工程 20 年的使用寿命，计算得到各灌区节约每立方米水的经济水价见表 11–17。由计算结果可知，各灌区的经济水价为 0.096—0.540 元 / 立方米·年，平均为 0.299 元 / 立方米·年。

表 11–17　惠州市已改造的 10 宗中型灌区节水工程经济水价

灌区名称	节水工程成本（元 / 立方米）	经济水价（元 / 立方米）
庙滩水库灌区	0.312	0.402
显岗水库灌区	0.373	0.480
黄山洞水库灌区	0.207	0.266
梅树下水库灌区	0.158	0.203
稿树下水库灌区	0.174	0.224
水东陂水库灌区	0.075	0.096
石坑水库灌区	0.131	0.169
下宝溪水库灌区	0.214	0.275
花树下水库灌区	0.263	0.338
龙平渠灌区	0.419	0.540
平均	0.248	0.299

资料来源：根据《广东省惠州市流域综合规划修编报告》整理计算而得。

（三）东江用水指标资源价格

本次惠州市需要向广州市交易5572万立方米/年的东江用水指标，用于A电厂火力发电直流冷却用水，东江用水量指标作为惠州市的战略资源，在实现水资源空间再配置和资源作用的同时，其转让应该需要考虑一定的资源价格。考虑A电厂在东江流域取水的用途、水资源的稀缺价值和转让方的出让意愿，经过交易双方多次协商、沟通以及专家咨询，本次惠州市转让的东江用水指标资源价格建议参考《广东省发展和改革委员会　广东省财政厅　广东省水利厅关于调整水资源费征收标准的通知》规定的火力发电贯流式冷却取用地表水水资源费征收标准的2倍（即0.01元/立方米）计算。

（四）交易价格及总费用

根据上述节水改造成本水价、节水工程管理及维护费用和经济水价三项价格费用，构成本次水权交易价格，惠州市已改造的10宗中型各项费用统计见表11-18。由计算结果可知，惠州市10宗已改造的中型灌区节水工程综合交易水权为0.209—1.094元/立方米·年，平均为0.662元/立方米·年。考虑到惠州市中型灌区节水改造工程属于系统性工程，且每个灌区节水工程的综合水权差异较大，建议采用平均价格作为本次水权交易的价格，即0.662元/立方米·年。同时，东江流域用水量指标资源价格为0.01元/立方米·年。

表11-18　惠州市已改造10宗中型灌区节水工程综合水价

灌区名称	工程节水成本（万元）	管理及维护成本（万立方米）	经济水价（元/立方米）	合计（元/立方米）
庙滩水库灌区	0.312	0.125	0.402	0.876
显岗水库灌区	0.373	0.117	0.480	0.970
黄山洞水库灌区	0.207	0.124	0.266	0.597
梅树下水库灌区	0.158	0.131	0.203	0.492
稿树下水库灌区	0.174	0.101	0.224	0.499
水东陂水库灌区	0.075	0.038	0.096	0.209
石坑水库灌区	0.131	0.133	0.169	0.433
下宝溪水库灌区	0.214	0.166	0.275	0.655
花树下水库灌区	0.263	0.202	0.338	0.803

续表

灌区名称	工程节水成本（万元）	管理及维护成本（万立方米）	经济水价（元 / 立方米）	合计（元 / 立方米）
龙平渠灌区	0.419	0.135	0.540	1.094
平均	0.232	0.127	0.299	0.662

注：上述价格为惠州市节约的用水总量控制指标价格，数据系根据《广东省惠州市流域综合规划修编报告》整理计算而得。

根据前述 A 电厂新增用水需求分析，按照东江用水全指标和最严格水资源管理考核指标统计口径，交易总费用有如下两种交易方案。

方案一：按照东江用水指标全口径指标交易，即惠州市向广州市 A 电厂交易的东江用水指标和总量用水控制指标均为 5572 万立方米 / 年，交易费用按照用水总量控制指标（即 0.662 元 / 立方米・年）和东江用水指标（按照 0.01 元 / 立方米・年）计算，则每年交易费用为 3744.38 万元，5 年总交易费用为 18721.90 万元。

方案二：按照最严格水资源管理考核统计口径指标交易，即惠州市向广州市交易 278.6 万立方米 / 年的用水总量控制指标和 5572 万立方米 / 年的东江用水指标，总交易费用包括考核口径的用水总量控制指标（按照 0.662 元 / 立方米・年）和东江用水指标（按照 0.01 元 / 立方米・年）计算，每年交易费用为 240.15 万元，5 年总交易费用为 1200.75 万元，详见表 11–19。

表 11–19　广州 A 电厂与惠州水权交易方案二

交易标的	交易量（万立方米）	交易单价（元 / 立方米・年）	交易费用（万元 / 年）	合计（万元 / 年）	交易总额（万元）
用水总量控制指标	278.6	0.662	184.43	240.15	1200.75
东江用水指标	5572	0.01	55.72		

资料来源：根据调研资料整理计算而得。

通过对交易双方的交易意向调研与协商，以及交易双方的可接受程度，方案二更具可操作性，也符合广东省东江流域水资源开发利用特征，最终双方签订协议（协议书首页见附件）时亦选择方案二。

从合理性层面来看，此次广州市与惠州市水权交易属于国家和广东省试点项目，可以有效解决电厂新增用水需求，维持企业高效、健康发展，拓宽惠州市农业节水投融资渠道。是广东省通过市场手段优化配置水资源，落实最严格水资源管理制度的重要举措，也是新形势下适应市场经济体制深化改革的有效途径。该项目在法律层面符合国家和地方有关法律法规，有利于实现流域水资源的节约与保护。

此外，该水权交易项目的出让水量为农业灌区渠道节约的渗漏水量，不涉及田间作物用水，不挤占农业的合理用水量；此次交易不突破两市的用水总量控制指标和东江流域水资源分配的水量指标，因此，不会对下游城市造成显著影响；此次水权交易实现了低用水效率地区向高用水效率地区、低用水效率行业向高用水效率行业流转，有利于地区和全省用水效率提高；此次水权交易可以减少农业面源污染，有利于水功能区水质改善。

从可行性层面考虑，惠州市已完成的 10 宗中型灌区和 22 宗小型灌区节水改造工程建设，灌区节水量满足 A 电厂新增用水需求，交易的水量来源有充足保障；此次水权交易不仅考虑了出让方节水的成本，还考虑了节水工程运行维护管理费用，对于推进惠州市农业灌渠进一步改造和维护具有积极的作用。

第十二章　南方流域储备水权竞争性配置——深圳启示

储备水权是指为了保障经济社会可持续发展以及促进产业结构调整和水市场调控，通过初始水权分配时预留、政府回收以及市场回购等途径获得的储备水资源使用权，政府储备水权与区域水权处于同一层面，是完整的初始水权体系的重要组成部分。随着我国水权制度的逐渐完善以及水市场的不断培育，市场在水资源配置中起决定性作用和更好发挥政府作用的经济体制改革核心问题已经明确，储备水权的作用也从传统的保障社会经济可持续发展的需求，逐渐发展成促进产业结构调整和水市场调节等。在我国进行水权改革试点的七个省区中，仅有广东省深圳市进行了储备水权有偿配置的实践。因此，本专题以广东省深圳市开展省级储备水权竞争性配置为例，分析南方流域储备水权竞争性配置过程中重点需要关注的内容。

深圳市是我国最早实行改革开放的地区，也是国家重要的经济中心区域，在全国经济社会发展和改革开放大局中具有突出的带动作用和举足轻重的战略地位。然而，随着地区经济社会的进一步发展，城市化、产业聚集化和城市人口的持续增长，对水资源开发利用提出了更高的要求，用水需求在较长一段时间内将持续增长。根据深圳市的水资源综合规划和供需预测等相关规划及前期研究工作表明，到 2030 年，深圳市的需水量将达到 30 亿立方米以上，但根据广东省人民政府印发的《广东省实行最严格水资源管理制度考核办法》，到 2030 年深圳市分配的用水总量控制指标为 21.13 亿立方米，由此可知，深圳市到未来的用水总量控制指标面临着较大的缺口，而受到水资源条件的影响，深圳市当地水资源条件无法满足未来发展的需求。深圳市一直致力于建设节水型社会，被水利部评为全国节水型社会建设示范市，节水工作成效显著，用水效率和节水水平在全国已处于领先水平，急需寻找新的途径解决深圳市未来的发展用水需求问题。为了解决深圳市等珠江三角洲东部地区城市长远发展用水需求问题，广东省政府着重从供水工程建设和用水管理两方面进行了战略部署。

在供水工程方面，省政府拟通过建设珠三角水资源配置工程优化配置珠江三角洲地区东、西部水资源，从珠江三角洲网河区西部的西江水系向东引水至珠江三角洲东部，主要供水目标是广州市南沙区、深圳市和东莞市的缺水地区，从而解决深圳市等用水紧缺地区的未来发展的缺水问题。

在用水管理方面，为了适应最严格水资源管理新形势下的水资源优化配置，广东省委、省政府高度重视水权交易制度和市场建设工作，并将该项工作列入重要改革任务要点。同时，2014 年 7 月，水利部印发《水利部关于开展水权试点工作的通知》，将广东省列为全国七个水权试点省区之一。2015 年水利部和广东省人民政府联合批复的《广东省水权试点方案》提出，启动储备水权有偿配置的探索工作。根据《广东省水权交易管理试行办法》（粤府令第 228 号，以下简称《办法》）规定，可在不突破全省用水总量控制指标的前提下，通过水权交易方式（有偿配置）解决珠江三角洲水资源配置工程深圳市用水总量控制指标缺口的问题。

因此，本报告拟以广东省级储备水权有偿配置给深圳市为案例，详细阐明南方丰水地区利用省级储备水权有偿配置来破解地区用水指标紧缺问题、缓解经济社会发展与水资源分布不平衡矛盾的必要性、可行性和可操作性，为南方流域探索水权交易机制提供可借鉴、可复制之路。

一、深圳市用水现状分析

（一）自然地理概况

深圳市位于广东省东南部珠江口的东岸，北连惠州市、东莞市，南隔深圳河与香港九龙、新界相邻，东依大鹏湾、大亚湾，西濒伶仃洋与珠海市相望。全市陆地面积 1991 平方公里，平面形状呈东西长(92 公里)，南北窄(44 公里)的狭长形。深圳市辽阔海域连接南海及太平洋，境内海岸线总长 283 公里。地理坐标为东经 114° 37′ 21″ —113° 45′ 44″，北纬 22° 51′ 49″ —

22° 26′ 59″，见图 13–1。

深圳市共有流域面积大于 1 平方公里的干流及一、二、三级支流 310 条，其河流划分为珠江三角洲水系、东江中下游水系和粤东沿海水系三个水系（图 12–2）。全市流域面积大于 100 平方公里的五条河流中，深圳河为扇形水系，河道弯曲系数大；坪山河为扇形水系，水系不均衡系数为 0.05 左右，河道弯曲系数较大；观澜河为羽毛状水系，水系不均衡系数为 1.5，河道相对顺直；茅洲河为混合形水系，河道弯曲系数较大；龙岗河为混合型水系，河道弯曲系数较大。各水系河网密度为 0.94—1.62（公里 / 平方公里）。

深圳市大部分河道属于山溪性河道，河床纵比降较大。如茅洲河、西乡河上游平均坡降达 5‰；龙岗河、坪山河上游达 10‰—20‰；盐田河则高达 30‰；观澜河中上游为 3‰—5‰；深圳河上游及各支流为 3‰—10‰。五条主要河流中、下游比降相对较小，深圳河为 0.35‰，茅洲河为 0.5‰。

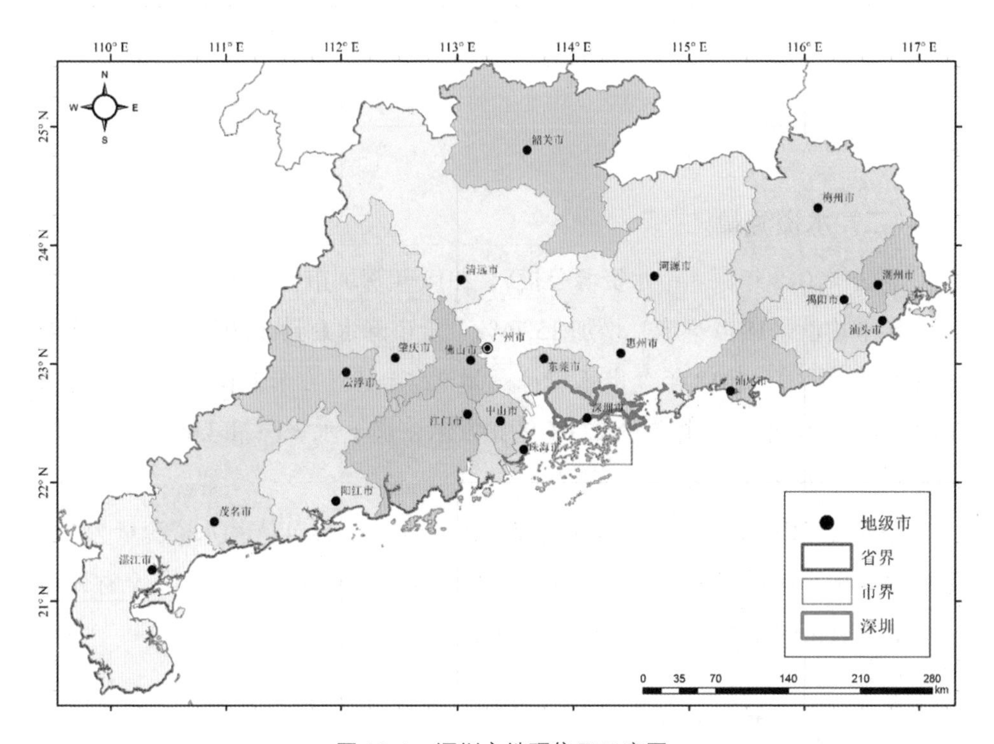

图 12–1　深圳市地理位置示意图

资料来源：深圳市规划和自然资源局官方网站，http://pnr.sz.gov.cn/ywzy/chgl/chzxfw/col_code/index.html。

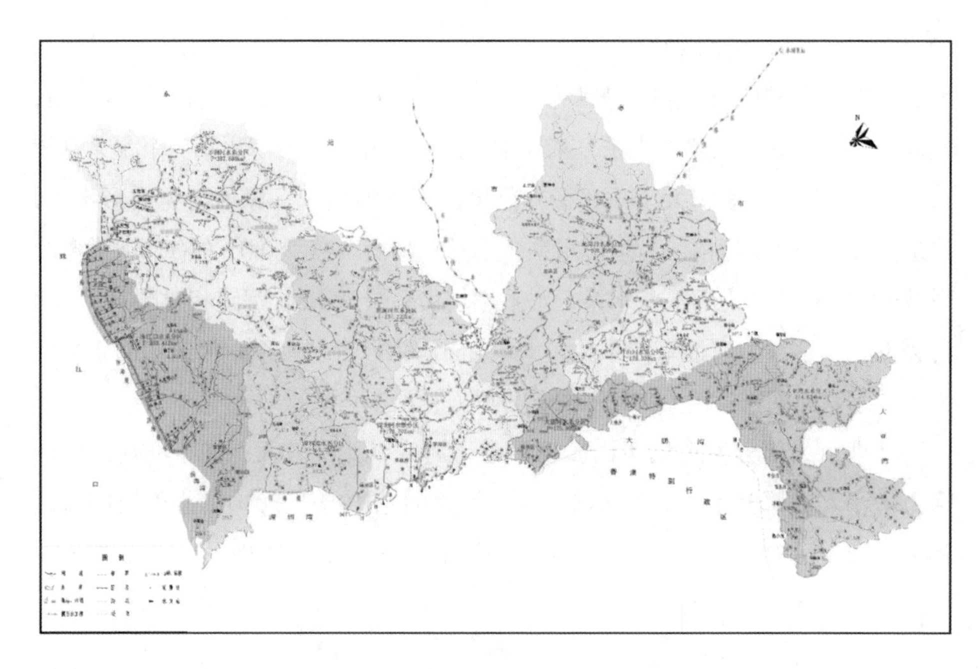

图 12-2　深圳市水系图

资料来源：深圳市规划和自然资源局官方网站，http://pnr.sz.gov.cn/ywzy/chgl/chzxfw/col_code/index.html。

（二）水资源量

根据《2018 年深圳市水资源公报》，2018 年深圳市年降水量 2118.5 毫米，比多年平均值（1830 毫米）增加 15.76%，全市降水总量 38.98 亿立方米（未含深汕合作区）。2018 年全市水资源总量 22.64 亿立方米，比多年平均增加 10.38%，其中地表水资源量 22.61 亿立方米，地下水资源量 4.89 亿立方米，不重复量 4.86 亿立方米。

深圳市降雨量较丰沛，但人均水资源量较少，2018 年人均水资源量为 229 立方米，远小于世界公认的缺水警戒线人均占有量 1000 立方米，是全省人均水资源占有量的 1/8 左右，为全国严重缺水城市之一。

（三）用水量与用水结构

根据《2018 年深圳市水资源公报》，2018 年深圳市总用水量 20.71 亿立方米，其中生活用水 7.64 亿立方米，占 36.89%；城镇公共用水 5.91 亿立方米，

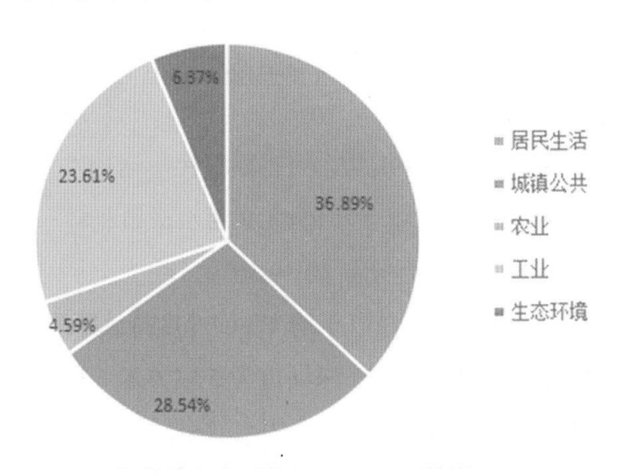

图 12–3　深圳市 2018 年用水结构示意图

资料来源：根据《2018 年深圳市水资源公报》整理而得。

占 28.54%；农业用水 0.95 亿立方米，占 4.59%；城市工业用水 4.89 亿立方米，占 23.61%；生态环境用水 1.32 亿立方米，占 6.37%，如图 12–3 所示。

（四）用水水平分析

根据《2018 年广东省水资源公报》和《2018 年深圳市水资源公报》，对 2018 年深圳市的用水指标统计分析（见表 12–1）表明：

表 12–1　深圳市用水量指标分析

用水指标	人均水资源量（立方米 / 人）	人均综合用水量（立方米 / 人）	万元 GDP 用水量（立方米 / 万元）	居民生活人均用水量（L/ 人 · 日）	万元工业增加值用水量（立方米 / 万元）	农田实灌亩均用水量（立方米 / 亩）
广东省	1683	374	43	189	26	752
深圳市	229	163	8.41	164	5	688

注：本表用水量统计采用国考口径（直流火电用水采用耗水率换算），资料来源于《2018 年广东省水资源公报》和《2018 年深圳市水资源公报》。

人均用水量。深圳市人均用水量为 163 立方米 / 人，仅为广东省平均值（374 立方米 / 人）的 43.58%，约为全国人均水资源量（2100 立方米 / 人）的

1/13，属于严重缺水城市。

居民生活用水指标。深圳市城镇生活用水量为164升/人·日，小于《广东省用水定额（DB 44/T 1461—2014)》中的特大城镇标准（200L/人·日），亦小于广东省平均水平（189L/人·日），居民生活用水效率较高。

万元GDP用水量。深圳市万元GDP用水量为8.41立方米/万元，仅为广东省平均值（43立方米/万元）的19.56%，约为全国平均值的1/9，用水效率处于全国领先水平，且仍在以年均4%的速度持续下降。

万元工业增加值用水指标。深圳市为5立方米/万元，仅为广东省平均值（26立方米/万元）的19.23%，工业用水效率远远领先于国内其他城市，用水水平极高。

农田实灌亩均用水指标。深圳市为688立方米/亩年，小于广东省平均值（752立方米/亩）。

由此可见，深圳市的用水效率较高，各项用水量指标均优于广东省平均水平，且用水效率处于全国领先水平。

（五）耗水率分析

根据《2018年广东省水资源公报》和《2018年深圳市水资源公报》统计分析表明（见表12–2）。

表12–2 深圳市耗水率指标

单位：%

耗水指标	农业	工业	城镇公共	居民生活	生态环境	总计
广东省	50.70	16.36	35.06	30.16	44.72	37.91
深圳市	70.87	21.10	26.34	20.08	40.00	25.70

资料来源：《2018年广东省水资源公报》和《2018年深圳市水资源公报》。

（1）农业用水耗水率：2018年深圳市农业用水耗水率为70.84%，高于广东省平均耗水率50.70%；（2）工业用水耗水率：深圳市工业用水耗水率为21.10%，高于广东省平均耗水率16.36%；（3）城镇公共用水耗水率：深圳市城镇公共用水耗水率为26.34%，低于广东省平均耗水率35.06%；(4) 居民生活用水耗水率：深圳市居民生活用水耗水率为20.08%，低于广东省平均耗水率30.16%；(5) 生态环境耗水率：深圳市生态环境耗水率为40.0%，低于广东省平均耗水率44.72%。

2018年深圳市用水消耗总量为5.32亿立方米，综合耗水率为25.70%；小于广东省平均耗水率（37.91%），是广东省平均耗水率的2/3左右。由此可见，深圳市整体用水效率非常高，耗水率相对较低，但深圳市工业及农业用水耗水率仍高于广东省，故在工业及农业用水上仍有一定的节水空间。

二、深圳市节水潜力和未来用水需求分析

（一）节水潜力分析

为满足广东省最严格水资源管理制度要求，根据《深圳市2020年、2030年水资源管理“三条红线”控制目标分配方案》，至2020年深圳市万元工业增加值用水量指标和万元国内生产总值用水量指标均要比2015年下降20%，农田灌溉水有效利用系数提高到0.55，对深圳市的用水效率提出了进一步的要求。

1. 居民生活节水潜力

深圳市为经济发达地区，人民生活水平相对较高，考虑未来将进一步提高生活质量，居民用水定额下降的可能性较小，居民生活用水节水主要通过推广节水器具、提高居民节水意识、减少供水管网漏失率（现状管网漏失率为12.85%，大于全国8%左右的漏失率）等方式进行节水。

2. 农业节水潜力（农田灌溉节水潜力）

近年来深圳市农业用水量较少，在全市用水量中的比例较小，况且全市一直致力于走发展节水型农业道路，要想在目前基础上降低农业用水量困难较大，农业节水潜力较小。深圳市现状农田灌溉水有效利用系数约0.48，根据《珠江三角洲水资源配置工程水资源论证报告书》，至2020年、2030年、2040年系数将提高至0.68、0.73、0.75，则与现状相比，2020年、2030年、2040年农业节水潜力为现状水平条件下（农田实灌面积不变），由于农业灌溉水有

效利用系数提高而节约的农业用水量，分别为0.042亿立方米、0.049亿立方米、0.052亿立方米。

3. 工业节水潜力

深圳市2015年万元工业增加值用水量指标为7.44立方米/万元（国考口径），根据《珠江三角洲水资源配置工程水资源论证报告书》，至2020年、2030年、2040年工业用水定额将下降至4.71立方米/万元、4.25立方米/万元、3.33立方米/万元，则2020年、2030年、2040年工业节水潜力为现状水平条件下（工业增加值不变），由于用水定额下降而节约的工业用水量，分别为1.84亿立方米、2.15亿立方米、2.77亿立方米。

4. 建筑业节水潜力

深圳市2015年建筑业毛用水定额为13.92立方米/万元，根据《珠江三角洲水资源配置工程水资源论证报告书》，至2020年、2030年、2040年建筑业用水定额将下降至9.41立方米/万元、6.90立方米/万元、5.39立方米/万元，则2020年、2030年、2040年建筑业节水潜力为现状水平条件下（建筑业增加值不变），由于用水定额下降而节约的建筑业用水量，分别为0.21亿立方米、0.32亿立方米、0.39亿立方米。

5. 第三产业节水潜力

机关、医院、学校、宾馆、饭店等人员集中的公共场所用水浪费现象比较严重，如果加强节水宣传，采取节水措施，则节约水量相当可观，节水潜力极大。深圳市2015年第三产业毛用水定额为5.0立方米/万元，根据《珠江三角洲水资源配置工程水资源论证报告书》，至2020年、2030年、2040年第三产业用水定额将下降至3.76立方米/万元、2.76立方米/万元、2.47立方米/万元，则2020年、2030年、2040年第三产业节水潜力为现状水平条件下（第三产业增加值不变），由于用水定额下降而节约的第三产业用水量，分别为1.28亿立方米、2.31亿立方米、2.60亿立方米。

《珠江三角洲水资源配置工程水资源论证报告书》中需水预测推荐采用的工业、建筑业和第三产业用水定额和农田灌溉水有效利用系数均满足《深圳市2020年、2030年水资源管理“三条红线”控制目标分配方案》的相关要求，按照前文分析，至2020年、2030年、2040年深圳市节水潜力至少分别有3.37

亿立方米、4.83亿立方米、5.81亿立方米。但由于深圳市未来人口基数的增加和经济社会的快速发展，在节水型社会建设的前提下，未来的用水需求还在不断增加。

（二）未来用水需求分析

目前，针对深圳市2030年的需水预测成果主要有深圳市水资源综合规划、深圳市供水优化布局、深圳市给水系统布局规划修编（2011—2020）、深圳市用水量峰值分析报告、珠江三角洲水资源配置工程水资源论证等，各成果预测值统计见表12–3。

表12–3　深圳市2030年需水成果统计表

预测报告	居民生活用水量	产业用水量			生态环境用水量	总用水量	预测方法
		一产	二产	三产			
水资源综合规划	8.1	1.1	9.6	7.7	2.17	31.5	定额法
供水优化布局	9.9	—	9.2	6.4	2.4	30	单位用地指标法
深圳市给水系统布局规划修编（2011—2020）	—	—	—	—	—	30	分类建筑面积法
深圳市用水量峰值分析报告	9.13	0.8	5.25	6.65	2.17	24.0	定额法
珠江三角洲水资源配置工程水资源论证	10.36	0.49	5.21	8.1	1.16	24.83	定额法

资料来源：根据《深圳市水资源综合规划》《深圳市给水系统布局规划修编（2011—2020）》、《深圳市用水量峰值分析报告》《珠江三角洲水资源配置工程水资源论证报告书》整理而得。

从上述需水预测统计结果可知，不同方法预测的结果具有一定差异，但深圳市未来发展用水的趋势是在不断增加的。根据深圳市水资源综合规划、深圳市供水优化布局、深圳市给水系统布局规划修编需水预测成果，深圳市到2030年的需水量将达到30亿立方米。而根据深圳市用水量峰值分析报告需水预测成果，到2030年深圳市需水量达到24亿立方米；珠江三角洲水资源配置工程水资源论证需水预测成果则为 24.83 亿立方米。

由于本次储备水权有偿配置重点是解决深圳市珠江三角洲水资源配置工程用水权问题，因此，本次需水预测采用《珠江三角洲水资源配置工程水资源论证报告书》需水预测成果。根据《珠江三角洲水资源配置工程水资源论证报告书》需水预测成果，深圳市 2030 年所需用水总量为 24.83 亿立方米 / 年。考虑城市生态环境用水可以用非常规水源用水来供给（非常规用水利用量为 1.16 亿立方米），实际所需的用水总量指标为 23.67 亿立方米。

表 12-4　深圳市河道外总需水预测成果汇总表（亿立方米）

水平年	一般工业	火核电工业	建筑业及第三产业	生活	河道外生态	农业（多年平均）	总需水量
2014 年现状	4.93	0.09	5.05	6.75	1.05	0.80	18.67
2020 年	4.30	0.09	6.60	9.43	1.11	0.60	22.13
2030 年	4.40	0.09	8.33	10.36	1.16	0.49	24.83
2040 年	4.57	0.09	9.18	10.80	1.39	0.43	26.46

注：火核电冷却水量主要由海水和河道咸淡水解决，海水直接利用量不计入河道外总需水量，其余按耗水量计入，资料来源于《珠江三角洲水资源配置工程水资源论证报告书》。

根据深圳市实施最严格水资源管理制度水量指标分配方案，2016—2030 年用水总量控制目标为 21.13 亿立方米 / 年，本次预测深圳市 2030 年需水量为 23.67 亿立方米 / 年，则深圳市至 2030 年有 2.54 亿立方米水量缺口。

三、储备水权有偿配置在深圳市的可行性分析

在我国实行最严格水资源管理制度的背景下，通过提高水资源利用率节约水资源，并通过建立水资源储备机制来协调区域内未来的发展用水需求，是我国众多地方政府基于水资源利用形势的战略考量，符合我国当前及未来对水资源开发利用和管理的要求。同时，在目前我国探索建立水权制度的前提下，水的资源价值将会不断提升，在水资源紧缺的流域或区域，传统的水资源无偿分配的模式已逐渐难以适应最严格水资源管理制度和正在建立的水权制度，水资

源的有偿配置是水资源分配模式的重要改革，也是体现水资源价值和改变传统用水理念的重要途径。作为战略储备的水资源有偿配置将是我国各级政府解决未来新增用水需求探索的新方向，但储备水权有偿配置研究在我国尚属前沿课题，由于受到水资源公共属性和我国传统配置模式的影响，储备水权有偿配置一方面面临着法律法规的障碍，另一方面还面临着公平性的质疑（尤其是同一行政区域内其他地市的质疑），因此需要分析储备水权有偿配置的可行性。

（一）储备水权的特点与作用

1. 储备水权的特点

政府储备水权作为一种战略调控资源，在我国社会经济发展和水权市场建设的背景下，储备水权有着以下特点和作用。

（1）公共性。政府储备水权设置的目的是为了解决和缓解日趋严重的水危机，合理保障发展用水、调节水市场，防止经济失衡和水市场失灵。当社会发展和水市场运行过程中遇到危机情况时，政府储备水权可以作为公共产品对市场需求进行调控，这种调控往往是通过政府强力干预手段来实现的，体现出储备水权的公共性属性。

（2）战略性。水资源不仅仅是人类赖以生存发展的基础性自然资源，更是社会经济发展的战略性资源，一旦发生短缺或者中断，区域的国民经济正常运行和安全将会受到严重影响。尤其是在我国实行最严格水资源管理制度的背景下，一个地区若无水权战略储备，分配的用水总量控制指标会被耗尽，而用水权分配至用水户之后，用水户会基于自身的利益考量使用水资源，难以形成自发的节水动力，导致整个社会的用水效率低下。当地区人口不断增加、社会生产不断发展时，其对水资源的需求会不断增加，若区域内用水户的节水意识不能显著提高，未来的经济社会发展用水难以得到保障，尤其是地区重大项目的建设很可能会面临新增水权不足而导致的瓶颈约束问题，最终影响到地区经济社会的可持续发展。因此，为了维护地区的未来发展需求和代际公平，政府通过储备一定的水权具有保障意义，由此可知，储备水权具有较强的战略性特点，是为未来发展“留有余地”而储备的资源使用权。

（3）预期性。政府在建立储备水权机制和确定储备水量时，需要进行科学合理的论证与研究，不能产生随机性和盲目性，而是具有较强的预期性和时效性。目前，我国市级以上政府基本都制定了水资源综合规划和供水中长期规划等水资源开发利用规划，同时，一个区域中长期的经济社会发展、人口规模和产业布局均有相应的规划和预判，因此，政府是否需要储备水权、应该储备多少水权应该根据地区的水资源禀赋条件、水资源开发利用情况、经济社会发展目标等要素为基础依据，研究和预测规划水平年的需水量和可以储备的水权。

2. 储备水权的作用

（1）保障未来经济可持续发展的用水需求。在我国实行最严格水资源管理制度和推行水权交易的背景下，控制用水总量和利用市场手段盘活用水指标是平衡区域水资源开发利用和社会经济发展的重要手段，因此，在用水总量控制的前提下实现如何保障社会经济可持续发展对水资源的需求是储备水权作用的重要体现。当一个地区有重大战略布局与调整时（如国家级新区或工业园区建设），或者有重大用水项目新建时，由于这些战略布局、调整和工程建设往往具有较长的规划和建设周期，政府在水权分配时需要考虑这些规划工程建设的用水权利。若政府未建立水权储备机制，当水权完全分配之后，政府则需要调整现状用水模式，挤占现有用水户的用水权益，或者需要从市场购买水权用于未来的重大项目用水，而这些行为极易激发现有用水户的矛盾，或者抬高水权的市场价格，不利于维持区域的用水格局平衡。若政府在规划或者建设重大工程之前，在用水指标分配时预留一定的未来发展用水权，或者通过政府投资等措施回收或市场回购用水户的节约水量指标，建立政府储备水权，可以有效保障区域未来经济社会发展的用水权，也可以有效地保障重大战略调整和重大工程建设的用水需求。但政府在动用储备水权时，在时间性、空间性、数量性和目标性等方面都需要经过科学的决策，具有主观能动性的作用。

（2）协调区域经济发展与水资源分布不平衡的关系。水资源分布时空不均是我国水资源的重要特征之一，而发达地区经济社会发展对水资源的需求与水资源分布的不充分、不平衡是我国水资源供需面临的主要矛盾之一。即使在丰水地区的广东省，也同样面临着局部地区经济社会发展与水资源分布不均衡的矛盾问题。广东省东江三角洲地区经济社会十分发达，是粤港澳大湾区的重要经济增长点，对全国的经济发展有着极为重要的作用，但该地区的水资源开发利用程度高，用水效率也处于全国领先水平，自身的节水潜力相对有限，区域经济社会的发展与流域水资源布局不匹配。而广东省西江流域水资源丰沛，开发利用程度相对较低，通过珠江三角洲水资源配置工程可以将西江流域的水资源引至东江流域，而通过建立省级储备水权机制，可以解决东江流域有需求地区的用水指标问题。因此，建立储备水权可以协调区域经济发展与水资源分布不平衡的关系。

（3）调控水市场。用水市场来配置水资源是一种高效的水资源配置方式，但水市场会发生市场失灵现象。水市场失灵的原因主要是水市场存在着外部性、市场本身存在的垄断性风险、水市场存在着信息不完全及高昂的交易费用、水资源具有公共产品属性以及传统文化和习俗的影响等。水资源的这些特殊性和复杂性使水市场失灵的可能性比一般的商品市场更大。政府为防止市场的过度动荡，可以加强对水资源和水市场的宏观管理，并通过动用政府储备水量来平抑、干预和调节水市场的供需关系。通过动用政府储备水量，可以改变水资源的供求关系，影响市场价格，使价格保持在一个相对稳定的水平上，因而，政府储备水量是再生产不断进行的条件，是经济可持续发展的保障。

（4）促进产业结构升级。通过建立政府储备水权机制，通过竞争性和有偿配置等方式，明晰储备水权配置的竞争性条件，向符合国家和地方产业政策且用水效率达到行业领域领先水平的项目倾斜，并禁止向高耗水、高污染、低产值的行业项目配置储备水权指标。因此，通过建立储备水权机制，可以有效控制有限的水权指标配置方向，促进产业结构升级改造，淘汰落后的产能，提高用水效率。

（二）储备水权有偿配置的可行性分析

1.理论层面的可行性

目前，在我国初始水权分配时，众多专家和学者提出了政府储备水权的原则和思想。中国工程院王浩院士认为，在对水权进行初始分配时，政府应该考虑维护代际公平、应急战略储备、平衡调节手段和促进节约用水等因素，从而储备一部分水权。范克旭在研究长江初始水权分配时，提出政府需要储备一部分用水权的原则，为未来的经济发展留有余地。石玉波认为不同地区经济发展程度存在差异，需水发生时段不同，人口增长和异地迁移会产生新的用水需求，政府在水资源配置时要适当留有余地，储备一部分水权。进入21世纪以来，在新时期治水方针的指导下，我国积极创新水资源管理体制、机制和制度，通过建立和健全水权制度，培育和完善水市场，并让市场在资源配置中起决定性作用，相应的制度探索和改革创新对于指导水利实践和完善水资源管理制度起到了积极作用，水利部也相继出台了水量分配、水权交易等相关法律法规和指导性意见。

《水量分配暂行办法》中规定："为满足未来发展用水需求和国家重大发展战略用水需求，根据流域或者行政区域的水资源条件，水量分配方案制定机关可以与有关行政区域人民政府协商预留一定的水量份额。预留水量的管理权限，由水量分配方案批准机关决定。"《水利部关于印发水权制度建设框架的通知》中明确指出："各地在进行水权分配时要留有余地，考虑救灾、医疗、公共安全以及其他突发事件的用水要求和地区经济社会发展的潜在要求。"

国务院颁布的《取水许可和水资源费征收管理条例》，提出在取水权的分配时应考虑留有余地的原则：取水审批机关依照本地区下一年度取水计划、取水单位或者个人提出的下一年度取水计划建议，按照统筹协调、综合平衡、留有余地的原则，向取水单位或者个人下达下一年度取水计划。

广东省水利厅印发了《关于进一步加强珠江三角洲城市群应急备用水源建设的通知》，要求珠江三角洲各市制定应急备用水源保障规划，这可为全省的重点工程建设储备一定的水权。

《广东省水权交易管理试行办法》第九条规定：县级以上人民政府可以依法转让本行政区域尚未使用的用水总量控制指标，包括未分配的水量以及用财政资金建设的节水工程节约的水量等。该条款说明了广东省县级以上人民政府在初始水权分配时不仅可以储备储备水权，而且储备的储备水权可以用于交易。

以上法律法规既对政府储备水量提出了具体的实施要求，也为政府储备水量的划分确定提供了政策引导，为政府储备水量的实施提供了制度保障和实施平台。

2. 实践层面的可行性

进入21世纪以来，随着我国第二次水资源综合规划的开展、最严格水资源管理制度用水总量控制指标的分配，以及国家2014年以来正在开展的水权试点工作，我国许多流域或区域陆续开展了初始水权分配工作，部分省市相继开展了初始水权确权登记工作。在初始水权分配的过程中，众多流域和区域政府基于未来发展的需求、非常规状态下的应急需求和倒逼社会节水等因素考虑，探索性地预留了政府储备水权，例如：塔河流域、石羊河流域、大凌河流域、晋江流域、抚河流域、辽宁省、吉林省、浙江省、福建省、江西省、山东省、河南省、湖北省、湖南省、四川省等。

上述初始水权分配实践案例表明，我国众多流域管理机构和省级人民政府在分配初始水权时，都会考虑预留一定量的政府储备水权，以保障后续发展和应急所需。同时，除了流域和省级人民政府在初始水权分配时考虑了储备水权以外，我国众多地市级人民政府在分配所辖县（区）级区域初始水权时，也考虑了政府储备水权。而且，通过实践表明，政府储备水权不仅为保障各区域可持续发展起到了重要作用，而且也很大程度上倒逼了社会用水理念和用水方式转变，从而促进了社会节水和用水效率提高。因此，政府储备水权的方法是我国各级政府和水资源管理机构采用的常规手段，通过“十二五”期间的实践检验，是符合我国当前水资源管理的有效模式，具有很强的可行性。

广东省是一个典型的南方丰水地区，由于水资源相对丰沛的自然条件也造就了社会各界用水相对粗放的传统习惯，为了合理控制全省用水总量，切实提高用水效率，减少污水排放量，根据国务院办公厅印发的《实行最严格水资源管理制度考核办法》要求，广东省人民政府相继颁布了《广东省实行最严格水资源管理制度考核暂行办法》和《广东省实行最严格水资源管理制度考核办法》，明确了广东省分配给21个地级市的用水总量控制指标，到2030年广东全省年用水总量控制在450.18亿立方米以内，为了考虑全省未来的发展用水需求和珠江三角洲水资源配置工程等重大工程建设，省政府通过对全省农业灌区实行节水改造，将节约后的用水指标纳入到了全省储备水量范畴，用于保障类似于珠江三角洲水资源配置工程等重大项目需水。

（三）深圳市申请省级储备水权有偿配置的合理性分析

储备水权作为一种战略性发展用水的配置方式，需要打破传统的水资源无偿分配的模式，储备水权的动用需要综合考虑全省经济社会可持续发展和水资源优化配置的需求。因此，储备水权有偿配置具有一定的竞争性，应该以用水总量控制、用水效率控制和水污染控制为导向，需要对受水区的用水水平和用水需求提出更为严格的要求，即受水区需要满足一定的门槛条件。

在对深圳市经济社会发展现状和发展预期、产业结构调整优化、节水型社会建设情况和成效、最严格水资源管理制度落实情况、水资源管理情况、水环境治理、生态文明城市建设试点等方面资料进行收集、整理，分析深圳市申请省级储备水权有权配置的合理性。深圳市经济社会发展和用水需求，以及水资源管理现状情况汇总见表 3–1。

从经济社会发展水平来看，深圳市的经济总量大、人口基数多，目前人口密度为 5963 人 / 平方公里，属于全国人口密度最大的城市，其未来产业结构调整和经济社会的进一步发展对水资源的需求十分旺盛，在积极开展节水型社会建设和充分挖掘自身节水潜力的前提下，深圳市通过市场手段申请省级储备水权满足未来发展的用水需求，符合水利产业发展和国家发展规划的要求，也符合可持续发展的要求。

从落实最严格水资源管理制度的情况来看，深圳市能够较好地完成省级下达任务，用水效率在全国处于领先水平。然而，由于深圳开发建设强度大、人口高度密集、产业高速发展，造成水污染负荷重，而全市大小河流的雨源性特点突出，自净纳污能力极其有限，导致现状水功能区水质达标率不容乐观，但深圳市近年来始终把治水工作摆在经济社会发展全局的战略位置，加快推动治水与治城深度融合，污染防治力度不断加大，逐渐消除长期以来工业城市长期快速发展所带来的水污染问题，不可否认的是近年来深圳市的水环境治理工作已经取得了一定成效，主要水功能区的水质不断改善，未来的水功能区水质改善有一定的保障。

从水资源管理情况来看，深圳市在用水总量控制管理、用水效率控制管理、水功能区管理和水环境治理方面都出台了相应的工程和管理措施，尤其在节约用水等方面的措施到位，也取得了很好的成效和经验。同时，还不断加强污水治理力度，充分利用市区治水提质指挥部、深莞茅洲河全流域综合整治领导小组、海绵城市建设工作领导小组等平台抓手，高位推动工作，2016 年辖区内的污水处理率达到了 96.72%，这对于改善水功能区水质起到了强有力的保障作用。

此外，深圳市被列入了全国节水型社会建设试点城市，多个辖区也列入了国家生态文明城市建设试点地区，也是全省为数不多的同时开展了节水型社会建设和生态文明建设试点的城市。通过节水型社会城市建设，深圳市在节水方面取得了显著成效，地区人均综合用水、万元 GDP 用水和万元工业增加值用水水平一直稳居全省第一，在全国处于领先地位。通过生态文明城市建设，深圳市不断加快推进水环境整治力度，境内主要河流水质继续保持逐年改善趋势，“十三五”期间将投入超过 800 亿治理水环境，全力打好治水提质攻坚战。

由此可知，深圳市的社会经济发展动力强劲、未来发展用水需求旺盛、水资源管理措施到位、生态文明城市和节水型社会建设成效显著、水资源利用效率处于全国领先水平，在充分挖潜自身节水潜力的前提下，通过市场手段申请省政府储备水权有偿配置是合理的，符合储备水权竞争性配置条件和全省水资源优化配置的要求。同时，通过储备水权的有偿配置模式，有利于进一步提高深圳市各界对水资源价值的认识和节水意识。

表 12–5　深圳市经济社会用水需求及水资源管理成效

项目	分项	基本情况	总体评价
经济社会发展及发展用水需求	地区生产总值	2015 年地区生产总值达到 1.75 万亿元，全省排名第二。	经济总量大，经济发达。
	人口规模	2015 年地区常住人口达到 1137.89 万人，全省排名第二。人口密度达 5963 人 / 平方公里，全国排名第一。	人口基数和密度大，社会发展动力强。
	发展用水需求	考虑节水情况下，到 2030 年用水总量控制指标缺口 2.54 亿立方米，区域未来发展用水需求量大。	未来发展用水需求量大。

续表

项目	分项	基本情况	总体评价
最严格水资源管理制度落实情况	用水总量控制	2015年用水总量为19.90亿立方米，大于省政府规定的19.00亿立方米要求。 2016年用水总量为19.93亿立方米，小于省政府规定的21.13亿立方米要求。 非常规水资源开发利用率高。	2015年用水总量超控制要求，需求旺盛，2016年用水总量符合要求。
	用水效率	2015年人均综合用水量仅为180方，为全省平均量的41%；万元GDP用水量仅11立方米，为全省平均量的18%；万元工业增加值用水量为8立方米，为全省平均量的22%，用水效率全省排名第一，全国领先，用水效率非常高。工业用水重复利用率为100%；城镇供水管网漏损率为12.32%，再生水利用率达75%。	符合要求，用水效率非常高。
	水功能区纳污	2016年水功能区水质达标率为63.6%，小于省政府72%的要求；城镇供水水源地水质达标率100%，满足省政府95.6%的要求。	区域污染负荷大、本底差，水功能区水质改善有待加强，但水环境治理效果逐渐显现。
水资源管理情况	用水控制管理	颁布实施了《深圳经济特区水资源管理条例》、《深圳市水量平衡测试实施办法》、《深圳市计划用水办法》、《深圳市建设项目用水节水管理办法》、《深圳市节约用水奖励办法》和《深圳市再生水利用管理办法》，严格取水许可日常监督管理，定期开展取水户日常监督检查，近5年来用水总量保持基本稳定趋势。	管理措施到位。
	用水效率管理	严格执行用水定额管理，建立起“三同时”制度，开展了重点用水户水平衡测试工作。按照《深圳市计划用水办法》，计划用水工作全面铺开。2016年对13.7万户取水户实行计划用水管理，基本涵盖了全部使用公共管网供水的单位用户。	管理措施到位，效果好。

续表

项目	分项	基本情况	总体评价
水资源管理情况	水功能区管理	完成了水功能区划编制和确界立碑工作，制定年度水功能区监测方案，核定了水功能区纳污能力，编制了《深圳市饮用水源地现状调查及水质安全策略研究》，提出了重要饮用水水源地安全达标实施方案，按照水功能区管理办法的要求，开展水功能区分类监管、监测监督、通报执法等工作，水功能区监测覆盖率及水功能区水质达标率逐年提高。	规划管理体系逐步完善，水功能区管理水平逐步提升。
	水环境管理	治水体制机制进一步完善，污水处理厂提标建设加快，城市污水处理率提升到96.72%；推进一批河流完成综合整治，大力提升河流水环境质量；制定“一河一策”治理方案，落实“一区一示范”治理目标，加强黑臭水体治理力度。“十二五”前四年累计投入128.4亿元用于水污染治理“十三五”期间将投入超过800亿治理水环境，全力打好治水提质攻坚战，到2020年使跨界河流交接断面水质达到考核要求。	水环境治理工作是深圳市治水的重点，摆在经济社会发展全局的战略位置，力度不断加强，投入力度大，有利于水功能区水质改善。
节水型社会建设	建设情况	被水利部确定为全国第二批节水型社会建设试点市。制定了《深圳市节水型社会建设规划》，坚持产业发展节水导向，各部门齐抓共管，完善节水法规建设，积极开展节水宣传，完善奖励激励机制，建立节水市场调节机制，加大公共供水管网改造力度，充分开发利用非常规水资源。	列入水利部节水型社会建设试点，各项措施完备。
节水型社会建设	建设成效	在水利部组织的节水型社会试点建设中期评估中，深圳市在珠江流域四个城市中排名第一，同时成为全国30个节水型社会建设试点城市中四个获得优秀成绩的城市之一，2011年深圳市被授予“国家节水型城市”光荣称号。	投入力度大，节水成效显著，圆满完成预期的工作任务和指标。

续表

项目	分项	基本情况	总体评价
生态文明建设	建设情况	印发实施《深圳生态市建设规划》《关于加强环境保护建设生态市的决定》，确定了“生态立市”城市发展战略；率先出台了《深圳生态文明建设行动纲领（2008—2010）》和九个配套文件及生态文明建设系列工程，指导全市生态文明建设；出台《关于推进生态文明、建设美丽深圳的决定》和实施方案，明确了深圳市建设国家生态文明建设示范市、美丽中国典范城市的奋斗目标。	列入水利部水生态文明建设试点。
	建设成效	全市建成区绿化覆盖率达45.1％，人均公园绿地面积达16.91平方米，已建成国家生态区4个，国家级生态示范区1个，国家生态旅游示范区2个，深圳市生态街道49个，深圳市宜居社区497个。22个项目获评广东省宜居环境范例奖，4个项目获评中国人居环境范例奖。	成效显著，有利于水功能区水质改善。

资料来源：根据深圳市统计局网站公布整理而得。

四、深圳市储备水权有偿购置需求量分析

（一）省级储备水权有偿配置量分析

根据《珠江三角洲水资源配置工程水资源论证报告书》需水预测成果和前述深圳市未来用水需求分析，深圳市2030年所需用水总量指标为24.83亿立方米/年。考虑城市生态环境用水可以用非常规水源用水来供给（非常规用水利用量为1.16亿立方米），实际所需的用水总量指标为23.67亿立方米。根据《广东省实行最严格水资源管理制度考核办法》，分配至2016—2030年用水总量控制目标为21.13亿立方米/年，则深圳市至2030年有2.54亿立方米水量缺口。

因此，为了解决深圳市未来发展的合理用水需求，优化配置珠江三角洲水资源，同时考虑到国家实行最严格水资源管理制度用水总量控制指标下达的时限因素，广东省省级储备水权有偿配置至深圳市的水量指标为2.54亿立方米/年，并通过珠江三角洲水资源配置工程供水满足深圳市的用水需求。

（二）储备水权有偿配置期限

为了确保水权的稳定性和可预期性，应赋予水权明确的期限，水资源有偿使用原则也决定了水权交易必须确定合理的期限。《水利部关于水权转让的若干意见》中提到："水行政主管部门或流域管理机构要根据水资源管理和配置的要求，综合考虑与水权转让相关的水利工程使用年限和需水项目的使用年限，兼顾供求双方利益，对水权转让的年限提出要求，并依据取水许可管理的有关规定，进行审查复核。"综合与水权转让相关的水利工程使用年限、需水项目的使用年限两个因素，结合国内外的实践经验及广东省的省情和水情，将广东省的水权转让期限分为短期、中长期和长期。其中，短期水权交易指转让期限在一年内的水权流转，多为水权主体应对突发性的水资源需求超过供水而引致的水权转让；中长期水权转让指转让期限在1—10年内的水权交易，适用于企业用水户之间、政府与企业之间的水权交易；长期水权转让指转让期限在10年以上的水权交易。

根据《广东省水权交易管理试行办法》规定，水权交易包括水量指标的交易和取水权的交易，由于水量指标交易往往需要兴建取水设施（本次珠江三角洲水资源配置工程属于该类型），工程投入较大，期限太短会造成交易成本过高，影响到受让方的承受能力，从而失去交易意愿；而且，由于这类大型水资源配置工程直接保障区域未来发展的社会经济用水需求，水权交易的期限过短还会滋生一系列社会不稳定性风险，对保护受让方的权益不利。但由于我国用水总量控制指标目前属于阶段性分配的成果，受到政策和环境因素的影响较大，太长的交易年限也会面临不稳定性风险，从而造成市场失灵。一般情况下，取水权的交易期限不得超越转让方取水许可证规定的剩余期限或区域分水方案的水量分配指标，交易后纳入取水许可管理，受让方在交易期限届满后，需要根据受让方的需求情况和转让方的意愿进行交易延续。

根据《广东省水权交易管理试行办法》规定，因建设重大水资源配置工程、城乡居民生活公共供水工程等需要进行水量指标交易的，其交易期限经省人民政府批准后确定。因此，水权交易期限要综合考虑供水主体工程的使用年限和更新改造的年限，以及用水指标分配的阶段年限和政策、环境等因素影响，兼顾水权交易双方的利益。

根据《珠三角水资源配置工程可行性研究报告》，本工程主要为珠江三角洲的广州市南沙区、东莞市和深圳市居民及工业提供优质原水，供水对象属于特别重要类型。工程等别为Ⅰ等，工程规模为大（1）型，工程建设期 5 年，至 2040 年达到最终规模，正常运行期考虑机电设备更新和工程折旧等因素后取 50 年。但根据《国务院关于实行最严格水资源管理制度的意见》以及《广东省实行最严格水资源管理制度考核办法》的规定，目前我国对用水总量控制指标的分解期限仅为 2030 年，2030 年以后广东省的用水总量控制指标尚未明确，需要根据国家后续政策进行调整。

因此，考虑到珠三角水资源配置工程在使用年限内的效用稳定性和国家对 2030 年之后水资源配置的不确定性，本次珠三角水资源配置工程有偿配置给深圳市的水权期限采用静态与动态两种形式相结合的方式进行合理确定。静态期限应该根据珠三角水资源配置工程的特点，并结合区域未来用水的需求确定，保障供水工程在运行期有相对稳定的水权指标，也保障工程受水区未来的合理用水；动态期限应该根据国家和广东省实行最严格水资源管理制度的相关要求，对静态期限内的水权进行动态调整，尤其是需要对水权价格和水权数量进行阶段性动态调控。

根据以上动、静结合的原则，本次珠三角水资源配置工程广东省政府配置给深圳市的储备水权期限如下：（1）静态期限：建议按照工程使用年限确定，即静态期限为 50 年，这也是珠三角水资源配置工程广东省省级储备水权有偿配置至深圳市的总期限。（2）动态期限：按照最严格水资源管理制度和工程供水能力分阶段确定，第一阶段期限到 2030 年，第二阶段到 2040 年，第三阶段为 2040 年至珠三角水资源配置工程运行期满，总期限为 50 年。

（三）储备水权有偿配置价格

水权交易价格与水价的确定有着本质的区别，水价的确定主要是考虑补偿水资源开发利用过程的全部机会成本，对于调水工程来说，水价中工程成本价格占了水价绝大部分的额度；而水权交易价格的确定主要是考虑补偿水权指标获得的全部成本和指标转移后所带来的负外部性影响，以维持储备水权与用水总量控制指标的持续平衡。

水权交易价格中的资源价格部分主要包括补偿水权指标获得的机会成本，资源价格是水资源的"稀缺租"，是水权在经济上的表现形式。随着用水量的增加和水资源稀缺程度的提高，资源价格要不断提高，以反映资源增加的"稀缺租"。补偿水权指标转移后所带来的负外部性影响的价格，主要包括水权交易价格中的环境价格部分。体现由于水量转移，导致水源地环境自净能力下降以及治污费用的增加，环境水价也要提高，这些都是合理制定水权价格的客观依据。

水权的价格可以从储备水权指标获取的来源（如政府预留、市场回购、政府投资节水后回收等），进行无偿或有偿配置，或者以有偿与无偿相结合的方式进行配置。

本次最终的水权配置价格应根据储备水权的配置模式，由交易双方协商确定。

五、新增用水影响分析

（一）对用水总量控制的影响分析

根据前述需水预测结果，到2030年深圳市多年平均年需水量为24.83亿立方米，考虑城市生态环境用水可以用非常规水源供给利用量为1.16亿立方米，实际所需的用水总量指标为23.67亿立方米，对比深圳市2030年用水总量控制指标21.13亿立方米的上限，深圳市到2030年尚缺用水总量控制指标2.54亿立方米。2030年广东省用水总量储备了4.06亿立方米的储备水权，根据《广东省人民政府办公厅关于珠江三角洲水资源配置工程用水总量控制指标的复函》，对于深圳市和东莞市2030年用水总量控制指标缺口，省人民政府同意从省储备的调剂水量中安排解决。同时，考虑到全省用水总量控制指标分配的合理性和公平性，根据《广东省水权交易管理试行办法》第六条规定“用水总量已经达到该行政区域用水总量控制指标的地区，应当采取水权交易方式解决建设项目新增取水”，因此，需要在不突破广东省用水总量控制指标的前提下，通过水权交易方式（有偿配置）解决珠江三角洲水资源配置工程深圳市和东莞市 2030 年用水总量控制指标缺口（两市合计 2.96 亿立方米）。

由此可知，广东省人民政府已经明确从省级储备水权指标中通过有偿配置的方式解决深圳市 2030 年的用水总量控制指标缺口问题，省级储备水权有偿配置深圳市和东莞市之后，省级储备水权还剩余 1.1 亿立方米的指标可供省内其他重大水利工程利用。因此，本次深圳市关于珠江三角洲水资源配置工程申请的省级储备水权有偿配置后，不会突破全省的用水总量控制要求，取水符合国家水利产业政策要求，符合国家发展规划，符合流域及区域水资源利用规划，本次水权配置不影响区域和全省用水总量控制目标。

（二）对用水效率控制的影响分析

根据《珠江三角洲水资源配置工程水资源论证报告书》的论证成果，深圳市为《城市给水工程规划规范》划定的一区中特大城市（>100 万人），深圳市 2030 年的城市单位人口综合用水量指标为 0.67 立方米 / 人 · 日，2040 年的城市单位人口综合用水量指标为 0.66 立方米 / 人 · 日，显著低于《城市给水工程规划规范》要求的定额标准。2015 年人均综合用水量为 180 立方米，仅为全省平均量的 44%，在全省名列第一；万元 GDP 用水量 11 立方米，在全国排名第一，说明深圳市综合用水效率极高。

2015 年，深圳市的城镇生活实际用水定额为 172L/ 人 · 日，深圳市为经济发达地区，城镇化率高，人民生活水平相对较高，未来考虑进一步提高生活质量，需水预测设计水平年采用的城市居民生活用水净定额为 195L/ 人 · 天，水利用系数从现状的 0.76—0.81 提升至 0.87—0.90，符合《广东省用水定额(DB 44/T1461—2014)》标准，定额比较适中，因此设计水平年受水区生活用水量是合理的。

2015 年深圳市的万元工业增加值用水量仅为 8 立方米 / 万元，明显优于全省平均水平（2015 年为 37 立方米 / 万元），其工业用水效率已处于国内外领先水平。未来深圳市的工业用水效率将进一步提高，未来深圳市用水定额将进一步降低，2014—2020年降低20%，2020—2030年降低20%，2030—2040年降低20%，远期2040年预测可到达3.2立方米/万元，工业水利用系数为0.87—0.90，工业用水指标符合社会经济发展及节水型社会建设的要求，故工业用水量是合理的。

2015年深圳市的第三产业用水指标仅为5立方米/万元，节水水平较高。未来考虑在现状用水定额基础上适当降低，到2040年可分别到达1.9立方米/万元的用水效率。2015年深圳市的建筑业用水指标为12.3立方米/万元，未来考虑地区用水在现状用水定额基础上适当降低，到2040年可到达4.80立方米/万元的用水效率。设计水平年建筑业与第三产业的水利用系数从现状的0.76—0.81提升至0.87—0.90。用水效率达到较高水平，深圳市的建筑业及第三产业的用水是合理的。

通过上述分析可知，深圳市的工业、建筑业及第三产业在现状节水水平已较高的基础上，至2040年用水指标逐步下降，达到更高的用水水平，符合节水型社会建设要求，生活用水也符合用水定额要求，区域用水是合理的，本次水权配置不影响区域及全省用水效率控制目标。

（三）对受水区水功能区限制纳污影响分析

退水的废水排放量、污染物排放量与用水性质有关，一般生活用水的污水排放量和工业用水的废水的排放系数约为0.8。本次省级储备水权配置至深圳市的用水总量控制指标为2.54亿立方米，相应的退水量为2.032亿立方米/年。

珠江三角洲水资源配置工程主要为广州南沙、深圳和东莞市提供生活和工业用水，其中生活用水污水排放的主要污染物为COD、BOD5、NH_3-N，平均浓度分别为250mg/L、125mg/L、30mg/L。工业退水将要求实现达标排放，生活、建筑、第三产业等生活综合退水主要由污水处理厂收集后集中处理。接纳污水的各污水处理厂的进厂废污水处理出水水质执行国家《污水综合排放标准》（GB8978—1996）、《城镇污水处理厂污染物排放标准》（GB18918—2002）、《广东省水污染物排放限值》（DB4426—2001）标准以及BOT协议规定的出水水质标准中的较严者，处理后主要污染物排放浓度为：COD $\leq$ 50mg/L、NH_3-

N ≤ 15mg/L。由此可计算出，本次水权配置后，深圳市将增加 COD 排放量 10160 吨 / 年，氨氮排放量 3048 吨 / 年。

根据需水预测的结果，结合城镇生活污水排放浓度一级 A 标准，规划水平年 2030 年深圳市生活污水中 COD 排放量为 74500 吨 / 年，氨氮排放量分为 22350 吨 / 年；规划水平年 2040 年深圳市生活污水中 COD 排放量为 79650 吨 / 年，氨氮排放量为 23895 吨 / 年。

近年来，深圳治理河流污染力度逐年加大，截至目前，深圳市投入商业运营的污水处理厂 32 座，设计处理能力 519.5 万吨 / 日。根据《深圳市环境保护规划纲要（2007—2020 年）》，深圳市 2020 年全市生活污水收集率及集中处理率均达 100%；到 2020 年，污水处理厂总规模达到 738 万立方米 / 日。

因此，从深圳市需水预测需水量和污水处理能力规划来看，深圳市在 2020 年的污水处理能力均能够满足区域污水处理的需求。

第十三章　南方流域跨界水资源管理创新——长江上游模式

跨界水资源管理是南方流域水权制度建设的关键内容和重要特色，南方流域水资源丰富、水系复杂、跨界断面较多，断面水量监测和水质保护是水权管理面临的重大任务，是水权制度建设的重要挑战。断面水质超标资金扣缴制度是在南方流域特别是长江上游地区广泛实施的一项重要环境经济政策，目的在于“强化地方政府环境保护责任，将经济手段用于环境监管，激发各级人民政府治理水环境污染的内在动力，促进污染物总量减排和水环境质量持续改善”。在党的十八大及党的十八届三中全会后，生态文明被放在突出地位，环境保护作为生态文明建设的主阵地，环境管理要实现从总量控制向质量控制转型。跨界断面水质超标资金扣缴制度以水环境质量为核心考量，可以在此过程中发挥更加重要的作用。

为从水权管理视角推进跨界断面水量监测和水质管理体系优化，有必要开展对跨界断面资金扣缴制度的跟踪评价。环境政策评估是依据一定的标准和程序，对环境政策的效益、效率、效果及价值进行调研与评估。环境政策评估是检验环境政策的效益、效率和效果的基本途径，是决定环境政策修正、调整、继续或中止的重要依据，是合理配置环境政策资源的科学基础，是实现环境政策科学化、民主化的必由之路。

一、国内跨界断面水资源管理及水质监测政策模式分析

（一）政策总体情况

课题组搜集到 1 个跨省、9 个省内跨市州和 1 个市内跨区县的跨界断面资

金扣缴(补偿）实践，分别为浙江—安徽(新安江)、浙江、陕西、辽宁、山东、河南、河北、山西、江苏、贵州和长沙市。具体内容见表 13–1。

表 13–1　国内扣缴政策概况

地区	法律法规及规范性文件
浙江	1.《关于印发浙江省跨行政区域河流交接断面水质保护管理考核办法的通知》；2.《浙江省跨行政区域河流交接断面水质保护管理考核办法（试行）》；3.《浙江省跨行政区域河流交接断面水质监测和保护办法》；4.《浙江省生态环保财力转移支付试行办法》（2008）；5.《浙江省水功能区、水环境功能区划分方案》。
陕西	《陕西省渭河流域水污染补偿实施方案（试行）》。
辽宁	1.《辽宁省跨行政区域河流出市断面水质目标考核暂行办法》；2.《关于印发辽宁省跨行政区域河流出市断面水质超标补偿专项资金管理办法的通知》。
山东	1.《小清河流域上下游协议生态补偿暂行办法》；2.《大汶河流域上下游协议生态补偿试点办法》（2008）；3.《山东省行政辖区跨界断面水质目标考核奖惩办法》。
河南	1.《关于河南省水环境生态补偿暂行办法的补充通知》；2.《河南省水环境生态补偿暂行办法》；3.《河南省海河流域水环境生态补偿办法》（2009）；4.《河南省沙颍河流域水环境生态补偿和奖励资金管理暂行办法》；5.《河南省沙颍河流域水环境生态补偿暂行办法》。
河北	1.《关于在子牙河水系主要河流实行跨市断面水质目标责任考核并试行扣缴生态补偿金政策的通知》；2.《关于实行跨界断面水质目标责任考核的通知》；3.《河北省生态补偿资金管理办法》；4.《关于进一步加强跨界断面水质目标责任考核的通知》；5.《关于修订市考核断面水质目标的通知》。
山西	1.《关于实行地表水跨界断面水质考核生态补偿机制的通知》；2.《关于调整地表水跨界考核断面的通知》；3.《关于优化部分地表水跨界断面水质考核生态补偿机制监测点位的通知》；4.《关于完善地表水跨界断面水质考核生态补偿机制的通知》；5.《关于完善地表水跨界断面水质考核生态补偿机制的通知》；6.《山西省地表水跨界断面水质考核生态补偿专项资金管理办法》。
江苏	1.《江苏省环境资源区域补偿办法（试行）》；2.《江苏省太湖流域环境资源区域补偿试点方案》；3.《江苏省太湖流域环境资源区域补偿资金使用管理办法（试行）》。
贵州	《贵州省清水江流域水污染补偿办法（试行）》。
安徽—浙江（新安江）	《关于启动新安江流域水环境补偿试点工作的函》《新安江流域水环境补偿试点实施方案》《安徽省新安江流域生态环境补偿资金管理（暂行）办法》《关于进一步加快推进新安江流域生态补偿机制试点工作的意见》。
长沙市	《长沙市境内河流生态补偿办法（试行）》。

资料来源：各地政府官方网站。

1. 关于国内扣缴政策名称

国内扣缴政策的名称并无统一，7 个地区名称被冠以“补偿”两字，其中又分“生态补偿”“污染补偿”“环境补偿”“环境资源补偿”等；3 个地区名称被冠以“水质考核”，山西则称为“水质考核生态补偿”。（见表 13–2）

表 13–2　国内扣缴政策名称情况表

名称		地区
补偿	生态补偿	山东、长沙
	污染补偿	陕西、贵州
	环境补偿	河南、安徽—浙江（新安江）
	环境资源补偿	江苏
水质考核		浙江、辽宁、河北
水质考核生态补偿		山西

资料来源：各地政府官方网站。

名称的差异，反映出各地对该政策的理解及价值取向的差异，“补偿”主要体现为上下游流域之间的权利义务关系，而“水质考核”则体现为上下级政府之间的权利义务关系；同时，“补偿”作为一项典型的环境经济政策，有着特有的内涵与边界，虽然在各地称呼不一，大家对“补偿”的认识还没有达成高度一致；而“水质考核”则仅是一种手段，设定的目标不同，方式与方法也不同。

2. 关于国内扣缴政策的修改完善

据公开资料显示，在国内扣缴政策执行过程中，有 6 个省在政策原有基础上对政策进行了修改完善，分别为浙江、河南、河北、山西、辽宁、陕西。（见表 13–3）

表 13-3　部分地区政策修改完善一览表

地区	时间间隔	主要内容
浙江	4 年	1. 对考核等级的判定做了修改；2. 对出入境水质污染物平均浓度的计算做了修改；3. 对出入境水量的计算做了特殊规定；4. 规定了出境水通过污水管网直接进入下游情形的处理。
河南	1 年	1. 先在沙颍河、海河流域试点，后扩大到长江、黄河、淮河和黄河四大流域 18 个省辖市；2. 增加了水行政主管部门职责；3. 扣缴标准由超标浓度变为超标污染物通量；4. 融入水源地生态补偿；5. 增加总磷指标；6. 补偿标准改为阶梯性；7. 将生态补偿资金用途修改为全部用于“同流域内”上下游生态补偿；8. 修改了奖励条款。
河北	1 年和 3 年	1. 先在子牙河试点，后扩大到全省七大水系主要河流；2. 指标由 COD 变成了 COD 和氨氮；3. 由人工监测转变为自动在线监测和人工监测并存；4. 扣缴标准更加严格；5. 增加了对恶意或非法行为导致超标行为的惩治规定；6. 对水质目标表做了修改。
山西	小于 1 年	1. 调整增设了部分断面；2. 对部分监测点位进行了优化；3. 考核范围由跨市界变为跨市（省）界和县（区、市）界；4. 考核指标由 COD 变为 COD 和氨氮；5. 由人工监测转变为人工监测为主，符合条件的可采用自动监测数据；6. 考核标准由超标浓度变为超标倍数；7. 对减免扣缴金额做了规定；8. 对人为干扰水质情形的处理做了规定；9. 降低了奖励幅度；10. 规定对监测数据异议的复查复测；11. 规定对监测中异常数据的预警；12. 修改了资金扣缴标准；13. 又对奖励条款做了调整；14. 对资金用途做了明确规定；15. 将 22 个扩权县纳入考核；16. 增加为 88 个断面。
辽宁	1 年	1. 增加绥中县考核断面；2. 增加氨氮考核指标；3. 分设枯水期和非枯水期两个目标；4. 增加昌图县跨界断面、支流河入河口断面及非跨界干流断面；5. 考核指标调整为 21 项指标。
陕西	1 年	1. 增加氨氮指标；2. 将主要跨市界污染支流小韦河、新河纳入考核范围；3. 提高补偿金缴纳标准；4. 将考核时段分为枯水期和丰水期；5. 将西安市皂河、渭南市尤河纳入考核范围；6. 明确环保、财政协商确定调整，报省政府备案即可。

注：由于资料有限，辽宁、陕西省具体修改内容暂没有找到，其后的分析仍按照原有政策文本分析，资料来源于各地政府官方网站。

政策修改完善大致包括三个方面，第一，在前期试点基础上扩大试点范围；第二，根据水环境质量及目标的实际状况，对政策的宽严程度做了调整；第三，根据政策执行过程中出现的问题，对政策的具体内容进一步进行了完善。

（二）政策覆盖范围

1. 覆盖范围

就覆盖流域而言，大部分地区选择该政策覆盖在辖区范围内各流域，其中河北和河南先期在部分流域试点基础上把该政策覆盖在辖区内各流域，有少部分地区把该政策覆盖在某典型流域。

就覆盖行政区域而言，以省级层面资金扣缴政策为例，大部分地区把范围定位于跨设区市交接断面，河北和浙江则选择在跨设区市和区县都予以覆盖。

表 13-4　国内扣缴政策覆盖范围情况表

地区	覆盖范围
浙江	全省跨市、县（市）河流的交接断面（包括省界和入海断面）。
陕西	渭河干流流域内的西安市、宝鸡市、咸阳市、渭南市地表水。
辽宁	全省跨省辖市出界断面。
山东	大汶河流域（协议补偿）、小清河流域（协议补偿）、全省（行政考核）。
河南	河南省行政区域内长江、淮河、黄河和海河四大流域 18 个省辖市的地表水水环境（先期在海河、沙颍河试点）。
河北	全省主要河流跨界断面的市、县（先期在子牙河试点）。
山西	各设区市行政区域内主要河流的出市界水质考核断面（含国家考核的出省界水质断面）。
江苏	1. 试点期间在太湖流域部分河流断面试行，试点结束在太湖流域及其他流域推行。2. 跨设区市交接断面。
贵州	清水江流域跨市州断面。
安徽—浙江	新安江跨省流域。
长沙	浏阳河、捞刀河、沩水河、靳江河等跨行政区域河流。

资料来源：各地政府官方网站。

2. 政策目标分析

表 13-5　国内扣缴政策目标情况表

地区	政策目标
浙江	落实各级政府对辖区环境质量负责的法定职责，严格实行跨行政区域河流交接断面（以下简称交接断面）水质保护管理考核，促进水环境综合治理和水环境质量改善，实现流域经济社会与环境的协调发展。
陕西	落实我省行政区域内环境质量责任制，进一步改善渭河流域水环境质量。
辽宁	落实各级人民政府对辖区环境质量负责的法定职责，加强跨行政区域河流出市断面水质保护管理。
河南	进一步推动河南省水污染防治工作，保护和改善水环境，促进经济社会全面协调可持续发展。
河北	进一步改善我省水环境质量。
山西	促进我省水环境质量持续改善。
江苏	推行环境资源区域补偿制度，落实地方各级人民政府对本行政区域环境质量负责的职责，加强跨行政区域河流交接断面水质保护。
贵州	督促地方人民政府履行水污染防治职责，改善清水江流域水环境质量。
安徽—浙江	保护和改善新安江水质。
长沙	推进环境友好型、资源节约型社会建设，加强我市境内河流水环境质量的保护。

资料来源：各地政府官方网站。

一般认为，政策目标分为总目标、环节目标和行动目标。总目标为政策的最终目标，通常很难直接控制，因此最终目标要分解为环节目标和行动目标。环节目标是最终目标的一级分解。行动目标是环节目标的分解，指为实现环节目标所制定的行动方案的目标，该目标是可控的。借用此分析框架，对表 13-6 进行再整理分析，可得到表 13-4 所述的跨界断面资金扣缴政策层层递进的目标体系。

表 13-6　国内扣缴政策目标体系情况表

类别	目标	地区
总目标	流域经济社会与环境协调发展	浙江、河南
	改善水环境质量	陕西、河北、山西、贵州、安徽、浙江
	加强水质保护	辽宁、江苏、长沙

续表

类别	目标	地区
环节目标	改善水环境质量	浙江、河南
	落实地方政府环境质量责任	陕西、辽宁、江苏、贵州
	推进两型社会建设	长沙
行动目标	落实地方政府环境质量责任	浙江
	推进水污染防治工作	河南
	推行环境资源区域补偿制度	江苏

资料来源：各地政府官方网站。

由于各地认识有差别，政策制定的规范性水平不同，各地设计的政策目标体系并不一致，有些地区的政策目标就一个方面，没有对总目标、环节目标和行动目标做区分。但从总体上看，可以分析出一个层层递进的目标体系，即该政策首要目标是落实地方政府环境质量责任，在此基础上促进地方政府加强对水质的保护，实现水环境质量改善，最终达到流域经济社会与环境协调发展。

为达到各环节目标实现，必须配套必要的手段和机制，同时，各目标之间虽层层递进，后一目标的实现以前一目标的实现为前提，但前一目标的实现，并不会造成后一目标水到渠成实现。在政策目标体系中，前一目标要为后一目标服务。基于目标体系的整体性，各目标之间配套的手段和机制也要从整体考虑，这应成为判定手段和机制是否合理、有效的重要依据。

3. 政策手段分析

（1）考核指标。各地区主要考核指标为 COD（或高锰酸盐指数）和氨氮，5 个地区的考核指标和总量减排的考核指标一致，4 个地区把总磷纳入考核，分别有 1 个地区把总氮和氟化物纳入考核。6 个地区考核的指标数量为 2 个，3 个地区考核了 3 个指标，1 个地区考核了 4 个指标，辽宁考核指标为 21 个。另外，有 3 个地区规定根据需要增加考核指标。

表 13-7 国内扣缴政策考核指标

试点省市	考核指标	备注
浙江	高锰酸盐指数、氨氮、总磷	省环境保护行政主管部门可根据需要增加相应特征污染物指标。
陕西	COD、氨氮	
辽宁	21 项指标	“十一五”期间为 COD（感潮断面为高锰酸盐指数），“十二五”增加氨氮，后又增加为 21 项指标。
山东	高锰酸盐指数（或 COD）、氨氮	
河南	COD、氨氮、总磷	根据水质变化及实际需要，考核因子可适当增加（2012 年增加了总磷）。
河北	COD、氨氮	
山西	COD、氨氮	
江苏	COD、氨氮、总磷	
贵州	总磷、氟化物	
安徽—浙江	高锰酸盐指数、氨氮、总磷、总氮	
长沙	COD、氨氮	根据各河流水质情况，市环保局可适时调整生态补偿因子的种类报市人民政府批准后执行。

资料来源：各地政府官方网站。

（2）水质考核目标。各地水考核目标间表 13-8—表 13-12。水质考核目标的设定，大致可分为以下几种模式：一是根据水环境功能区划确定，如浙江等；二是根据确定的浓度限值确定，如江苏等；三是根据确定的浓度限值确定，并动态调整，如河北、山西等；四是根据现状值确定，如安徽—浙江新安江等；五是根据去年水质状况，如山东大汶河流域等；六是根据水质类别，如长沙等。

表 13-8 国内扣缴政策考核标准表

试点省市	考核标准
浙江	水质目标依据《浙江省人民政府办公厅转发省水利厅省环保局关于浙江省水功能区、水环境功能区划分方案的通知》的规定。

续表

试点省市	考核标准
陕西	确定的浓度限值，并进行动态调整，详细见表 13-9。
辽宁	省环境保护行政主管部门确定出市断面水质考核目标值。
山东	大汶河：和上年比；小清河：达标年度水质考核目标且比上年改善，比上年恶化。
河南	全省水环境考核断面水质浓度责任目标值设置方案另行印发。
河北	据确定的浓度限值，并进行动态调整，详细见表 13-10。
山西	根据确定的浓度限值，并进行动态调整，详细见表 13-11。
江苏	根据确定的浓度限值，详细见表 13-12。
贵州	断面水质控制目标由省环境保护厅依据有关规定确定。
安徽—浙江	四项指标常年年平均浓度值（2008—2010 年 3 年平均值）为基本限值。
长沙	浏阳河、捞刀河、沩水河、靳江河地表水水质控制标准为 III 类标准限值；其他河流按水质功能区要求执行。

资料来源：各地政府官方网站。

表 13-9　陕西省各设区市界断面浓度控制指标值一览表（单位：mg/L）

年份 / 断面位置		2009 年	2010 年	2011 年	2012 年	2013 年	2014 年	2015 年
宝鸡入境（渭河宝鸡入杨凌）	上半年	19	19	18.5	18	18	18	18
	下半年	18	17.5	17	17	17	17	17
咸阳出境（咸阳铁桥下玻璃厂）	上半年	68	61	55	47	40	35	30
	下半年	30	27	25	25	25	25	25
西安出境（张义）	上半年	58	52	47	41	35	32	30
	下半年	34	30	28	28	28	28	28
渭南出境（潼关吊桥）	上半年	57	49	44	40	35	32	30
	下半年	31	30	28	26	25	25	25

资料来源：《陕西省渭河流域水污染补偿实施方案（试行）》。

表 13-10　河北省七大水系跨界断面（省考核断面）水质目标表

设区市名称	河流名称	考核断面名称	水质目标（mg/L）			
			COD		氨氮	
			2012—2013 年	2014—2015 年	2012—2013 年	2014—2015 年
承德市	滦河	达子营	对照点	对照点	对照点	对照点
		门子哨	30	30	1.5	1.5
	青龙河	绊马河	对照点	对照点	对照点	对照点
		四道河	15	15	0.5	0.5
秦皇岛市	青龙河	桃林口水库出口	对照点	对照点	对照点	对照点
		田庄子	30	30	1.5	1.5
张家口市	桑干河	施家会	对照点	对照点	对照点	对照点
	壶流河	官堡桥	对照点	对照点	对照点	对照点
	洋河（张家口）	李信屯	对照点	对照点	对照点	对照点
		西洋河水库入口	对照点	对照点	对照点	对照点
		东洋河村	对照点	对照点	对照点	对照点
		八号桥	40	30	2	1.5
沧州市	子牙河	董家房	100	80	30	20
石家庄市	滹沱河	枣营	100	80	30	20
	汪洋沟	东枣村	100	80	30	20
	洨河	边村	100	80	30	20
	邵村排干渠	大李桥	100	80	30	20
	磁河	伍仁桥	80	60	30	20
	午河	韩村	100	80	30	20
邢台市	滏阳河	码头李	100	80	30	20
	滏东排河	城后桥	100	80	30	20
	滏阳新河	侯庄桥	100	80	30	20
	西沙河	台家桥	100	80	30	20
邯郸市	洺河	丁庄桥	100	80	30	20
	留垒河	张村桥	100	80	30	20
	滏阳河	郭桥	100	80	30	20
	老漳河	西河古庙	100	80	30	20

续表

设区市名称	河流名称	考核断面名称	水质目标（mg/L）			
			COD		氨氮	
			2012—2013年	2014—2015年	2012—2013年	2014—2015年
衡水市	滏阳河	献县闸	100	80	30	20
	北排河	田村闸（冯庄）	100	80	30	20
	滹沱河	富庄桥	100	80	30	20

资料来源：河北省《关于进一步加强跨界断面水质目标责任考核的通知》。

表13-11　山西省“十二五”地表水跨界断面水质考核各年度目标一览表（单位：mg/L）

序号	断面	化学需氧量（COD）					氨氮（NH_3-N）				
		2011年	2012年	2013年	2014年	2015年	2011年	2012年	2013年	2014年	2015年
1	万家寨水库	20	20	20	20	20	1	1	1	1	1
2	河西村	20	20	20	20	20	1	1	1	1	1
3	曲立	20	20	20	20	20	3	3	2	2	1
4	西贾村	60	50	50	40	40	10	5	3	2	2
5	郝村	40	40	40	40	40	2	2	2	2	2
6	美锦桥	60	60	55	50	40	15	10	5	5	2
7	韩武村	50	50	40	40	40	10	10	5	5	2
8	杨乐堡	50	50	40	40	40	15	10	10	5	2
9	南姚	100	80	60	50	40	30	20	10	5	2
10	东董屯	40	40	40	40	40	2	2	2	2	2
11	安固桥	150	150	100	50	40	2	2	2	2	2
12	王庄桥南	65	60	55	50	40	10	10	5	5	2
13	上平望	60	60	50	50	40	10	10	5	5	2
14	小韩村	70	70	60	50	40	10	10	5	5	2
15	河津大桥	60	60	50	50	40	10	5	5	3	2
16	龙头	20	20	20	20	20	1	1	1	1	1
17	马壁乡	20	20	20	20	20	1	1	1	1	1
18	拴驴泉	20	20	20	20	20	1	1	1	1	1

续表

序号	断面	化学需氧量（COD）					氨氮（NH_3-N）				
		2011年	2012年	2013年	2014年	2015年	2011年	2012年	2013年	2014年	2015年
19	后寨	20	20	20	20	20	1	1	1	1	1
20	张留庄	70	70	60	50	40	15	15	10	5	2
21	薛村	60	60	50	50	40	8	5	5	4	2
22	梵王寺	20	20	20	20	20	1	1	1	1	1
23	支家小村	30	30	30	30	30	1.5	1.5	1.5	1.5	1.5
24	古家坡	40	40	30	30	30	1.5	1.5	1.5	1.5	1.5
25	册田水库	40	40	40	40	40	2	2	2	2	2
26	宣家塔	30	30	30	30	30	2	2	1.5	1.5	1.5
27	南水芦	30	30	30	30	30	1.5	1.5	1.5	1.5	1.5
28	冼马庄	40	40	40	40	40	2	2	2	2	2
29	南庄	20	20	20	20	20	1	1	1	1	1
30	闫家庄大桥	20	20	20	20	20	1	1	1	1	1
31	左权麻田	20	20	20	20	20	1	1	1	1	1
32	榆电大桥	30	30	30	30	30	1.5	1.5	1.5	1.5	1.5
33	关河旧桥	30	30	30	30	30	1.5	1.5	1.5	1.5	1.5
34	王家庄	20	20	20	20	20	1	1	1	1	1
35	晓庄	20	20	20	20	20	1	1	1	1	1
36	娘子关	20	20	20	20	20	1	1	1	1	1

资料来源：山西省《关于实行地表水跨界断面水质考核生态补偿机制的通知》。

表 13-12　太湖流域环境资源区域补偿试点河流交接断面及水质目标

河流名称	断面名称	考核市县	水质目标（单位 mg/L）		
			COD	氨氮	总磷
胥河	落蓬湾	南京市	6	1	0.2
丹金溧漕河	黄埝桥	镇江市	6	1	0.2
通济河	旧县	镇江市	6	1	0.2

续表

河流名称	断面名称	考核市县	水质目标（单位 mg/L）		
			COD	氨氮	总磷
中河（北溪河）	山前桥	常州市	6	1	0.2
南溪河	潘家坝	常州市	6	1	0.2
武宜运河	钟溪大桥	常州市	6	1	0.2
陈东港	陈东港	无锡市	6	1	0.2

资料来源：《江苏省太湖流域环境资源区域补偿试点方案》。

（3）资金确定。一是扣缴（补偿）资金。浙江省是否“合格”的确定。浙江省判定考核等级，不单纯以出境断面是否达到功能区要求为标准，还考虑了当地水环境历史禀赋，根据行政区出入境水质情况及水质变化情况进行综合评定。除此之外，浙江省在确定是否“合格”的技术处理上也显得相当精细，具体体现在以下几个方面：第一，多个出入境断面的处理。区域有多个出入境断面时，出入境水质污染物平均浓度采用出入境断面污染物浓度的加权平均值与算术平均值的二次平均值。第二，境内有发源河流的处理。若出境断面水量超过入境断面水量 1 倍以上，则超出部分水量视作入境水量，污染物浓度按地表水三类标准值计算。第三，平原河网地区复杂水文特征的处理。采用其顺流时水质监测数据作为考核依据。第四，出境水通过污水管网直接进入下游的处理。跨区联合污水处理中，上游地区的实际出境污染物浓度，根据上游出境污染物总量加上污水处理厂出水中属于上游地区的排放量计算。

表 13-13　浙江省考核等级表

情形	因素	等级
达标	变好	优秀
	变差	良好
	变差至仅达到功能区水质目标限值	合格

续表

情形	因素			等级
不达标	变好	出境好于入境		优秀
		出境劣于入境		合格
	变差	出境好于入境		良好
		出境劣于入境	出境下降幅度小于入境	合格
			出境下降幅度大于入境	不合格
	出境水质等于入境水质			合格

资料来源：《关于印发浙江省跨行政区域河流交接断面水质保护管理考核办法的通知》。

山东省大汶河和小清河流域协议补偿的资金确定。一是大汶河流域上下游协议生态补偿。省级、上游莱芜市、下游泰安市分别从预算内安排1200万元、300万元和500万元，共安排2000万元资金，莱芜市、泰安市开设专门账户管理，作为各自补偿资金基准额度，省级资金作为调控资金。如果莱芜市出境断面水质比上年好转，则由泰安市补偿，反之，则由莱芜市向泰安市赔偿。如果泰安市出境水质比上年好转，则由省级给予补偿，反之，则由泰安市向省级赔偿。每年1月份，根据上年度的水质监测数据，确定当年补偿额度，下达补偿资金计划。如各市当年补偿额度超过补偿基准额度时，超过部分可以使用。试点结束后，结余资金由两市统筹使用。二是小清河上下游协议补偿。启动资金，省级安排5000万元资金按一定比例先行拨付给流域内各市；奖励资金，省级安排5000万元资金作为奖励资金，对获得补偿的市，再按照补偿资金的一定比例（1∶1）给予奖励；基准补偿（赔偿）资金，各市基准补偿（赔偿）资金额度综合考虑流量和对下游水质的影响程度确定不同的资金系数，按照其考核断面基准（赔偿）资金系数核算，分为小清河干流2000万元、重点支流1200万元、较小支流600万元。下游市对达到年度水质考核目标且比上年有所改善的上游市进行补偿，考核指标比上年恶化的上游市对下游市进行补偿，河流最下游达到年度水质考核目标且比上年有所改善，由省级给予补偿，反之则对省级给予补偿，省对于获得补偿的市，再按照补偿资金的1∶1比例给予奖励。

安徽—浙江新安江跨省流域生态补偿介绍。2011 年，财政部、环保部联合印发了《新安江流域水环境补偿试点实施方案》，正式启动了浙皖两省间的流域生态补偿试点工作，根据《实施方案》，中央财政每年出资 3 亿元，安徽、浙江两省分别出资 1 亿元，设立新安江流域水环境补偿资金，以跨省断面水污染综合指数作为上下游补偿依据。当补偿指数小于等于 1 时，浙江省 1 亿元资金拨付给安徽省，当补偿指数大于 1 或新安江流域安徽境内出现重大污染事故，安徽省 1 亿元资金拨付给安徽省，不论上述何种情况，中央财政资金全部拨付给安徽省。（补偿指数 = 水质稳定系数（0.85）× ∑（指标权重系数（0.25）×（某项指标年均浓度值 / 某项指标基本限值：2008—2010 年 3 年常年平均浓度值）。

扣缴（补偿）资金确定方法见表 13–15，国内扣缴政策扣缴（补偿）资金的确定的具体要素有以下各种组合：

按浓度还是污染物通量。按浓度还是按污染物通量，其本质区别是是否考虑水量的影响。按水量对扣缴(补偿）资金的影响程度，大致可分为 3 种模式，见表 13–14。按浓度确定扣缴（补偿）资金的有 7 个地区，按污染物通量确定扣缴（补偿）资金的有 4 个地区。在按浓度中，浙江、陕西和山西在考虑入境水等情况时考虑了水量影响。实际上，从公开资料显示，仅河北完全按照浓度的大小决定扣缴资金的多少，其他大多数地区都考虑了水量的影响。不考虑水量来确定扣缴(补偿）资金，可能出于可操作性的考虑，降低制度执行的难度，但对于扣缴（补偿）各相关利益群体可能产生公平性问题，而实际上，在扣缴（补偿）资金中考虑水量的地区达 8 个地区，占 11 个样本量的 72.7%，这说明为提高制度可操作性而不考虑水量的说法站不住脚，那么，以污染物通量为确定资金的基本方法，则既保证公平，又不存在可操作性问题。同时，按浓度来计算扣缴（补偿）资金额，会带来计量随意的问题。如表 13–15 所示，在以浓度为依据的地区中，有以超标 10%、50%、0.2 倍、0.5 倍、mg/L 等计算扣缴（补偿）资金的多种情形，超标幅度和资金额度之间的关系是否科学合理，公众很难有认知，制度的制定者也几乎不可能证明其科学合理性。而如果按照污染物通量为依据，扣缴（补偿）标准是否合理，则有污染物治理成本等参照，可以接受监督，也可以根据实际情形向合理性方向不断改进。（河南省污染物通量的生态补偿资金扣缴标准是以河流水质达到目标考核要求时需要补充的生态调水量所投入的水资源费为测算依据。）

表 13-14　水量在确定各地扣缴（补偿）资金中的作用

类型	模式	地区	备注
按浓度	以浓度为主导	河北、安徽—浙江、山东	对于安徽—浙江和山东，浓度只决定相关利益群体是否能得到补偿资金，对补偿资金额度无影响。
	以浓度为主，适当考虑水量	辽宁、浙江、陕西、山西	辽宁区分了干流和支流采取了不同扣缴标准，事实上也考虑了水量的影响。
按污染物通量	浓度和水量并重	江苏、河南、贵州、长沙	—

资料来源：根据调研资料整理而得。

两个以上（含两个）考核指标处理。山西、浙江按照最差的指标计算，山东、河南、河北、江苏、贵州、长沙按照各单因子补偿金之和计算，安徽—浙江赋予每个指标 0.25 的权重，综合计算水质变化情况。

阶梯式补偿标准。分为三种模式：（1）根据超标的浓度，实行不同档次的扣缴（补偿）标准，如浙江、辽宁、河南和山西等地；（2）区分入境是否超标，实行不同档次的扣缴（补偿）标准，如河北规定入境超标，出境继续超标的，则提高扣缴标准。（3）根据出入境水质目标级别差异，实行不同档次的扣缴（补偿）标准。如长沙市在通用计算扣缴（补偿）资金额基础上设计了一个调整系数，为出境地表水环境标准值 ÷ 入境地表水环境标准值。则如果出境水质比入境水质变差超过一个水质级别，则该系数大于 1，否则小于 1，通过调整系数反映管理当局对水质要求的价值取向。

另外，还有奖励（补偿）资金情况。

表 13-15　国内扣缴政策奖励（补偿）资金确定

试点省市	考核标准
浙江	出境断面最差水质指标与上年相比的改善幅度（扣除上游来水影响）在 10% 以内（不含 10%，下同）、10%—20%、20%—30%、30%—40%、40%—50%、50%以上的，分别奖励 50 万元、100 万元、200 万元、300 万元、400 万元、500 万元。
陕西	1. 污染补偿资金的 40%用于奖励工作力度大、水质改善明显的设区市；2. 省财政厅每年安排“以奖代补”资金，用于奖励考核断面全年水质达到污染控制指标或水质明显改善的设区市。
辽宁	对于全年所有考核断面水质都优于考核值，水质明显改善的城市，将给予奖励。
山东	1. 大汶河：出境断面水质比上年好转双向补偿；2. 小清河流域：（1）达到年度水质考核目标且比上年有所改善；（2）奖励资金 5000 万元，对获得补偿的市按照 1∶1 比例给予奖励。
河南	1. 扣缴金额的 50%用于对水环境责任目标完成情况较好省辖市的奖励、水污染防治和水环境水质、水量监测监控能力建设等； 2. 考核断面水质当年每提高一个水质类别，奖励 200 万元。
河北	无
山西	1. 保持水质目标奖励：连续 3 个月保持考核目标的 10 万元，全年保持的 100 万元；2. 水质改善奖励，不达标到达标 100 万元，达标后跨一级别 50 万元，三类水以上跨一级别 20 万元；3. 国控断面国家考核未达到国家标准，扣除全年奖励；4. 发生水污染事故、水污染防治执法不到位、整改措施不落实、限期治理不完成的，减免奖励。
江苏	无
贵州	断面水质达到控制目标的，省级财政可给予有关地方政府一定补助资金。
安徽—浙江	当补偿指数小于等于 1 时，浙江省 1 亿元资金拨付给安徽省，当补偿指数大于 1 或新安江流域安徽境内出现重大污染事故，安徽省 1 亿元资金拨付给安徽省，不论上述何种情况，中央财政资金全部拨付给安徽省。
长沙	对出境断面水质连续三年达到考核要求的区、县（市），由市环保局、市财政局联合上报市人民政府予以通报表彰。

资料来源：根据各地公开文件整理而得。

各地奖励（补偿）资金的确定见上表。6 个地区对奖励（补偿）资金做了明确、具有可操作性的规定，分别为浙江、陕西、山东、河南、山西、安徽—浙江，其中除浙江规定扣缴（补偿）资金与奖励（补偿）资金基本持平外，其余地区的奖励（补偿）资金都远远少于扣缴（补偿）资金；有3个地区对奖励（补偿）资金做了原则性规定，分别为辽宁、贵州和长沙；有2个地区对奖励（补偿）资金无规定。

可以看出，国内扣缴政策的主要着眼点在于对上游水环境污染的控制，对于上游水质好于水质要求，下游或省政府给予上游补偿和奖励则相对薄弱。下面以上游地区为考察对象，按照对上游地区利益的影响方向分别比喻为“大棒”和“胡萝卜”，则得出各地如表13-16的不同组合。不同组合代表着不同的激励约束机制，如果上述比喻恰当，则从下面的组合可以看出，只有“真大棒、甜萝卜”组合才能持续发挥激励约束作用。

表 13-16 各地激励约束机制不同组合

组合	地区	说明	备注
真大棒	河北、江苏	仅对超标有扣缴，对达到水质或持续改善无奖励。	
真大棒、幻胡萝卜	辽宁、贵州、长沙	超标扣的是真金白银，水质变好却是口头表扬，或真金白银远未可期。	
真大棒、酸胡萝卜	陕西、河南、山西	奖励比超标扣缴少。	河南对跨区域饮用水水源地有特殊规定，也让上游得到一些“胡萝卜”：对于饮用水水源地跨行政区域的省辖市，当饮用水水源地水质考核断面全年达标率大于90%时，对下游省辖市扣缴水源地生态补偿金，全额补偿给上游饮用水水源地省辖市。水源地生态补偿金按照“下游省辖市每年度利用水量 ×0.06 元 / 立方米”计算。
真大棒、甜胡萝卜	浙江、山东	奖励基本和超标扣缴持平。	
软大棒、甜胡萝卜	安徽—浙江	奖励诱惑大于扣缴（补偿）压力。	主要体现在：1. 不论何种情况，中央财政资金全部拨付给安徽省；2. 水质稳定系数为0.85，小于1。

资料来源：根据各地公开文件整理而得。

4. 管理机制分析

（1）管理体制。纵向管理。有 4 种模式，第一种模式为上一级政府负责扣缴和考核下一级政府，如江苏、陕西、河南、山西、贵州等 5 个地区，试点范围仅包括跨市州断面，由省级政府负责扣缴和考核；第二种模式为上级政府除扣缴和考核下一级政府外，还同时负责扣缴和考核下下级政府，如浙江省，其试点范围为跨市州和区县，由省级政府统一扣缴和考核；第三种模式为试点范围既涵盖下级政府，也涵盖下下级政府，但具体执行则一级管一级，如河北省，试点范围包括跨市州断面，也包括跨区县断面，但省上负责扣缴考核跨市州断面，市上负责扣缴和考核跨区县断面；第四种模式为下级平级政府是直接对应的权利义务主体，上级政府在其间主要起引导、监督和协调作用，如山东省大汶河和小清河流域协议生态补偿和安徽—浙江新安江跨省流域环境补偿。

横向管理。横向管理模式中，有 2 种模式，第一种模式是环保和财政在政策制定和执行中起主导作用；第二种模式为环保、财政、水利三家部门在政策制定和执行中起主导作用，加入了水利部门，大多因为水利在资金扣缴和考核中起着重要影响的缘故。

（2）监测机制。自动监测还是人工监测。7 个地区以自动监测为主，分别为河北、山东、浙江、江苏、长沙、贵州、陕西，其中陕西规定要经过人工监测的校准后确定。山西规定以人工监测为主，但如有自动监测站，且数据经过确认后，可采用自动监测的数据，安徽—浙江以人工监测为主，但自动监测数据可作为参考。仅辽宁提出以人工监测为主导。同时，在实施人工监测时，各相关利益群体联合监测被多个地区采用。河南规定得则比较特殊，其以下游监测为依据，同时由上游自动监测站每年开展不少于 10 次的同步监督监测，由下游进行监测，一般来说更严格、真实反映水质状况。

表 13-17　国内扣缴政策环境监测情况表

试点省市	监测方式	人工监测频次
浙江	1. 水质原则上采用水环境自动监测站的监测结果，不具备条件的，由相邻地区组织进行联合监测；2. 水量及流向原则上采用实测结果，不具备条件的，联合监测分析。	—

续表

试点省市	监测方式	人工监测频次
陕西	依据各断面水质自动监测站的月平均值，再经省环境监测部门手工监测数据进行合理校核后确定。	—
辽宁	省环境监测中心站负责监测，每月负责考核。	—
山东	按照跨界断面水质自动监测数据（COD、氨氮）的年均值进行考核。	—
河南	1. 下游城市监测上游城市出境水质；2. 位于上游境内的自动监测站每年不少于 10 次与下游同步监督监测；3. 位于出省境或直接进入黄河干流位置的断面，省监测中心不定期进行监督抽查抽测。	—
河北	1. 具备自动监测条件的，以自动在线监测数据月均值为依据（已建成水质自动监测站 50 个），不具备自动监测条件的，省环境监测中心站监测。2. 各设区市人工监测为主，鼓励采用自动监测数据。	每月 1 次
山西	1. 省环境监测中心站于每月 10 日前组织相关市实施同步监测（特殊情况可顺延）；2. 对相邻市建有自动监测站的断面由省环境监测中心站对自动监测数据进行质量控制，确认符合技术要求后采用数据；3. 相关市县对监测数据提出异议时，省环保厅可当月组织省环境监测中心站进行复查复测；4. 各市环保局要及时对监测中发现的异常数据提出预警。	每月 1 次
江苏	断面水质、水量及流向一般采取自动监测的方法；未设自动监测站的断面，联合人工监测（省、市监测站）。	水质每周监测一次，水量根据水文特征确定监测频次。
贵州	1. 实施自动监测的断面，为经省环保厅核准的自动监测数据的月平均值；2. 未实施自动监测的断面，由省环境监测机构组织黔东南自治州、黔南自治州实施人工监测。	水质每月 2 次，水量根据水文特征确定。
安徽—浙江	1. 环境监测总站布置两省开展联合监测，安徽黄山市站和浙江淳安市站承担比对监测工作；2. 以鸠坑口国家水质自动监测站监测数据为参考。	每月 1 次
长沙	1. 一般采用自动监测方法测定；2. 未设自动监测站的断面水质数据由市环境监测中心站实施人工水质监测方式取得；3. 断面水量数据以市水务局出具的断面水流量数据为准。	每季度 1 次

资料来源：根据各地公开文件整理而得。

人工监测频次。人工监测时，多为每月一次，也有每月两次、每周一次、每季度一次等情形。

监测异议。4个地区对监测异议做了规定，分别为河南、江苏、山西和长沙。河南规定应报请省环境保护行政主管部门、水行政主管部门组织有专家参加的裁定工作小组裁定，并将裁定结果报省政府备案；江苏规定分别由省环境监测和水文水资源勘测机构裁定；长沙规定可申请省环境监测中心站进行技术仲裁。山西规定，相关市县对监测数据提出异议时，省环保厅可当月组织省环境监测中心站进行复查复测。

（3）资金机制。据公开资料显示，专门出台资金管理规定的有河北、江苏、辽宁、山西、陕西5个地区，分别出台了《河北省生态补偿资金管理办法》《江苏省太湖流域环境资源区域补偿资金使用管理办法（试行）》《辽宁省跨行政区域河流出市断面水质超标补偿专项资金管理办法》《山西省地表水跨界断面水质考核生态补偿专项资金管理办法》《渭河流域水污染补偿资金收缴使用管理办法》。

资金来源。按资金来源是否由上级政府给予补助，可分为两种模式。7个地区的资金来源无上级政府给予的补助，另外4个地区则由上级政府给予一定补助，包括浙江、山东、河南、安徽—浙江，其中山东和安徽—浙江上级政府的补助占据了大部分。

资金分配。按资金分配的主体，可分为2种模式，辽宁、山东、河北、江苏、贵州、长沙等5个地区资金大部分分配给下游，小部分分配给省级财政（市级财政），最下游的考核断面其资金会分配给上级政府；陕西、河南、山东小清河流域和安徽—浙江等4个地区部分分配给下游，部分资金分配给水质改善明显的上游地区。因为资料有限，浙江的资金分配情况暂时没有掌握。

资金分配的确定性与效率。有些地区资金分配用统一的公式，如陕西、河南、河北、贵州、安徽—浙江等地区，利用统一的公式来确定分配额，比申报项目的形式分配要更为公开和透明。有些地区资金分配则不明确、不具体。同时，河北规定一年分两次扣缴和分配，这样有助于提高资金的使用效率。

资金用途。资金用途大概分为用于弥补下游污染的损失、生态环境保护、污水处理厂建设运营、环境监测补贴、对水质改善的奖励、调整产业结构等。

分配给省财政的资金，有些地区规定可统筹用于全省的生态环境保护，值得注意的是，河南省在2012年《关于河南省水环境生态补偿暂行办法的补充通知》中，专门强调生态补偿资金用于“同领域内上下游补偿”。扣缴某个流域所筹集的资金被用于其他流域，可能引发对被扣缴相关流域的公平性问题。

表13-18　国内扣缴政策资金机制基本情况

试点省市	资金来源	资金分配	资金用途
浙江	县、市、省	作为《浙江省人民政府办公厅关于印发浙江省生态环保财力转移支付试行办法的通知》（浙政办发〔2012〕6号）中的分配依据。	无限定
辽宁	市	下游地区、省。	污染减排项目、水污染综合整治项目、水体生态修复、水环境监管能力建设、流域水污染治理科研项目。
山东	市、省	根据水质情况，上游市、下游市和省互为赔偿和补偿对象；奖励（小清河流域）。	流域污染治理、奖励做出突出贡献的单位和个人。
河南	市、省	50%用于上游省辖市对下游省辖市的生态补偿；50%用于对水环境责任目标完成情况较好省辖市的奖励。	同流域内上下游生态补偿、水污染防治和水环境水质、水量监测监控能力建设以及对水环境责任目标完成情况较好省辖市的奖励等。
山西	市	—	跨流域水污染综合整治、考核断面水质监测补助、考核断面水质自动监测站建设和运行补助、规范监测断面、水污染事故隐患区域防治、水质考核复查复测监察、水质评估及考核。
江苏	市	1. 上游出境水质超过控制断面水质目标对下游予以补偿的资金，全额下达给下游市县，由下游市县安排用于相关水污染防治项目；2. 入太湖、入清水廊道及出省界断面水质超过控制断面水质目标应向省财政缴纳的补偿资金，除省级留用必要的考核断面水质水量监测经费外，其余根据市、县相关补偿断面全年水质监测结果同比改善程度测算分配，由市、县安排用于相关水污染防治项目。	1. 相关河流周边地区城镇及农村生活污水治理设施建设项目；2. 相关河流及周边地区农业面源整治项目；3. 相关河流及周边地区生态恢复项目；4. 相关河流周边地区排污企业提标整治项目；5. 其他相关治污工程。

续表

试点省市	资金来源	资金分配	资金用途
贵州	州	上游超标，由省级财政和下游按3∶7的比例分配；下游超标，交给省财政。	专项用于清水江流域水污染防治和生态修复，不得挪作他用。
安徽—浙江	每年5亿元，其中中央财政出资3亿元，安徽、浙江两省分别出资1亿元。	补偿指数小于等于1，浙江1亿元资金拨付给安徽；补偿指数大于1或新安江安徽界内出现重大污染事故，安徽1亿元拨付给浙江；不论上述何种情况，中央财政资金全部拨付给安徽省。	用于新安江流域产业结构调整和产业布局优化、流域综合治理、水环境保护和水污染治理、生态保护，具体包括上游地区涵养水源、水环境综合整治、农业非点源污染治理、重点工业企业污染防治、农村污水垃圾治理、城镇污水处理设施建设、船舶污染治理、漂浮物清理一级下游地区污水处理设施建设和水环境综合整治等。
长沙	区、县	下游、长沙市。	专款专用，统筹用于该区域环境污染治理和环境质量改善。

注：河南省规定，省财政扣缴的生态补偿金用于对各省辖市的生态补偿和奖励不足时，从省级环保专项资金中弥补，资料为根据各地公开文件整理而得。

（4）问责机制。为加强地方政府环境保护责任，除给予地方政府以经济压力外，浙江和山西还做了一些其他探索。

浙江规定“四个挂钩”，与市、县（市）政府领导班子和领导干部综合考核评价、建设项目环境影响评价和水资源论证审批、安排生态环保财力转移支付资金和经济惩罚、公众参与和社会监督挂钩。考核结果不合格的，直接影响交接断面水质相关区域的建设项目环境影响评价文件和水资源论证文件，由相邻各方共同上级相关行政主管部门审批，并暂停审批；同时规定，交接断面水质考核结果，报经省政府同意后，向社会公布。

山西规定，对未完成水质考核目标的市、县（市、区），在扣缴生态补偿金的同时，通报新闻媒体，上报省政府作为干部主管部门对各市、县(市、区）人民政府领导班子成员和主要领导干部年度政绩考核的重要依据。

（三）与其他政策体系协调性分析

1. 与生态补偿关系分析

（1）国内扣缴政策是否属于生态补偿的一个类型。正如前述，有些地区扣缴政策名称中有“补偿”字眼，有些以“水质考核”为关键词，政策名称会提供一些线索，具体进行判定还需要其他支撑。

国际国内生态补偿概念及理解见专栏，我们认为，生态补偿或者是一种“交易”，或者以调整“相关利益者环境利益及其经济分配关系”为核心考量。“交易主体”或“相关利益者”应为流域上游和流域下游，流域上游和流域下游要在此过程中发挥核心作用，并直接享受权利承担义务，如果直接享受权利承担义务的双方非流域上游、流域下游，则该政策不能称为生态补偿。依此标准判定，安徽—浙江新安江流域环境补偿和山东大汶河、小清河流域上下游协议补偿虽然上级政府在此过程发挥了重要的协调和监督作用，但核心主体仍为流域上下游，应为典型意义上的生态补偿。而有些地区的扣缴政策，核心主体变成了上级政府和上游地区，资金分配不是严格用于对下游的污染赔偿，上游为改善水质所付出的艰辛努力也被忽略，这种实践活动是否是我国各地在中国特色情形下所做的创新，抑或这种实践活动是否还是生态补偿，还有待商榷的空间。

（2）国内扣缴政策与生态补偿的有机结合。有些地区在执行国内扣缴政策时，做到了与生态补偿的有机结合，如浙江省把水质目标考核与生态环保财政转移支付进行了结合，河南省把扣缴政策与水源保护区生态补偿进行了结合；安徽—浙江政策设计中种种有利于上游的制度安排，其实质是把黄山作为了浙江的一个饮用水源涵养区，该政策实践也变为了跨省流域水质考核与饮用水水源涵养区生态补偿机制的结合。

流域的源头或水源涵养区在整个流域的水环境安全中占有重要地位，因此将扣缴政策和流域源头的保护结合起来，才能促进整个流域的水环境保护，否则对流域的源头是不公平的，也不利于流域整体的保护。在此意义上，流域上游在某种程度上也是下游的源头或水源涵养区，注意流域上游为保护水质所做的努力，对流域上游水质改善进行明确、规范、力度更大的奖励，也会产生相似的效果。

2. 与财政转移支付关系

几乎所有国内扣缴政策都是依托财政转移支付来完成的。财政转移支付分为一般性财政转移支付和专项财政转移支付，资金扣缴是从一般性财政转移支付扣缴，还是从专项财政转移支付中扣缴而来，从公开资料无法得出结论。一般性财政转移支付是为弥补财政实力薄弱地区的财力缺口，均衡地区间财力差距，实现地区间基本公共服务能力的均等化而安排给地方的补助支出，由地方统筹安排。如果从一般性财政转移支付而来，则本来应得到一般性财政转移支付的地区其资金被扣缴了，是否会加大财政实力薄弱地区的财力缺口呢？另据《中共中央关于全面深化改革若干重大问题的决定》，“要建立事权和支出责任相适应的制度”，该政策在强化“事权与支出责任相适应”的效果如何，也不无疑问。在现有扣缴政策的基础上，是否能更多地利用政策扣缴、技术扣缴呢？

3. 与总量控制制度关系

表 13-19 部分地区政策文本中对总量控制的规定

地区	内容
河北	考核依据包括《河北省减少污染物排放条例》《“十二五”主要污染物总量削减目标责任书》《河北省主要污染物排放总量控制“十二五”规划》。
河南	各省辖市政府根据省政府下达的污染减排及总量控制计划，采取有效措施削减污染物排放总量，确保断面水质达到考核目标的要求。
陕西	待条件成熟后，渭河流域将由目前的断面化学需氧量浓度考核逐步过渡为污染物排放总量考核，并实施排污权交易。

资料来源：根据各地公开文件整理而得。

我们梳理了 3 个地区在扣缴政策中所提及的总量控制制度，见表 13-19。仅从该 3 个地区而言，总量控制与扣缴政策大致可以表现为 3 种关系，第一种把总量控制看作扣缴政策的依据；第二种把总量控制看作为实现水质目标的手段；第三种为把扣缴政策作为总量控制的一种过渡，条件成熟后还要过渡到总量控制制度。

我们认为，第一，总量控制和扣缴政策都是为了实现水环境目标的一种手段，总量控制考核的是污染物排放量，扣缴政策考核的是水质目标，在考核的目标上扣缴政策要比总量控制更进一步；第二，总量控制对控制各环节做了很多规定，扣缴政策着眼点在水质目标结果，一旦设定了结果，中间的过程交由地方自己决定，总量控制实行了多年，对某些领域（比如农业）的污染物排放量的核算与控制还仍显薄弱，换一种思路，把重视管控过程转变为重视考核结果，是否会有效呢？第三，随着人民群众生活水平的日益提高，对环境质量的要求也越来越高，环境管理业正在从总量控制向质量控制转变，在此期间，扣缴政策能否发挥更积极的作用，值得期待。

当然，总量控制执行多年，对社会各界影响深刻，同时积累一些制度性经验，扣缴政策和总量控制的相互配合，方能发挥更大效应。如某些环节利用总量的考核，可避免扣缴政策以浓度为主要考核依据的缺陷，如在超标通量基础上增加排放总量概念，可防止部分地区采取生态调水的措施稀释水中污染物浓度。

4. 与水环境功能区划关系

水环境功能区划在国内扣缴政策中的影响显而易见，很多地区的水质考核目标都依据水环境功能区划的要求而设定，或受其影响。

我们认为，在水环境功能区划设置科学的前提下，它是保障水环境功能达到适合当地居民生产生活的一个重要支撑，因此是扣缴政策的一个努力方向。但在现实情形下，对于某些离水环境功能区划目标还有段距离的地区，扣缴政策水质目标具有可操作性、又合理的设定应该是依据当地水环境质量本底，依据持续改进的原则，设置一个动态的目标值，使当地一步步接近、达到甚至超过水环境功能区划目标值。

（四）国内扣缴政策执行情况

从国内扣缴政策的执行情况（表 13-20）来看，目前，已初步能够判断起到不错效果的地区包括浙江省（从水体功能区结构变化及达标率等指标上可知）、辽宁省（从每年的逐月超标断面数量可知）、山西省（优良断面、污染断面比例变化情况、重点污染物的浓度变化情况等指标可知）、江苏省（污染物浓度指标变化情况可知）等地区。纵观这些地区的资金扣缴（补偿）情况，资金的罚款都是“动真格”的，且有的地区既有罚款，也有经济鼓励。此外，浙江还将资金扣缴（补偿）与区域限批手段相结合，增大了考核手段的威慑力。其他一些地区由于资料不全，暂时无法对其执行情况进行分析与评判。

表 13-20　国内扣缴政策执行情况

地区	资金扣缴（补偿）情况	环境效果
浙江	实际奖罚最大额度为 500 万元，已有 4 个行政区先后 6 次被区域限批。	从 2012 年水质监测结果看，全省 149 个交接断面中，Ⅰ—Ⅲ类断面占 63.1%，Ⅳ类占 6.7%，Ⅴ类占 11.4%，劣Ⅴ类占 18.8 %。与 2009 年相比，Ⅰ—Ⅲ类断面比例增加了 6.8 个百分点，劣Ⅴ类减少了 0.9 个百分点，功能区达标率上升了 6.8 个百分点。
陕西	2010 年西安、宝鸡、咸阳三市因渭河干流污染超标缴纳补偿金 380 万元。2011 年西安、宝鸡、咸阳三市因渭河干支流污染超标缴纳补偿款 8990 万元。2012 年，西安、宝鸡、咸阳、渭南四市因渭河干支流断面污染物超标，共缴纳水污染补偿金 1 亿 3282 万元。2013 年前三季度，沿渭的西安、咸阳两市因渭河干支流断面污染物超标，共缴纳水污染补偿金 2432 万元。三年多来，省、市两级共收缴补偿款约 3 亿元，全部用于渭河污染治理。	
辽宁	2009—2012 年四年合计扣缴 9850 万元补偿资金。其中，2009 年沈阳、鞍山、本溪、锦州、营口、阜新、辽阳、葫芦岛 8 个城市 32 个次断面超标，扣缴 1650 万元补偿资金；2010 年沈阳、鞍山、抚顺、锦州、阜新、朝阳、葫芦岛 7 个城市 32 个次断面超标，扣缴 1650 万元补偿资金；2011 年沈阳、大连、鞍山、抚顺、锦州、营口、阜新、辽阳、葫芦岛 9 个城市 34 个次断面超标，扣缴 1450 万元补偿资金。2012 年，沈阳、鞍山、抚顺、本溪、锦州、营口、阜新、辽阳、盘锦、葫芦岛、绥中、昌图 12 个市（县）43 个断面超标 176 次，扣缴 5100 万元。 已超过去三年总和。	在出市断面水质目标逐年严格基础上，超标断面呈减少趋势，2008 年各月均有超标断面，月达标率最高城市为抚顺、丹东、营口、盘锦、铁岭、朝阳，6 个市均为 100%；2009 年 8 月份无超标断面，其他月份均有超标，月达标率最高城市为大连、抚顺、丹东、盘锦、铁岭、朝阳，6 个市均为 100%；2010 年 10 月至 12 月均无超标断面，月达标率最高城市为大连、本溪、丹东、营口、辽阳、铁岭、盘锦,7 个市均为 100%。2011 年，月达标率最高市（县）为本溪、丹东、盘锦、铁岭、朝阳、绥中 6 个市（县）均为 100%。

续表

地区	资金扣缴（补偿）情况	环境效果
山东	（暂缺）	大汶河流域：角峪断面COD浓度由2007年的60.9mg/L下降为2010年的24.2mg/L，氨氮则由4.5mg/L下降为0.85mg/L，东平湖湖心由COD浓度由2007年的28.5mg/L下降为2010年的18.5mg/L，氨氮则由0.37mg/L下降为0.28mg/L。小清河流域：2012年度纳入考核的19个跨市断面水质，全部优于《小清河流域生态环境综合治理规划方案》规定的年度水质，且均比上年度有显著改善。
河南	生态补偿金扣缴由2009年沙颍河、海河两个流域的8407万元减少到2010年全省所有流域的4638.20万元，2011年2804.50万元，2012年7614.39万元（扣缴金额增加的原因为新增加了总磷扣缴因子和实施新的扣缴标准，并采用了更为严厉的目标值考核），2013年上半年3719.66万元。	
江苏	到目前，太湖流域区域补偿资金共计2.6亿元。	30个补偿断面水质总体呈逐年改善趋势，2012年高锰酸盐指数、氨氮、总磷三项指标浓度均值分别较2009年下降5.8%、27.9%、20.8%。
安徽—浙江		环境效益：一是流域整体水质保持稳定；二是完成流域主要污染物减排；三是污染防治水平得到提升；四是森林生态效益明显；五是环境能力建设提升情况。社会效益：一是补偿试点在全国引起积极反响；二是提升旅游环境，提高旅游满意度；三是提高百姓环保意识；四是改善人居环境，提升公众满意度和幸福指数；五是创新农村环境管理，促进美好乡村建设；六是促进区域服务业和生态文化发展；七是增加农村新的就业机会，帮助部分农民脱贫。

续表

地区	资金扣缴（补偿）情况	环境效果
安徽—浙江	（暂缺）	经济效益：一是促进了经济平稳较快增长和优化产业结构；二是促进了旅游产业良好发展；三是充分挖掘了河道资源价值；四是提升了农产品品质和附加值；五是推动了新安江水资源开发。

注：资料来源于各地在浙江杭州召开的“跨界流域水环境补偿调研会”上的汇报材料。

（五）体会与建议

1. 对跨界断面扣缴政策正确定位

跨界断面扣缴政策在国内实践中大概有两种模式，一种主要体现为上级政府考核下级政府，另一种主要体现为上下游政府之间补偿与赔偿的关系。模式选择不同，政策的价值取向不同，上级政府、上游政府和下游政府之间的权利义务关系就不相同，对资金筹集、资金分配和资金使用也将产生直接的影响。

上游政府作为流域水环境保护的核心主体，其享受的权利和承担的义务必须均衡，根据其享受的权利义务的各种情形，只有“真大棒、甜胡萝卜”组合才能持久地刺激上游政府保护水环境。因此，不管其名称如何，是否叫“补偿”或“水质考核”，合理的政策定位应能促进相关利益群体达到权利义务均衡的状态。

2. 建立跨界断面资金扣缴政策修改和完善的长效机制

根据环境保护新形势和政策执行中出现的新问题，对政策进行修改和完善，以促使政策更好地发挥作用，是持续发挥政策效用最大化的重要手段。政策的制定和修改，应建立政策评估的基础上，政策评估是检验政策的效果、效益和效率的基本途径，有利于实现政策资源的有效配置，有利于提高政策决策的科学化和民主化水平，应尽快建立政策评估长效机制。

针对四川省跨界断面水质超标资金扣缴政策，应在充分调研、多方听取各方意见的基础上，进一步开展对四川省跨界断面水质超标资金扣缴政策的评估，在此基础上，充分吸收国内好的做法和经验，对四川省跨界断面水质超标资金扣缴政策进行修改和完善。

3. 进一步加强政策体系间的协调

在与生态补偿政策、财政转移支付政策、水环境功能区划、跨界水质保护等政策做好协调的基础上，要重点做好与总量控制制度的协调，更好地发挥跨界断面资金扣缴政策的作用，促进环境管理向质量控制转型。

4. 以手段和机制与目标间的匹配度判定手段和机制的合理性

要正确认识跨界断面资金扣缴政策的目标体系，在此基础上建立手段和机制与目标的挂钩机制，在考察各手段和机制是否有利于促进跨界断面资金扣缴整体目标的实现基础上，对各种手段和机制的科学合理性进行判定。

5. 充分发挥扣缴资金的效益

扣缴政策中资金主要发挥杠杆作用，通过杠杆的撬动加强地方政府的环境责任，进而促进地方政府保护水质的积极性，达到保护和改善水质，实现流域经济社会发展与环境协调发展的目的。应在研究基础上设定合理的“杠杆”，使扣缴资金起到“四两拨千斤”的作用。要摈弃扣缴资金就是筹集环境保护治理基金的狭隘观念，最大限度发挥资金的杠杆作用。在资金被扣缴后，如何在捋顺各相关利益主体关系基础上，提高扣缴资金的使用效率，也应被更加重视，通过资金使用机制体制创新，最大限度地发挥改革带来的红利。

二、赤水河流域川滇黔跨界断面水权管理

（一）关于川滇黔三省对赤水河流域的利用

2017 年，贵州省向云南省、四川省提出了《赤水河流域川滇黔三省生态补偿方案》（以下简称《方案》）。为了科学制定赤水河流域生态补偿机制，厘清川滇黔交界断面水权管理关系，开展了调查研究。从水资源利用密集型企业看，赤水河流域四川部分涉及的企业仅 6—7 户，而赤水河流域贵州部分，仅酿酒企业就有近 2000 家；从生活用水看，赤水河贵州区域沿线场镇密集，有个别县城也是紧邻赤水河沿线而建；从污染贡献看，泸州市方面反映，赤水河干流沿线四川区域污染排放量小，污水处理水平高，以郎酒厂为例，污水处理水平在国内都处于先进水平，相比而言，赤水河干流沿线贵州区域工业排污口达 100 多个，污水处理水平参差不齐。（本段数据截止到 2017 年 3 月）

表 13-21　赤水河流域县（市、区）及乡镇（街道）情况

单位：公里、平方公里、%

市	县（市区）	流域内乡镇（街道）名称	乡镇街道面积	占国土面积的比例	境内干流长度
昭通市	镇雄县	赤水源镇、尖山乡、果珠乡、雨河镇、芒部镇、林口乡、花朗乡、以勒镇、坡头镇、鱼洞乡、黑树镇、母享镇、大湾镇、乌峰街道等 14 乡镇（街道）	1421	38.4	95（含与威信界河 44.3）
	威信县	扎西镇、双河苗族彝族乡、水田乡等 3 乡镇	696	49.7	44.3
毕节市	七星关区	田坎彝族乡、普宜镇、清水铺镇、亮岩镇、生机镇、团结彝族苗族乡、林口镇、大银镇、燕子口镇、小吉场镇、层台镇、对坡镇、阿市苗族彝族乡、龙场营镇、大屯彝族乡等 15 乡镇	1516	44.4	28.9（与叙永界河）
	大方县	长石镇、果佤乡、大山苗族彝族乡、瓢井镇、三元彝族苗族白族乡、星宿苗族彝族仡佬族乡等 6 乡镇	807	23	0
	金沙县	清池镇、马路彝族苗族乡、石场苗族彝族乡、太平彝族苗族乡、平坝镇、桂花乡等 6 乡镇	583	23.1	3.2（与古蔺界河）
遵义市	汇川区	松林镇、沙湾镇、芝麻镇、毛石镇、山盆镇等 5 镇	815	53.8	0
	播州区	平正仡佬族乡、洪关苗族乡、枫香镇等 3 乡镇	355	14.3	0
	桐梓县	娄山关镇、茅石镇、楚米镇、花秋镇、高桥镇、风水乡、容光乡、官仓镇、燎原镇、九坝镇、马鬃苗族乡等 11 乡镇	1298	40.6	0
	仁怀市	茅台镇、美酒河镇、合马镇、高大坪镇、火石岗镇、学孔镇、三合镇、喜头镇、大坝镇、九仓镇、五马镇、茅坝镇、龙井镇、长岗镇、后山苗族布依族乡、中枢街道、苍龙街道、盐津街道、坛厂街道、鲁班街道等 20 乡镇（街道）	1788	100.0	119（含与古蔺界河 78.5）

续表

市	县（市区）	流域内乡镇（街道）名称	乡镇街道面积	占国土面积的比例	境内干流长度
遵义市	习水县	习酒镇、土城镇、同民镇、醒民镇、二郎镇、回龙镇、隆兴镇、官店镇、二里镇、永安镇、双龙乡、桃林镇、桑木镇、民化镇、程寨镇、大坡镇、三岔河镇、良村镇、寨坝镇、温水镇、杉王街道、马临街道、九龙街道等23乡镇（街道）	3048	97.4	45（含与古蔺界河19）
	赤水市	元厚镇、葫市镇、旺隆镇、丙安镇、复兴镇、两河口镇、大同镇、宝源乡、天台镇、市中街道、金华街道、文华街道、白云乡、官渡镇、长期镇、长沙镇、石堡乡等17乡镇（街道）	1852	100.0	72.3（含与合江界河8）
泸州市	古蔺县	古蔺镇、永乐镇、太平镇、石屏镇、大村镇、东新乡、土城镇、二郎镇、丹桂镇、水口镇、石宝镇、皇华镇、龙山镇、鱼化乡、护家镇、观文镇、椒园乡、白泥乡、双沙镇、马蹄乡、德耀镇、桂花乡、黄荆乡、马嘶苗族乡、箭竹苗族乡、大寨苗族乡等26乡镇	3184	100.0	100.7（含与仁怀和习水界河97.5）
	叙永县	水潦彝族乡、石坝彝族乡、赤水镇、观兴乡、摩尼镇、分水镇、麻城乡、营山乡、枧槽苗族乡、水尾镇、大石乡、向林乡等12乡镇	1528	51.3	48.2（含与七星关界河）
	合江县	五通镇、九支镇、法王寺镇、车辋镇、先市镇、密溪乡、实录镇、尧坝镇、合江镇、虎头镇、凤鸣镇等11乡镇	1349	55.9	62（含与赤水界河8）
合计	14县（市、区）	172乡镇街道（48乡、112镇、12街道）	20440	55.12	436.5

注：本表资料来源于统计公报、县市提供材料和政府网站等。

（二）关于赤水河流域水权管理及配置

泸州市有很多人反映，水利部长江水利委员会和农业部长江流域渔政监督管理办公室在对赤水河流域的监督管理中，均委托贵州省方面进行日常监督管理，使得泸州市及沿线三县对赤水河流域的监督管理受到了诸多限制。同时，贵州省通过《贵州省赤水河流域保护条例》等地方法规，将环保等一些审批权限赋予了省级相关部门，为贵州省在赤水河沿线建设开发提供了诸多便利。此外，从2013年开始，川滇黔三省环保部门签署三省交界区域环境联合执法协议，在赤水河流域开展联合执法，有人反映，先期联合执法效果明显，但近年来有流于形式的趋势。

有人提出，共界断面权利与义务的划分，在此次的生态补偿方案中是个难点，也是最易产生争议的地方，一定要在清晰划分共界断面权利与义务的基础上设计生态补偿方案。有人提议，共界断面的污染物贡献，可按照工业按用水量（排水量）、生活按人口数、农业按流域面积来测算各自对污染物的贡献量。

从水文监测上，泸州市水务部门并不掌握赤水河沿线的水量数据，该职责由四川省水文水资源勘测局承担，该局是四川省水文水资源勘测局按流域下辖的10个水文局之一。水质监测，有人提出在已经开展的生态补偿中，对水质的监测往往会产生很多争议，同时赤水河流域多属边远山区，增加考核断面就意味着增加监测需求，水质监测如何做才能避免争议，避免不可操作，是生态补偿中需要考虑的重点问题，为避免产生不必要的争议，交由第三方监测是个可考虑的选项。

（三）关于赤水河流域水权管理与生态保护的关系

赤水河流域内的长江上游珍稀、特有鱼类国家级自然保护区主要由农业部门进行行业管理，主要通过加强保护区能力建设、进行增殖放流、开展涉水工程生态补偿等方式促进保护区生态环境的不断改善，其中有人反映，用于保护区建设的资金投入少，四川全省才100万元每年，影响了实施效果。有人认为，赤水河流域主要的生态问题在于水土流失。

表 13-22　赤水河流域县（市、区）林地面积及森林覆盖率情况表

县市区	林地面积（万亩）	森林覆盖率（%）
镇雄县	132.4	28.4
威信县	105.0	50.0
七星关区	250.9	49.0
大方县	202.9	38.6
金沙县	204.9	54.1
汇川区	109.5	48.2
播州区	180.5	48.4
桐梓县	184.0	50.0
仁怀市	119.8	45.2
习水县	262.8	56.0
赤水市	223.9	80.6
古蔺县	237.8	49.8
叙永县	246.5	55.2
合江县	199.2	55.0
合 计	266 2	47.9

注：本表资料来源于统计公报、县市提供材料和政府网站等。

（四）关于赤水河上游省份在跨界流域水权管理与生态补偿中的地位

上游四川部分区域的利益实现和水权管理责任。《方案》将云南视为上游地区，实际上四川省叙永县境内有一条名为倒流河的河流，发源于四川，然后流入云南境内，再汇入赤水河，从云南省出境，四川有部分区域位于上游。有人建议应将倒流河考虑进来，流域上游地区应包括云南与四川两省，可按照流量贡献来区分责任与利益；或者将云南作为上游，但云南应在倒流河跨界断面处考虑四川的贡献与责任，两省单独进行资金扣缴与补偿。

四川是否有必要加入云南与贵州间的权利义务分配？现有《方案》中视云南为上游，贵州与云南单独分配权利义务，即使不考虑四川也有部分区域在上游，云南出境断面后流经的是四川与贵州的共界断面，而非贵州单独境内，现在《方案》中的权利义务设定至少与事实不符，但四川是否有必要主张加入云

南与贵州的权利义务分配，既要考虑可操作性难度增加，又要考虑云南出境水质的现状与趋势，综合考量后再做决定。

（五）流域水权管理视角下的横向生态补偿

1. 总体看法

有人提出，川滇黔三省赤水河流域生态补偿，应有利于调动三省保护赤水河水环境的积极性，应做到权责明晰，应做到考核合理。有人建议，生态补偿方案应在划清楚流域及各自贡献责任的基础上进行，断面设置不宜太少，断面设置应有利于权责的清晰划分，生态补偿的出资额，应根据利用者的不同，利用多的出资额应多些。

2. 合江县内流域应纳入生态补偿范围

首先作为赤水河流域的下游，赤水河合江段承接的来水是上游工业、经济、生活发展以后的综合排水。在鲢鱼溪入合江后，赤水河沿岸虽然没有规划布置工业发展，但也要支撑基本的沿岸居民生活。如果上游来水只考虑过境断面的水质，而不考虑水环境容量的话，是否对于合江来说不够公平？其次作为赤水河流域的下游，赤水河出境断面应该是醒觉溪，而不是鲢鱼溪。那么对于赤水河全流域来说，如果全流域水质改善或维持优良水平进入长江，那么对于赤水河流域出境断面的补偿，在《方案》中并未提及，这是该《方案》的一大缺陷。因此，将鲢鱼溪断面作为整个赤水河的出境断面，这显然是很不合理的。完全从地理上错误划分了流域边界，也完全忽略了合江县对于赤水河流域生态环境的影响及改善作用。在考虑合江县内流域的前提下，也应考虑跨越贵州省习水县和四川省合江县的习水河对赤水河流域的影响，没有考虑习水河的赤水河流域是残缺的。

3. 补偿基准

《方案》中以水质恶化、水质维持或改善作为上下游生态补偿的标准，但此类标准在水质较差流域作为参照标准较为合适；而在赤水河流域，从目前各断面水质监测情况来说，水质问题就不是特别突出，对于某些断面来说，水质还相对较好。

表 13-23　2014—2016 年度赤水河流域水质监测数据

年度	断面	项目	1月	2月	3月	4月	5月	6月	7月	8月	9月	10月	11月	12月	平均值
2014年	鲢鱼溪	I_{Mn}	1.4	1.7	1.8	1.6	4.5	4.5	1.4	2.8	1.8	1.2	1.6	1.1	1.9
		NH_3-N	0.354	0.366	0.331	0.132	0.654	0.654	0.141	0.11	0.059	0.059	0.096	0.07	0.226
		TP	0.02	0.01	0.05	0.04	0.14	0.14	0.04	0.06	0.04	0.04	0.06	0.04	0.05
	醒觉溪	I_{Mn}	1.3	1.8	1.9	1.5	4.4	4.4	1.6	2.7	1.7	1.7	1.1	1.1	1.9
		NH_3-N	0.338	0.357	0.334	0.126	0.645	0.645	0.135	0.122	0.062	0.062	0.108	0.082	0.225
		TP	0.02	0.01	0.004	0.04	0.14	0.14	0.04	0.07	0.05	0.05	0.07	0.04	0.05
2015年	鲢鱼溪	I_{Mn}	1.2	1.2	1.1	1.2	1	1	1.1	1.2	1.2	1.2	1.1	1.1	1.1
		NH_3-N	0.1	0.054	0.033	0.071	0.084	0.084	0.18	0.176	0.152	0.152	0.085	0.151	0.103
		TP	0.05	0.04	0.04	0.05	0.04	0.04	0.04	0.02	0.04	0.04	0.05	0.04	0.04
	醒觉溪	I_{Mn}	1.0	1.2	1	1.1	1	1	1	1.1	1.1	1.1	1	0.9	1.2
		NH_3-N	0.085	0.075	0.036	0.075	0.067	0.067	0.145	0.133	0.193	0.193	0.117	0.16	0.108
		TP	0.04	0.04	0.04	0.05	0.03	0.063	0.04	0.01	0.07	0.07	0.06	0.04	0.04
2016年	鲢鱼溪	I_{Mn}	1.1	1.1	0.9	1.1	0.9	0.9	1.2	1.1	1.4	1.4	1	0.8	1
		NH_3-N	0.078	0.41	0.077	0.086	0.067	0.067	0.039	0.089	0.1	0.1	0.092	0.088	0.08
		TP	0.02	0.02	0.04	0.03	0.03	0.03	0.05	0.04	0.05	0.05	0.06	0.05	0.04
	醒觉溪	I_{Mn}	1	1	1.2	1	1	1	0.9	1	1.3	1.3	1	0.8	1.1
		NH_3-N	0.076	0.044	0.097	0.073	0.083	0.083	0.064	0.098	0.089	0.089	0.099	0.102	0.076
		TP	0.02	0.03	0.03	0.04	0.03	0.03	0.06	0.05	0.04	0.04	0.04	0.04	0.04

注：本表资料来源于统计公报、县市提供材料和政府网站等。

表 13-24　地表水环境质量标准对照表

编号	指标	Ⅰ类	Ⅱ类	Ⅲ类	Ⅳ类
1	高锰酸盐指数 IMn	≤ 2	≤ 4	≤ 6	≤ 10
2	氨氮 NH_3-N	≤ 0.15	≤ 0.5	≤ 1.0	≤ 1.5
3	总磷 TP	≤ 0.02	≤ 0.1	≤ 0.2	≤ 0.3

注：本表资料来源于《地表水环境质量标准（GB3838—2002)》。

2014—2016 年的断面监测数据来看，除了 2014 年 6 月鲢鱼溪及醒觉溪断面水质为Ⅲ类水质外，其余时段，赤水河合江段水质均可以达到Ⅱ类水质。在这种情况下，还要求改善以争取补偿，用这类补偿标准，是不合理的，不利于流域环境经济的协调可持续发展。

4. 考核断面设置

从赤水河干流来看，赤水河从鲢鱼溪处入四川合江县境内，该断面可作为生态补偿跨界断面水质的参考断面。沿赤水河而下，赤水河在醒觉溪断面处入长江，该断面可作为整个赤水河流域的出境断面。

5. 考虑流域边界的基础上划分生态补偿权利义务

由于合江县、叙永县地理位置的特殊性，跨长江和赤水河两个流域，县内各部门希望能清晰界定赤水河流域边界，以便进行各类数据统计，如流域面积、流域人口、流域内污染排放情况等，在此基础上划分生态补偿权利义务。

第十四章　南方流域灌区水权制度建设——玉溪河灌区思考

玉溪河灌区是长江上游典型的封闭型大型灌区之一，设计灌面 5.776 万公顷，涉及成都、雅安 2 市 4 个县 (市、区)。[①] 随着灌区经济的发展，目前需要玉溪河供水的时段加速拓展，不再仅仅是春灌期，在枯水期用水矛盾更加突出。本章通过分析玉溪河灌区水资源管理现状，深入剖析玉溪河灌区存在的水资源问题，就如何开展玉溪河灌区水权改革提出若干思考。

一、灌区基本情况

玉溪河灌区位于成都平原西部，海拔高程为 468—800 米，涉及成都市的邛崃市、浦江县，以及雅安市的芦山县、名山区等 4 个县（市、区）的 55 个乡镇。灌区系岷江与青衣江之间的浅丘台地，面积 1748 平方公里，东北以岷江、南河为界，西北以镇西山、蒙顶山为界，东南以长丘山、总岗山为界。

灌区所在地自然条件优越，交通便捷，距离成都市区约 70 公里，成雅高速、成温邛高速、川藏和川滇国道穿境而过。灌区常住人口约 100 万人，以农村人口为主，约 65 万人，城镇化率约为 35%。区内农耕经济发达，耕地面积共 93.59 万亩，是四川省粮食和经济作物的重要产区，主产水稻、玉米、小麦、茶叶、果蔬等，其中邛崃市是国家确定的四川省粮食产能核心区之一。工业主要以化工、建材、酿酒、多晶硅等为主。

玉溪河灌区引水主要通过引水工程实现，为自流引水，由闸门控制。工程

① 本章数据均为根据调研资料整理而得。

图 14-1　玉溪河灌区位置示意图

资料来源：四川省自然资源厅网站。

取水枢纽位于芦山县宝盛乡玉溪村，在青衣江支流玉溪河上拦河筑坝引水，枢纽以上集水面积 1054 平方公里，多年平均流量 38.1 立方米 / 秒，多年平均径流量 12.5 立方米。工程于 1969 年动工修建，1978 年建成通水。玉溪河引水工程主要通过引水总干渠、芦山左右支渠、百丈水库左右分干渠、团结堰等渠道体系保障。灌区内共设计干、支、斗渠 137 条，总长 1644 公里，实际建成 98 条，总长 1148.02 公里。其中主干渠 1 条，长 51.5 公里，位于芦山县境内，自工程枢纽穿越镇西山隧洞进入灌区，渠首设计引水流量为 34 立方米 / 秒；干渠和分干渠共 16 条，长 380 公里。

为更好发挥工程综合效益，灌区内建有白丈、长滩 2 座中型水库和 44 座小型水库，总库容 8000 万立方米。其中，2 座中型水库和 28 座小型水库可作为灌区的充囤水库，充囤库容为 5237 万立方米；兴利库容 6684 万立方米，可供开发水能储量约 3 万千瓦，已建成天车坡电站、横山庙电站、赵沟电站等 30 余座，总装机容量 2.43 万千瓦，年发电量约 8.5 万千瓦时。另外，灌区内有山坪塘 1375 处，总库容 984 万立方米，河流引水工程 236 处，提水工程 104 处，基本“引、蓄、提相结合，大、中、小相配套”的水利灌溉体系。灌区设计灌溉面积86.64万亩，现有效灌面68.39万亩。

自1978年引水工程建成通水以来，玉溪河灌区引水量持续提高，1978—1990年的年均引水量为4.6亿立方米，1998—2008年为6.76亿立方米，2008—2019年为7.15亿立方米。引入水资源主要用于农业灌溉、城乡生活、工业生产、水力发电、生态维护等方面，为区域经济发展和城乡居民生活提供了有力支撑。近年，随着经济社会发展水平和生态环境要求不断提高，灌区用水需求快速增加，水资源供需矛盾加剧，且因与时空分布不均、用水效率不高等问题叠加而逐年加重。一是灌溉高峰期水资源供应紧张，供需矛盾突出。玉溪河灌区多年平均人均水资源量为1009立方米，不足全国平均水平的1/2，水资源十分匮乏，而且水资源年度内分布极度不均，枯季（12月至次年4月）径流量明显不足，占全年径流量的比重不足10%，灌区引水受限，无法满足灌区生产生活需要。二是生态流量保障增加，进一步压缩可用水量。随着生态环保要求提高，玉溪河引水枢纽断面生态流量标准不断提高，尤其在枯季必须按要求控制闸门开度，保证下泄生态流量，维护河流基本生态，导致枯季灌区引水空间缩减。三是水利工程运行维护不够，引蓄调节功能不能充分发挥，引水用水效率不高，损失浪费严重。工业用水方面，据统计，目前灌区内每万元工业增加值用水76—90立方米，高于国家制定的65立方米标准，不符合最严格水资源管理制度和“三条红线”要求，用水效率偏低；农业用水方面，因灌溉设施陈旧、种植结构和灌溉方式落后等原因，蒸发、渗漏、浪费等问题突出。

二、水权制度建设思路框架及进展

（一）水权制度建设思路框架

指导思想方面，玉溪河灌区将水权制度建设作为落实中央和地方关于水资源管理、水权制度建设等工作要求的重要行动，同时也结合了灌区近年越来越突出的枯期水量不足、生态流量难以保证、损失浪费严重和农业水价机制不合理等用水实际问题，有针对性地开展进行。水权制度建设的目的是，通过建立包括水资源确权分配、水权交易、水价改革、市场培育等在内的水权制度体系，并不断推进落实，以制度创新为手段来优化水资源配置，提高水资源利用的效率效益，筑牢灌区经济社会高质量发展的基础和保障。

原则依据方面，首先遵守国家的最严格水资源管理体系和流域水量分配方案，以此确定灌区用水总量，然后再结合实际进一步明确灌区及区内各地的预留水量，在此基础上，最后把剩余水量分配给各地区、各行业，作为取水上限，用水执行用水定额制度。关于用水优先序，优先保证城乡居民生活用水，基本满足农业灌溉、工业用水和生态用水，兼顾其他用水，严格总量控制和定额管理。关于分配水量方法和步骤，坚持尊重历史、照顾现状的原则，兼顾流域与区域、经济与生态、现状与未来等用水关系，确定各县市区、各行业的可取用水量。在水权交易形式上，重点探索县市区间、行业间、用水户间、政府回购、生态补偿等几种形式，通过水权交易平台提高公开透明程度。在组织方式上，坚持政府主导，做好顶层设计和政策引导，协调各方利益，并开展多种形式的社会宣传，提高社会认知度和参与度。

建设任务方面。一是明确灌区取用水总量，通过对水文资料、工程设计、实际需水等数据的测算，确定不同水文频率下引水工程可供水量，作为总量控制刚性指标。二是明确各县市区取用水权益，将取用水总量分配到邛崃市、浦江县、芦山县、名山区等 4 个县（区、市），额度实行丰增枯减、年度调整，制定新增水量分配办法。三是制定各行业用水方案，通过行业现状用水分析，将各县（区、市）的水权额度分配到生活、工业、生态、农业等各行业，确定水量边界。四是进行确权登记，分别为生活供水厂站、工业用水企业、生态用水部门、农业用水组织或农户等主体，采取取水许可或水权证等形式进行确权登记。五是完善监测计量体系，涵盖全部干支渠和 30%以上的斗口，建设计量设施和远程监控系统，实现取用水计量监测全覆盖。六是探索多种形式的水权交易，包括灌区内县市间交易、农业—工业间交易、民间水权交易、生态补偿交易、政府水权回购等，探索建立灌区水权交易平台和交易系统。七是完善水价体系，逐步推进实施分类分档及用户层级的计量水价，建立精准补贴和节水激励机制。

（二）水权制度建设工作进展

水是生命之源、生产之要、生态之基，水利工程建设自然少不了相应的分

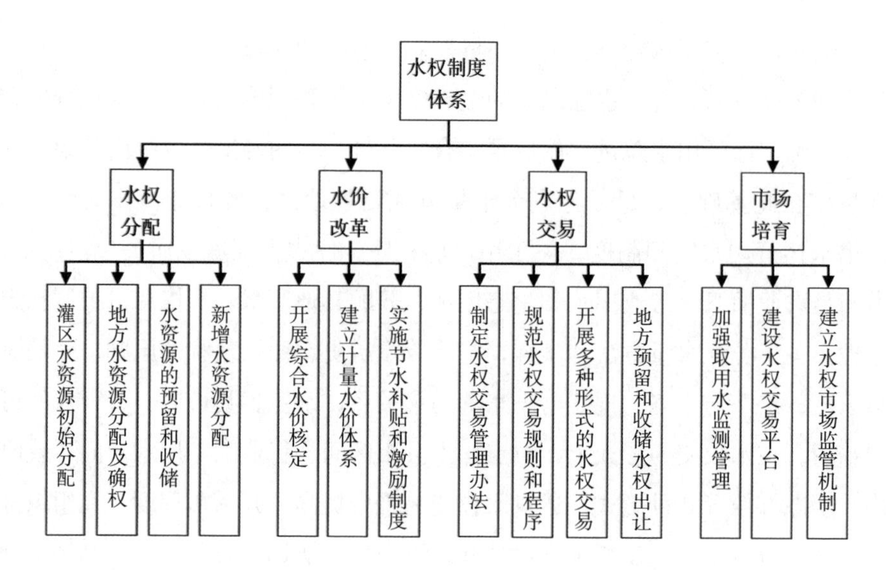

图 14-2　玉溪河灌区水权制度体系框架

资料来源：根据调研资料整理而得。

配和管理制度。早在玉溪河灌区建设之初，《四川省玉溪河灌区管理办法》就已出台，明确水资源分配办法和调度方式，并根据实际情况不断进行调整和修订。新世纪以来，随着区域经济社会快速发展，玉溪河用水矛盾日益突出，最初的水资源分配和调度制度，已不能满足实际需要，以水权转让为主题的制度创新逐步从实操层面开始试探性尝试。2003 年 12 月，玉溪河灌区芦山支渠管理所与四川省高宇集团签订水权转让协议，将保障芦山县灌溉以外的应分水权转让给天车坡水电站。芦山支渠管理所因此获得经济收益，解决了水利工程运行维护资金缺乏难题，而天车坡水电站渡过了无水发电的难关，成效明显，一举双赢。这是玉溪河灌区水权制度创新的雏形，尽管在登记许可、价格确定等方面仍不完善，但给水权制度改革积累了一定经验。

党的十八大以来，国家水利改革创新步伐明显加快，水权制度体系不断完善，先后分多批在全国开展试点试验，并取得了较好的成效和经验。玉溪河灌区深刻理解水权改革对灌区及地方经济社会发展的重要性和紧迫性，也考察了其他试点地区水权制度建设的效益和经验，于 2017 年 4 月启动水权改革试点工作，并结合国家农业综合水价改革同步推进。试点旨在立足四川水情，针对玉溪河灌区水资源短缺、管理能力落后等实际问题，运用市场化机制，以制度来规范和提高水资源利用效率。2017 年 12 月，水利部发展研究中心赴玉溪河灌区进行专题调研和指导。2018 年 5 月至 2019 年 6 月，完成《四川省玉溪河灌区水权制度改革试点工作方案》和《玉溪河灌区水权改革试点实施方案》，明确了试点工作目标、任务、步骤及分工，成立由四川省水利厅牵头的领导小组和工作机构。目前正加紧编制《四川省玉溪河灌区水权制度改革初始水权分配方案》，为下一步落实初始水权分配做准备，整体进程较为缓慢。

附　录　国际经验

第十五章　美国科罗拉多流域水权制度特征与启示

美国科罗拉多河是美国西南部的生命线，其水权分配是世界范围内一个既包括国内和国际水权分配，也包含水权分配理论和实践的代表性案例。本章阐述科罗拉多河近70年的水权分配具体历程，分析亚利桑那州在在科罗拉多河水权分配中的角色和作用，总结科罗拉多河水权分配的经验，提出对与亚利桑那州角色相近的长江上游在水权分配中的启示和借鉴。

一、科罗拉多河水权分配历程

历经70多年的科罗拉多河水权分配历程是一个逐渐细化和深化、不断完善的过程。从区域看，是从上下流域间分水到下游各州间分水，到美国、墨西哥国际分水，再到上游各州进行水权分配历程；从手段看，是从硬性国内契约和国际条约的行政化分配过程到灵活多元的水权转让、水市场和水银行等市场化过程；从内容看，是从生产生活用水分配到生态景观用水分配，从水量分配到水质控制的过程。

1922年签订《科罗拉多河契约》。由于美国西部水资源的稀缺，加上19世纪中后期由西部淘金热带来的西部大开发导致下游州对科罗拉多河水的使用量大幅增加，科罗拉多河成为水权纠纷严重的河流。为解决日趋严重的水资源冲突，在联邦政府协调下，科罗拉多河流域分属上游和下游的7个州经过长期谈判和协商，于1922年11月签署了著名的《科罗拉多河契约》，标志着科罗拉多河水权分配的开端。该契约主要包括两方面：（1）明确科罗拉多河上下游范围。上游包括怀俄明州、犹他州、新墨西哥州和亚利桑那州一部分地区。下游包括内华达州、亚利桑那州大部分地区和加州。（2）依据当时各州实际用水量和未来的发展需求，以科罗拉多河多年平均径流量 185 亿立方米为基准，科罗拉多河上游和下游各分得 92.5 亿立方米水量，即上游各州必须保证无论丰枯期下游各州水权不少于 92.5 亿立方米。

1928 年博尔德峡谷项目法案。在又经过长期的协商后，下游各州于 1928 年通过了博尔德峡谷项目法案。该法案首先对 1922 年《科罗拉多河契约》所分配的 92.5 亿立方米水权在各州之间进行了具体分配，如下表所示。此外，还规定亚利桑那州可得到每年多余水量的 50%。其次是建设包括胡佛大坝、密得湖水库、全美运河等水利工程来具体操作水量分配。胡佛大坝坝高 220 米，建于内华达州和亚利桑那州交界之处的黑峡，其所形成的密得湖水库库容约为 345 亿立方米，为科罗拉多河多年平均径流量的两倍。全美运河位于美墨边界，全长约 130 公里，流量超过 740 立方米 / 秒，耕地灌溉面积超过 25 万公顷。博尔德峡谷项目法案一方面从制度层面细化了下游各州的水权分配，另一方面通过工程手段有效保障了下游各州的水权分配，所建设的骨干水利工程具有水电、防洪、旅游、灌溉、航运、生态等显著综合效益，从而基本解决了科罗拉多河下游三州间的用水矛盾。

表 15-1　1928 年科罗拉多河下游三州水权分配方案

州名	分配方案 / 亿立方米	占下游总水量比例 / %
内华达	3.70	4.00
亚利桑那（下游部分）	34.58	37.30
加利福尼亚	54.27	58.70
共计	92.50	100.00

资料来源：《科罗拉多河水资源统计模式评价及其借鉴》。

1944 年美墨签署水权分配条约。1944 年，美国和墨西哥政府签署了《美国和墨西哥利用科罗拉多河条约》，明确规定美国每年应提供 18.5 亿立方米水权给墨西哥，而墨西哥不能要求额外用水量。如在枯水年份不能提供 18.5 亿立方米水权给墨西哥，则美国境内用水量也应削减相应比例。1944 年条约是解决美国和墨西哥间国际水权分配的重要条约，是科罗拉多河水权分配史上的另一里程碑。

1948 年科罗拉多河上游水权分配协议。第二次世界大战后美国经济快速发展导致科罗拉多河上游用水量逐年大增，为明确各自水权，上游四州于 1948 年对拥有的 92.5 亿立方米水权进行了具体分配：首先以固定量方式分给亚利桑那州（位于科罗拉多河上游部分）0.62 亿立方米，其次按比例分配方式分别分给科罗拉多州、新墨西哥州、犹他州和怀俄明州剩余水权的 51.8%、11.3%、23%和 14% 。

1956 年科罗拉多河蓄水工程行动。为从工程上落实 1948 年上游四州水权分配协议，美国垦务局通过科罗拉多河蓄水工程行动于 1956 年在上游规划和建设了韦恩阿斯皮诺尔大坝、佛莱明乔治大坝、纳瓦霍大坝、格兰峡谷大坝四个大型水利工程和多项配套工程。该工程行动总蓄水量超过 419 亿立方米，其中规模最大的水利工程是位于亚利桑那州北部的格兰峡谷大坝，所形成的鲍威尔湖库容超过 330 亿立方米，占总蓄水量的 64%。所建设的鲍威尔水电站装机容量为 130 万千瓦。格兰峡谷大坝等工程建成后不仅极大地增强了科罗拉多河上游流量调节、航运和防洪能力，同时也创造了巨大的旅游观光效益，使美国中西部从人迹罕至的沙漠变成了著名旅游胜地。

1968 年科罗拉多河流域工程行动。该工程行动建设了以中部亚利桑那工程（CAP）为主的一系列引水供水工程，将 18.5 亿立方米科罗拉多河水调入到亚利桑那州人口稠密的菲尼克斯和托克敖地区以及地下水正在枯竭的农业地区，有效缓解了亚利桑那州中南部地区的缺水问题和地下水超采严重问题。

1970 年科罗拉多河水库联合运行协议。到 1970 年，科罗拉多河上建成的重要大坝已超过 10 座，急需联合运行各大坝以实现这些工程效益的最大化。因此于 1970 年颁布水库联合运行协议，主要是统一调度上游格兰峡谷大坝和下游胡佛大坝两大骨干工程的运行：格兰峡谷大坝的运行主要是确保 1922 年协议关于下游年均 92.5 亿立方米的水权分配量；胡佛大坝的运行主要是确保 1944 年条约墨西哥年均 18.5 亿立方米的水权分配量。

1973 年 /1974 年盐碱控制协议。随着越来越多的水库拦截，科罗拉多河墨西哥段水量逐渐减少，导致美墨边境河水断面含盐量从年平均 0.8 毫克／升增至 1.5 克／升，从而对下游美墨灌区的农作物造成严重损害。为解决河水含盐量过高问题，美国先后于 1973 年通过法案和 1974 年启动盐碱控制行动，采取包括建设水淡化处理厂、建立滴灌和喷灌设施、重新衬砌河水渠道等工程措施，以控制流经至墨西哥境内的河水含盐量不高于 0.15 克／升。

以市场交易和生态环境保护为主导的新时期水权分配。一方面，1980 年以后，水权分配逐渐转向以市场交易为主导的水权转让，如建立水市场和水银行等水权交易平台。由于科罗拉多河下游是美国重要农业区，其农业灌溉用水价格与工业用水和城市用水价格相差巨大。通过节约农业灌溉用水，并通过水市场或水银行将水权转让给效益更高的工业用水和城市用水，不仅可以帮助农户获取更高收益，而且更重要的是大大提高了水权使用效率。由此，近三十年来科罗拉多河下游出现了很多水权市场交易的著名案例，如加州帝王谷至圣迭戈的水权交易项目、欧文谷至拉斯维加斯和凤凰城等城市水权交易项目、加州水银行项目等。另一方面，20 世纪 70 年代后，科罗拉多河水权分配由水量分配逐步转向为关注生态环境。大峡谷保护法于 1992 年发布，明确规范了大峡谷大坝在生态环境保护、野生动物保护、国家公园及旅游休闲等方面应严格履行的义务和应遵守的运行规则；在此基础上，1996 年实施了格兰峡谷大坝适应管理项目，以增强格兰峡谷大坝对生态环境的适应和保护能力，并建立科罗拉多流域生态环境保护的长效机制。

二、亚利桑那州在科罗拉多河水权分配中的角色和作用

亚利桑那州居于科罗拉多河流域的中心位置，州部分地区位于科罗拉多河上游流域，其他大部分地区处于科罗拉多河下游流域。亚利桑那州天气干旱少雨，一半地区年降水量不足 250 毫米，州府所在城市凤凰城年降雨量约为 180 毫米。由于州内水资源较缺乏并严重依赖科罗拉多河，从 20 世纪初期以来，亚利桑那州一直非常重视并积极争夺科罗拉多河水权。在近 70 年的历次水权分配过程中，亚利桑那州对争夺自身合理水权的立场很坚定，态度也较强硬，充分保障了亚利桑那州内经济社会环保快速发展对水资源的需要。其做法主要包括两方面：

一方面，采取协商和法律等各种手段对外积极争夺水权。对于《1922年水权契约》，亚利桑那州认为该《契约》未充分体现其合理水权利益，所以一度拒绝签署该《契约》；在1928年下游各州水权具体分配谈判中，亚利桑那州采取各种方法与其他州积极协商和讨价还价，最终在原额定34.6亿立方米水权的基础上，还额外获取了每年下游多余水量的50%；亚利桑那州是科罗拉多河流域7个州唯一同时获得上游和下游水权的州；在1948年上游各州水权具体分配中，亚利桑那州是唯一按固定水量分配水权的州，从而保证其每年获得水权不受径流丰枯影响。此外，亚利桑那州勇于采取法律手段来维护自己的合法权益。如20世纪30年代后，亚利桑那州因担心其合法水权会被当时快速发展的加州抢占，多次将加州告上法院，直至1963年最高法院对此案做出最终判决，严格规定加州水权不超过54.3亿立方米。同时，面对水权法律诉讼也敢于据法力争。如加州认为应将亚利桑那州中部工程所使用的科罗拉多河支流水权计入其额定水权内，并以此为由将亚利桑那州几次告上法庭。亚利桑那州积极面对，据法力争。经几番诉讼，1964年美国最高法院对此案做了最终判决，驳回了加州的诉求，亚利桑那州从而依法保护了自身的水权利益。

另一方面，对内积极建设各种水利工程，形成比较完善的水利工程体系。如从1903年开始建设盐河工程（SRP），引水至菲尼克斯中部地区，其目前的年引水量超过12亿立方米，灌溉面积超过10万公顷。从20世纪60年代起，亚利桑那州经济发展迅速，人口快速增加，工农业和生活用水量大量增加，导致地下水开采量曾高达35亿立方米，为总供水量的60%，大大超过其地下水年补给量8.5亿立方米，使得地下水年超采量严重，从而导致了很多经济社会和生态环境问题。为解决这一问题，尽管面临加州的坚决反对，在争取到联邦政府的大力支持后，亚利桑那州决定建设该州最重要的调水系统——中央亚利桑那工程项目（CAP）。该工程项目于1973年开工，于1985年建成投入使用。工程全长约550公里，每年从科罗拉多河向亚利桑那州中南部地区调水17.5亿立方米，建设费用超过36亿美元，是美国距离最长、建设费用最高的水利工程项目之一。该工程建成运行后，不仅为亚利桑那州中南部地区供应17.5亿立方米农业灌溉用水、工业用水和生活用水，使得州内地下水位明显回升，而且还有防洪、航运、生态、旅游等综合价值。另外，亚利桑那州还争取到美国垦务局在其北部建设了著名的格兰峡谷大坝、库容超过 330 亿立方米的威尔湖水库、装机容量为 130 万千瓦的鲍威尔水电站等具有发电、防洪、旅游等综合功能的大型水利工程和一系列配套水利工程，从而建立了比较完善的水利工程体系。

三、科罗拉多河水权分配对南方流域的借鉴意义

科罗拉多河是干旱缺水的美国西南地区的主要水源，同时也是一条国际河流。近 70 年的科罗拉多河水权分配基本上解决了流域用水冲突，使得科罗拉多河水资源在全流域得到合理开发和利用。科罗拉多河水权分配的经验可简单总结为：相对完善的法律基础和明晰的水权制度，尊重现状用水基础上渐进式逐渐细化和不断完善，相关利益团体广泛参与，通过民主协商签订水权协议解决水权冲突、亚利桑那州依法充分维护自身合理水权。与亚利桑那州一样有着丰富水资源的长江上游可从以上经验中得到以下几点借鉴。

（一）水权分配是一个渐进过程

水权分配要因时因地，要与流域水资源条件和经济社会环境发展水平相适应。在水权分配中，很难一次性制定出一种完全适合各方需求和满足各方利益的完美分配方案，需要在实践中不断细化和完善。具体来说，根据科罗拉多河水权分配经验，南方流域水权分配要按照渐进发展的模式，可先从上下游间分水然后到上游下游各区域间分水，可先从行政化主导分配转变到灵活多元的水权转让、水市场和水银行等市场化主导分配，可先从生产生活用水分配然后到生态景观用水分配，先从水量分配然后到水质控制。

（二）依法充分维护自身合理水权

虽然具体国情和省情与亚利桑那州根本不同，但在水资源日趋紧张的背景下，同样位于南方流域上中游和水权丰富的长江上游各省份如四川和重庆等可以借鉴亚利桑那州在科罗拉多河水权分配中的做法，依法充分维护合理水权：一方面，在中央政府支持和协调下，采取民主协商办法积极与长江流域下游的

发达省份进一步细化和完善现有的水权分配方案，并积极发展通过水权交易平台等市场化交易方式来优化水权配置；另一方面，要积极向中央争取在长江上游建设包括蓄水、输水工程和计量设施等重要水利工程和配套工程，形成比较完善的水利工程体系，以提高水权调度和水权交易能力。

（三）水权制度建设和水利工程建设并重

水权制度建设是水权分配的制度保障，水利工程设施是水权分配的技术支撑，两者相辅相成，互为依托。科罗拉多河流域的水权分配正是在良好的水权法律和制度基础上，通过以胡佛大坝和格兰峡谷大坝等为骨干的水利工程体系而实现的。南方流域一方面要重视推进水权制度建设，积极发展水市场、水权交易中心等水权交易平台；另一方面，要重视建设一批骨干蓄水工程、输水工程和水电工程，争取在重要河流实现水计量和监控设施全覆盖。

（四）保障水资源附近用水户的优先使用权

在解决用水矛盾时，应该注意保护用水户的“临水权”，即水资源附近的用水户有优先使用权。水权转让的主动权应掌握在拥有“临水权”的用水户手中。

（五）重视环境生态用水

可在南方流域试点生态用水配套法律建设，在法律上明确生态用水的法律地位和优先性，规定保障生态用水的原则、要求、方法和措施；在实践操作中配套一系列政策措施和操作办法，严格保障生态环境用水。

（六）积极推动公众广泛参与

在实践中，可先在长江上游如都江堰灌区成立农民用水者协会，直接决策基层水资源配置，并参与到水行政主管部门的分水配置过程中。这些模式和尝试值得政府的鼓励和支持，有效果后再向长江上游其他区域和行业推广。

第十六章　德国水资源管理及水权制度特征与启示

德国在私法和公法都对水权制度建设保持较高的关注，从《德国民法典》到《水平衡管理法》的颁布，再到20世纪末欧盟《水框架指令》的制定，德国水权统一和系统化进程特征明显，特别是在与水相关的私法权益领域的规范逐渐收缩，且都侧重于公法监管领域，这体现了水权制度建设从私法向公法转变的趋势。本章将从德国水资源情况和相关法律完善进程入手，梳理德国水资源管理体系和水权制度建设的特征，尝试为我国南方流域水权制度建设提供参考。

一、细致完善的相关法律、法令及标准

德国《水平衡管理法》这部法典对于水相关的概念都作了集中式的概念定义，水法中第3条共规定了15个水相关的概念。2009年德国《水平衡管理法》重新修编，增加了对重要概念的明确定义并使之相互协调。主要概念分别为：地表水体、沿海水体、地下水、人造水体、水体特征、水体状况、水质、有害的水体改变、技术状况、流域（集水区）、支流域（支集水区）和流域单元。在该法中，规定水体包括地表水体、沿海水体和地下水三部分。①

根据欧洲法律，德国法律进行了调整、适应和发展，对工业企业的环境友好性有很高的具体要求。在这一框架内，联邦一级最重要的国家法律

① 沈百鑫：《德国和欧盟水法概念考察及对中国水法之意义（上）》，《水利发展研究》2012年第1期。

是：水制度管理法（WHG）；饮用水管理（Trin 千瓦 V）；地下水管制；污水管制（AbwVO），废水排放税法案（AbwAG）；《洗涤剂和清洁产品环保法》（WPMG），以及关于肥料（肥料）的法令。①

这些联邦法律在德国 16 个联邦州一级得到进一步规定。根据土地的条件和政治目标，还有一项关于土地水的法律，一项关于土地废水排放权税的法律等。在最低一级，要求和标准的制定非常具体，要求较低一级遵守较高一级的框架要求。例如，市政当局采取的关于净化废水处理厂的标准，应该考虑到强制性要求，地区政府必须遵守州和联邦法律的最低要求，在德国有很多情况下，市政当局在污水处理厂安装了一种特别高效的技术（具有良好的除磷效果或额外的废水卫生措施）。在特别“敏感”的河流流域地区，地区政府和土地政府规定了比土地或联邦法律的最低要求更严格的最高允许标准（例如博登湖流域、巴伐利亚湖泊或波罗的海沿岸）。在政治讨论的过程中，并通过对环境标准的最新决定由不同的机构，有一个市议会的密切团结，区议会的土地，联邦议院等。该联盟包括科学专业联盟和有关组织，例如，在所谓的听证会期间，这些组织影响了法律的最重要条款。这种联邦和多层次结构的优点是它可以团结所有利益和知识的载体。负责地方水管理，特别是市政和民营企业，工业用水消费者，但是，需要考虑到大量的法律法规和相关的组织和技术法规。

在德国，标准的定义是在联邦一级构建的。更高的要求是欧洲法律行为的要求，这一点尤其如此：用户对水的指令 2000/60/EC（http：//www.europa.eu.int/eur-lex）；处理城市废水指令 91/271/EEC；综合措施指令 96/61/EC；以避免和减少环境污染（IVU- 指令）；地下水指令（80/86/EWG）；饮用水指令（98/83/EC）；硝酸盐指令（RL91/676/EWG）；PSM 指令（RL91/414/EWG）；保护水体和排放水中的有害物质指令（76/464/EEC）；游泳指示池（76/160/EEC）等。②

另外还有《废水管理条例》，规定了不同类型废水的技术标准，作为强制性的最大允许标准。它规定了在城市废水处理框架内排放废水的要求，其中

① Brackemann H，*Strukturentwicklung in der Wasserwirtschaft.Gwf: Wasser Abwasser*，2001，Nr. 13，S.20-26.

② Brackemann H，*Strukturentwicklung in der Wasserwirtschaft.Gwf: Wasser Abwasser*，2001，Nr. 13，S.20-26.

实施了欧洲法律对水体保护的要求。总共有 54 个应用程序，针对不同工业部门的生活废水和废水制定了具体的监管标准。1975 年《洗涤剂和清洁产品法》（1994 年修订）规定了洗涤剂和清洁产品对环境友好的要求。可以禁止或限制使用对水有害的物质。法律要求洗涤剂和清洁产品制造商向联邦环境服务部门报告其产品的配方。此外，消费者应该在包装上的文字中了解最重要物质的含量以及剂量规则。

二、分工明确的水资源管理体系

德国作为一个联邦国家有一个联邦国家结构：国家任务分配在联邦，土地和地方政府的各级。设在柏林统一的联邦政府负责水管理领域的主要立法和国家任务。其他有：联邦环境、自然保护和反应堆安全部，负责分配给水体的保护；联邦经济部，负责供水和水管理的工业支持；教育的联邦部，负责科学研究和新技术的开发；联邦卫生部，确定和控制饮用水质量；国际合作委托给联邦经济合作和发展部，负责各部委的特殊服务，例如：联邦环境服务；联邦水环境署；以及私人承建商担任水务科技项目协调员部门；技术合作协会等。十六个联邦州的政府为地区政府，负责在联邦法律框架内管理其领土内的供水和卫生。在有关水的土地法的框架内，组织和发展供水和卫生是地方政府的传统强制性任务之一。为了支付在这种情况下出现的成本，地方政府从消费者那里获得捐款和费用。不同级别的参与者和组织在德国水务部门互动工作。

德国水管理技术法规的制定，水资源管理任务的执行不仅是根据国家机构的规则进行的。科学家和经济代表与政府当局密切合作，为德国水务部门制定统一技术法规的概念。这种方法完美地实现了合作和参与德国水务部门的原则。

三、德国的“水需求”概念和相关的水体使用权

（一）“水需求”概念

“水需求”即对水的需求，这是发展中的一个概念。对水需求的分析和预

测是决定供水系统规划、建设和运行的一个基本量。通过改善用水技术，从设备和单个设备到整个封闭系统，可以显著减少用水量，而不会丢失任何设施。因此，规划战略迄今一直侧重于供应，应付面向需求的部分。通过差异化和灵活的概念，可以实现有利于供水企业发展潜力的水消费者的经济利益，通过减少废水排放来减少环境污染。

根据德国工业标准（DIN）4046的水需求是供水公司作为确定供水设施规模的基础的计划值。它表示在一定时间内推测供水所需要的水量，因此能够区分饮用水、工业用水和灌溉用水的需要。对总需求及其组成部分的实际评估包括分析个别消费群体消费者的特征和对未来发展的评估，例如：(1）需要供水和人口发展的居民人数、消费习惯和人口的生活水平，特别是建筑物和公寓的浴室、厕所、坐浴盆和其他设备和配件，决定消费的设备；(2）人口密度（每单位居住空间的居民数量）及其临时逗留或缺席(例如，旅馆、度假村和医院、军营、其他类型的住房和工作)；(3）可用的自己或个人供水量；(4）气候和气象因素即降水水平，其分布和持续时间，年平均和夏季最大值温度、湿度和蒸发；(5）开发和开发的类型，地块的大小（单户或多户住宅），花园和草坪的大小；(6）污水处理系统的发展水平；(7）公共机构对水的需要；(8）工业企业的类型、数量和用水量；(9）花园作物的密集生长需要水；(10）农业企业的牲畜供应和耕地灌溉的需要；(11）供水定价（税务制度）；(12）废水处理的费用或价格；(13）灭火需要用水，取决于对财产和人员的风险以及火灾蔓延的风险。①

（二）如何获得水体使用权

如果想要使用天然水资源和水库的个人或企业必须获得许可证。其中客户最常见的是直辖市供水公司或工业企业，例如，希望得到从地下来源的水，建立和经营水井和水处理厂。如果正在兴建新的开发区或工业区，需要提供处理水、处理设施和向河流排放废水的顺序，则需要提交适当的许可证申请。在提交申请时，不仅需要提交技术计划，还需要提交（取决于措施的范围和意义）

---

① https://www.c-o-k.ru/articles/vodnyy-sektor-germanii-vodosnabzhenie-i-udalenie-stochnyh-vod.

排放评估结果、环境影响研究等。许可证的申请将提交给相关办公室。这是在大多数联邦州所谓的低级水保护服务的“小”事件和更高层次的水保护服务的“大”事件。他们在适当的级别使用他们的特殊服务，即水资源管理和环境服务部。一个重要的民主因素是听取第三方的意见，例如环境协会、公民倡议团体或有关个人的意见，在执行大型项目时严格按常规程序进行。如果在检查法律和特殊条件后获得许可证，在个别情况下需考虑到目前的环境标准和特殊要求的建设和操作，那么所计划的事件方可进行。

（三）水资源管理税法

在基本水法律的基础上，水资源的管理根据现有的各种相互补充的原则在德国进行。例如：用不同的供水和卫生标准控制价格；财务利益应该增加利益相关者的利益；可持续用水税收减免的权利；地下水的消费，水提取费或排放（收费的废水污水权利）等。水电费法是供水领域的价格管制，遵循不同的原则和不同的立法基础，而不是水处理领域。在水的处置，覆盖成本的原则适用，即地方当局对此负责，将所有费用完全转移给消费者，因此他们不能指望额外的利润。

废水排放权税法，于1976年的《废水排放税法》（于1994年修订）规定了将处理后的废水直接排放到水体的税费。缴纳税款并不以任何方式免除个人清洁废水的义务。①

雨水税是一种相当具体的税种。从本质上讲，这是向德国公民征收的被称为废水的水费的一部分。降水产生的水从私人场所进入下水道系统。这些领土被称为“密封区”（包括：进场道路、屋顶、停车位及房前柏油铺设路段）。当废水的水位非常高时，未改进的雨水系统将无法应对强大的水流，在这种背景下，存在严重的洪水威胁。公用事业部门的员工表示，为了防止风险和相关的不便，需要及时进行预防性工作。预防包括排水沟的清洁和更新，这是公民支付的费用。②

---

① https://lawbook.online/ekologicheskoe-pravo-rossii-kniga/108-vodnoe-pravo-ohrana-vod-68170.html.

② https://visasam.ru/emigration/europe-emigration/nalog-na-dozhd-v-germanii.html.

（四）水权类型

德国联邦水法规定了德国的水权制度。该法律分别规定了水的几种形态，包括地下水、地表水和海水。根据德国的水权制度，水权可以分为公共水权、私人水权、集体水权和国际水权。

1. 公共水权

公共水权是指那些属于公共财产的水源，包括河流、湖泊、海洋等。德国政府通过水权管理机构对公共水权进行管理和监督，以确保水源的合理利用和保护。政府对公共水权的管理包括以下几个方面：（1）制定水资源管理政策和法律法规，以保护和管理水资源；（2）对水资源的质量和数量进行监测和评估，以确保水资源的可持续利用；（3）颁发水资源使用许可证和监督水资源的使用情况；（4）与其他国家政府进行合作和协调，以确保国际水权的合理利用和保护。

2. 私人水权

私人水权是指那些由个人或私人企业拥有的水资源，例如私人井和水塘等。私人水权的管理和保护不仅需要个人或私人企业自己负责，也需要政府的监管和管理。政府的监管和管理主要包括以下几个方面：制定私人水资源管理政策和法律法规；颁发私人水资源使用许可证，规定私人水资源的使用方式和量；监督私人水资源的使用情况，确保不会对公共水权造成损害；对私人水资源的保护和管理进行评估和监测。

3. 集体水权

集体水权是指那些属于多个人共同使用的水资源，例如公共供水和排水系统等。政府和私人合作管理集体水权，政府负责监管和协调，而私人则负责具体的管理和运营。政府对集体水权的管理和监督主要包括以下几个方面：制定集体水资源管理政策和法律法规；颁发集体水资源使用许可证，规定集体水资源的使用方式和量；监督集体水资源的使用情况，确保不会对公共水权造成损害；对集体水资源的保护和管理进行评估和监测。

4. 国际水权

国际水权是指那些跨越国界的水资源，例如国际河流和湖泊等。德国政府与其他国家政府合作管理国际水权，以确保国际水资源的合理利用和保护。政府对国际水权的管理和监督主要包括以下几个方面：

与其他国家政府进行协商和合作，制定国际水资源管理政策和法律法规；颁发国际水资源使用许可证，规定国际水资源的使用方式和量；监督国际水资源的使用情况，确保不会对其他国家的水资源造成损害；对国际水资源的保护和管理进行评估和监测。

（五）水权管理分级制度

德国的水权管理制度包括多个层次的管理机构和政策，以确保水资源的合理利用和保护。

一级水权为联邦级。在德国，联邦政府负责制定和实施水资源管理政策和法律法规，监督国家范围内的水资源管理情况。联邦政府下设的主要机构包括：联邦环境部（Bundesumweltministerium，简称 BMU）：负责制定和实施环境保护和可持续发展政策，包括水资源管理政策；联邦水资源管理局（Bundesanstalt für Gewässerkunde，简称 BfG）：负责监测、评估和预测国家范围内的水资源情况，以及制定相关政策和法规；联邦环境署（Umweltbundesamt，简称 UBA）：负责监督和评估国家范围内的环境和可持续发展情况，包括水资源管理情况。

二级水权为州级。德国联邦共和国由 16 个州组成，每个州都有独立的水资源管理机构和政策。州级水权的主要责任是实施联邦政府的水资源管理政策和法律法规，同时根据当地的自然和人文环境制定相应的管理措施和计划。州级水权的主要机构包括：州环境部门：负责制定和实施当地的环境保护政策和法规，包括水资源管理政策；州水资源管理局：负责监测、评估和预测当地的水资源情况，以及制定相关政策和法规；州水资源委员会：由当地政府和利益相关方组成，负责协调和管理当地的水资源。

三级水权为地方级。在德国，水资源管理的最终落实是在地方级。地方政府和利益相关方需要制定和实施当地的水资源管理计划和政策。地方级水权的主要机构包括：市政府和县政府：负责制定和实施当地的环境保护政策和法规，包括水资源管理政策；地方水资源管理局：负责监测、评估和预测当地的水资源情况，以及制定相关政策和法规；地方水资源委员会：由当地政府和利益相关方组成。

除此之外，德国的地方政府还会与当地的利益相关方建立水资源管理组织和协调机构，以促进水资源的合理利用和保护。这些组织和机构包括：水资源管理协调委员会：由当地政府和利益相关方组成，负责制定和实施当地的水资源管理计划和政策；水资源利用者协会：由水资源利用者组成，包括工业企业、农业生产者和城市居民等，负责协调和管理当地的水资源；水资源保护协会：由环境保护组织、公民团体和专业人士组成，负责监督和维护当地的水资源生态环境。

（六）水权许可证制度和水权转让制度

德国的水权制度还规定了水权许可制度和水权转让制度。水权许可制度是指需要对使用水资源的行为进行事先许可和审批，以确保水资源的合理利用和保护。水权转让制度是指可以将已获得的水权转让给他人，但需要满足一定的条件和程序。这种制度旨在确保水资源的合理利用和保护，同时促进经济发展。在德国，任何人或组织在使用水资源前都必须获得政府颁发的水权许可证。水权许可证的申请需要详细说明水资源的使用方式、使用量、使用地点等信息，并符合德国的水资源管理法律和政策规定。政府部门会对申请进行审查，并在符合要求的情况下颁发许可证。

在德国，水权转让主要是在三级水权管理层面上实现的。联邦政府和州政府负责制定水权管理的法律和政策，对水权进行分配和管理；而地方政府则负责具体的水权转让事务。

德国的水权转让制度有以下特点：拥有权与使用权分离：德国的水权转让制度允许水权持有者将其拥有的水权与使用权分离，将水权出售或出租给其他人使用。受法律保护：德国的水权转让制度得到法律的保护，相关的法律和政策规定了水权的买卖和租赁的条件和程序，保证了水权转让的合法性和规范性。灵活性：德国的水权转让制度允许水权持有者根据自己的需要和经济利益进行灵活的水权转让，适应了市场需求和经济变化。双向转让：德国的水权转让制度不仅允许水权持有者将水权出售或出租给其他人，也允许其他人将其水权转让给水权持有者。限制性：德国的水权转让制度设定了一定的限制，包括水权持有量、使用条件、水质保护等方面的限制，以保障水资源的可持续利用和保护。

总之，德国的水权制度非常完善和复杂，政府对不同类型的水权进行管理和监督，以确保水资源的合理利用和保护。

四、德国水资源管理的成功案例

水需求不再被理解为一个固定的框架条件，而是一个受经济水管理，雨水使用和再供水影响的量。现今现代化城市应解决公共供水、城市废水处理、工业废水排放、减少含氮物质和实施重大水管理项目等中心问题，在每种情况下，给出用于找到和实施成功解决问题的措施。一些例子表明，现代工业化国家的高生活水平不应该伴随着水体污染和高用水量的出现。

德国早期进入工业化阶段，成为人口稠密国家。除了英国或日本之外，没有其他机会可以通过最短的海上路线排出靠近海岸的大型工业中心的污水。在60年代末70年代初期，德意志联邦共和国的水污染引起了世界极大的关注。在德意志联邦共和国的成长时期，对水体的保护没有跟上工业的快速发展。此后在市政地区建造了8000多座生物处理厂，由于对废水进行了强化处理，并在工业企业内部采取了额外措施，废水中含有的破坏氧气的有机和有害物质的排放量大大减少。因此，已经实现了地表水质量的明显改善。在柏林东部和勃兰登堡、梅克伦堡、萨克森、安哈尔特和图林根，在1989年德国统一的时候，水库部分严重污染，他们必须迅速和持续地进行消毒。这需要国家、土地、定居点和农场在团结和大量财政资源的单一国家行动中共同努力。德国政府建造了2000多座污水处理厂，建造了数百公里的运河，并对整个工业部门进行了消毒。

今天，德国是欧洲和世界各地在水技术和水管理领域最发达的国家之一，完善细致保护水体，拥有设备齐全的处理设施，具有高水平的连接消费者的下水道网络，高标准的饮用水。

另外，自1990年以来，我们可以注意到德国用水量几乎减少20%，德国环境政策的实施的一个成功例子是鲁尔：一方面，它是一个巨大的工业发达地区的名称，另一方面，它是包括在经济活动中的第一个德国河道成功的国际合作案例，特别是莱茵河，它从欧洲的泄殖腔成为鲑鱼返回的河流。鲁尔的例子表明，自《欧盟水资源准则》（2000 年 12 月）生效以来，在历史背景下以及在发展技术和组织结构方面，河流流域需要开展的综合经济活动。莱茵河作为德国最大的河流，可以从欧洲的前“下水道”变成示范河，成功消毒的典范，这是良好的国际合作的结果。

水资源管理发展的特殊任务是德国统一后在新的联邦土地上消毒和建立现代供水和卫生系统。然而，所有这些成功都不应该误导我们，认为德国的水问题已经得到解决。非常重要的是需要将农业转向环境友好的农业方法，从而继续减少对水体的污染。

德国的供水和废水处理是当地的任务。他们独立和自由地选择必要的组织和技术解决方案。在一个工业高度发达的国家，如德国，对供水和环境保护的可靠性的要求当然也很高。为此，有许多法律和法规。水法是联邦各州的事务，立法的范围由联邦机构决定，任务的分配在联邦一级。与此同时欧盟的要求也需要同时考虑以得到执行。

对于德国来说，天然水储量已经足够了，尽管区域和季节性缺水，并不是所有的储备都适合供水质量。现有系统的技术标准在国际上比较非常高，水损失的份额平均只有 9%。由于他们试图更有效地处理水，工业和家庭的消费不断减少。家庭消费目前是每人每天 130 升。

此外，与下水道网络的连接水平和污水处理厂的处理质量在国际和欧洲的比较中非常高。前东德地区仍然存在差距，在该地区，将在单一的国家恢复方案的框架内尽快实施对水体的保护。在德国境内大约有 45 万公里的市政下水道网络和约 10500 个污水处理厂。93.2%的人口住宅可连接到中央下水道网络，86%的有条件的居民废水按照欧盟标准处理。

公民倡议团体在加强民众心目中的环境概念和实施保护环境免受短期私人利益影响的环境目标方面发挥了重要作用。尽管在德国水务部门取得了成功，但仍有许多工作要做。未来挑战的核心是需要进一步降低供水和卫生设施的运营和维护费用。农业部门需要在减少排放方面取得同样的成功，这对人类居住区和工业来说是理所当然的事。仍然有许多有害物质导致问题（例如，重金属离子，有机氯，植物保护产品和激素作用的有害物质）和流行病学问题(例如，耐氯寄生虫)，需要科学研究和应用有效保护措施的新发展。

五、值得我国借鉴的经验

德国有联邦政府为主体，按流域实行水资源层级管理，基于各州对该区域的水资源都有着具体详细的管理规定，同时也保证对联邦政府法规相对统一与协调。联邦政府设环保部，各级地方政府设环保局，主要负责水管理、分配和统一调度。州、县级地方政府普遍建立了有多个供水公司或用水单位自愿组成的不以营利为目的供水协会。我国也应该完善地方的管理系统，更加准确地执行上级的管理决定与方案，合理开发、利用及调配水资源。

相关水权制度的法律法规方面，我国在水资源与水环境、节水节能、农田水利与水土保持、再生水利用等方面出台了多项法规和条例，但相对还不够细致，仍然缺少以水体保护和生态系统保护为立法目的的理念。我们应借鉴德国在治水对策、节水宣传、水资源开发利用和水价政策等方面成熟的运作，加大在政策贯彻执行和具体操作的力度，更加细化各个与水资源相关的法律条文与规范。

我国在供水能力、管网漏失率和供水水质等方面还需要进一步完善，我国与德国相比，在污水处理能力、管网覆盖率与完好程度等方面存在较大差距。我国多地出现地下水多年处于超采状态，已经出现大面积的水位降落漏斗；而德国对地下水的综合管理尤为重视。德国是按城乡一体化、区域集中供水的模式，从联邦政府到地方建立了统一的供水管理组织。虽然德国水资源较为丰富，但仍然非常重视节约用水，多年来致力于推广先进的节水灌溉技术和节水设备，成效显著。

第十七章　俄罗斯水资源管理及水权制度特征与启示

俄罗斯的水资源开发程度较高，水资源管理水平也较高。本章从俄罗斯联邦水资源基本情况入手，重点分析俄罗斯水体的所有权，水体使用权的划分、获取、转让与终止条件，以及水体使用权的实施与保护，在此基础上得出对我国南方流域水权制度建设的几点启示。

一、俄罗斯联邦水权制度的建立

（一）俄联邦水权的相关概念

在俄罗斯，水权主要是指水体的所有权和使用权。在俄罗斯联邦的立法中，有水、水体、水资源、水基金等不同的概念：水，是指位于水体中的所有的水；水体，是指水在以各种地形、地势表现出来的陆地表面或地下，有界线、有容积并且有水的动态特征的聚集体；水资源，是指水体中已使用或将可以使用的地表水和地下水储备；水基金，是指俄罗斯联邦境内水体的总和。根据 2006 年 6 月 3 日的《俄罗斯联邦水法典》的有关规定，俄罗斯联邦的水权，是指水体的所有权、使用权和其他权利的总和。因而，俄罗斯联邦水权的客体是水体。水体的管理受《俄联邦水法典》规范，并基于以下原则：水体作为人类生活和活动基础的重要性；在使用水体之前应优先保护它们；保护受特别保护的水体；有针对性地使用水体；将水体用于饮用水和生活用水的优先级高于其使用的其他目的，个人、法人有平等获得水体使用权的机会；用水的透明度和复杂性；合理性（经济激励）和使用水体的费用。①

（二）俄联邦水权制度结构

水权制度形成的前提在于水自愿的不可替代性和稀缺性。水权问题的实质是产权问题。但水权又不是普通的物权问题，它既是私权又是公权，水资源的特殊公共属性决定了水资源公有的合理性。②

1. 水体所有权

《俄罗斯联邦宪法》对俄罗斯联邦整个自然资源所有权的形式作了明确规定。水体是在俄罗斯联邦的所有权（联邦财产），水库与水渠除外，位于土地所有权为俄罗斯联邦、直辖市、自然人、法人的主体所拥有的边界内，水体所有权分别是俄罗斯联邦的、俄罗斯联邦主体的，市政实体的，自然人与法人的。水库与水渠可以按照民法和土地法处置。河床的自然变化并不意味着俄罗斯联邦对该水体的产权终止。地下水体的所有权形式由关于地下资源的立法决定。

与其他自然资源一样，根据俄罗斯联邦宪法，水资源可以是私人、国家、市政和其他形式的所有制。

根据俄罗斯联邦水法典，水体的国家所有权在俄罗斯联邦成立。

市政和私人所有权仅适用于孤立的水体（封闭水体），即面积小且不发生变化的人工水库，与市内其他地表水体没有水力连接。根据民法，它们可以由市政当局、公民和法律实体所有。

国家财产是所有水体，以及不属于市政所有的封闭水体，是公民和法人的财产。国有水体不得转为市政当局、公民和法人所有。国家财产分为联邦财产和俄罗斯联邦主体财产。

非水体所有者的人可对水体享有以下权利：长期使用权；短期使用权；有限使用权（水的地役权）。

同时，所有权的概念并不完全适用于水体，因为水体中的水处于不断流动

① https://www.consultant.ru/document/cons_doc_LAW_60683/?ysclid=l9cidbn5y5412411503.

② 林凌、刘世庆、巨栋等：《中国水权制度建设考察报告》，社会科学文献出版社 2015 年版，第 16 页。

和其他水体进行水交换的状态。

水体的短期使用权最长为三年，长期使用权为三至二十五年。水体有限使用权以公共和私人水地役权的形式行使，一般适用民法关于地役权的一般规定。可以为以下目的建立公共和私人水地役权：不使用结构、技术手段和设备的取水；浇水和蓄养牲畜；使用水体作为渡轮、船只和其他小型船只的水道。

水体使用权的水许可证和据此订立的水体使用合同的取得。建立特殊用途时的水体使用权是根据俄罗斯联邦政府、俄罗斯联邦主体有关执行部门的决定、许可证和据此签订的使用协议而获得的一个水体。

授予水体使用权的程序由俄罗斯联邦政府法令于1997年4月3日第383号批准的国有水体使用权、建立和修改用水限制、颁发用水许可证和行政许可证的特别规则而确定。根据本规则，特殊用水和特殊用途水体的提供是根据水用户签订的许可证和水体使用协议进行的，并且俄罗斯联邦相应主体的执行机构。用水许可证是证明其所有者有权在一定条件下在规定期限内使用水体或其中一部分的文件。

用水许可证中规定了用水限制。应该注意的是，实施以下项目不需要获得许可证：一般用水；使用水体在小型船只上航行；飞机的一次性着陆（起飞）；消防用水；使用地表第一含水层时，应从水井和地块所有者和使用者配备的家用水泵井中取水。

在水体使用合同中，无论水体的使用目的如何，必须载明下列条件：（1）用水许可证规定的条件；（2）确定延长或提前终止水体使用权程序的条件；（3）确定与水体使用相关的付款金额和程序；（4）确定当事方对未履行已达成协议的要求的责任。

2. 水体使用权

个人和法律实体根据《俄罗斯联邦水法典》规定的程序，有权使用地表水体。河床的自然变化并不意味着改变或终止使用该水体的权利，除非法律关系和《水法》的实质内容另有规定。个人和法人根据关于地下资源的立法规定的程序，有权使用地下水体。

使用地表水体的权利根据民法和《俄罗斯联邦水法典》规定的程序终止。使用地下水体的权利根据地下资源立法规定的程序终止。法院判决强制终止水体使用权的依据是：(1) 不当使用水体；(2) 违反俄罗斯联邦立法使用水体；(3) 在《用水协议》规定的期限内未使用水体或决定给予水体使用的。

根据联邦法律，国家权力的执行机构或地方自治机构在其职权范围内执行强制终止在国家或市政需要的情况下使用水体的权利。在提出终止水体使用权的请求之前，必须由国家权力执行机构或地方自治机构发出警告。警告的形式由俄罗斯联邦政府授权的联邦执行机构确定。在终止使用水体的权利时，用水者必须：(1) 在规定的时间内终止使用水体。(2) 确保养护或清理位于水体上的水利工程和其他结构，开展与终止水体使用有关的环境措施。

（三）俄联邦水资源法律体系

1. 俄罗斯联邦水资源主要法律法规

《1993 年俄罗斯联邦宪法》对资源的利用和保护做出了概括性的规定。2002 年 1 月 10 日颁布的《俄罗斯联邦环境保护法》规定了俄罗斯环境保护法的基本概念及立法原则，以及环境资源保护和利用的措施，其中有直接涉及对水资源利用和保护的规定。联邦水资源立法体系的基本法是《俄罗斯联邦水法典》。《俄罗斯刑法典》由俄罗斯国家杜马于 1996 年 5 月 24 日通过，联邦委员会 1996 年 6 月 5 日批准。《俄罗斯刑法典》第二十六章专章规定了《生态犯罪》。其中第 247 条、250 条、256 条分别对违反生态危险物质和废料的处理规则、污染水体、非法捕捞水生动植物做出了细致的规定。另外，根据宪法，俄罗斯总统颁布了很多有关保护资源、环境及水资源的总统令。政府依照以上法律出台了行政法规、水资源管理政策，并制定出详细的水资源规划。

2. 基本法《俄罗斯联邦水法典》

俄罗斯水立法和根据它发布的监管法律行为基于以下原则：(1) 水体作为生命和人类活动的基础的重要性；水关系的调节是基于水体作为环境的主要组成部分的想法，动物和植物物种的栖息地，包括水生生物；(2) 在使用前优先保护水体；使用水体不应对环境产生负面影响；(3) 保护受特别保护的水体，联邦法律规定限制或禁止使用这些水体；(4) 水体的预期用途；水体可以用于一个或多个目的；(5) 饮用水和家庭供水的使用优先于其他用途的水体。只有在有足够的水资源的情况下，才允许将它们用于其他目的；(6) 公民和社会团体参与解决与水体权利有关的问题，以及他们保护水体的义务；(7) 个人和法律实体获得水体使用权的平等机会，但水法规定的情况除外；(8) 个人和法律实体平等获得根据本守则可能由个人或法律实体拥有的水体所有权；(9) 流域区域边界内水资源关系的调节（流域方法）；(10) 根据水体制度的特殊性，其物理地理，形态和其他特征调节水的关系；(11) 根据构成水管理系统的水体和水利结构的关系调节水资源关系；(12) 用水实施的透明度；关于提供水体使用和用水协议的决定必须提供给任何人，但俄罗斯联邦立法列为限制访问的信息除外；(13) 水体的综合利用；水体的利用可以由一个或多个用水者进行；(14) 使用水体的付款；使用水体是收费的，但俄罗斯联邦立法规定的情况除外；(15) 保护水体的经济激励措施；在确定使用水体的费用时，考虑到水使用者保护水体的措施的费用；(16) 在俄罗斯联邦北部，西伯利亚和远东地区土著少数族裔的传统居住地使用水体，以实施传统的自然管理。

2020 年 4 月 24 日，再次对《俄罗斯联邦水法典》修订，更新了联邦行政当局在水体的使用和保护方面行使国家监督的权力。通过关于移交权力的规范性法律行为，包括提供公共服务的行政法规，以及公布关于俄罗斯联邦主体行政当局执行移交权力的强制性指导方针和指导材料。总之，该修订案使《俄罗斯联邦水法典》更加完善。

3. 其他相关联邦法律

俄联邦政府要求地方政府依据国家水政策的基本原则，制订出各个流域15—20 年的水管理目标和规划，并分若干阶段进行实施。

二、俄联邦水资源管理的特点

（一）俄联邦水资源管理的基本原则

俄罗斯国家水资源管理的基本原则主要包括：(1) 认识到水资源的重要性，这是社会生活的基础。水体被认为是：首先，自然环境中最重要的组成部分，植物和动物栖息地；其次，它是社会用来满足家庭，个人需求和活动的自然资源；最后，它是产权对象。(2) 水资源使用前优先保护。这一原则的实质是，水资源的使用不应该对环境产生不利影响；法律对某些水资源的安全规定了保护、禁止或限制使用措施的特殊要求。(3) 水资源利用的目标性质。关于水资源可以设置从一个到几个目的的使用；将家庭和饮用水资源的使用优先于其他用途。只有在水资源足以满足家庭和饮用需要的情况下，才允许使用其他水资源。(4) 公众协会和公民参与解决与水权及其保护有关的问题；公民和组织平等享有使用水资源的权利，但特殊情况除外；公民和组织平等获得水资源的所有权。(5) 流域地区边界内水关系的规律性，即流域方法的实施；水关系的制度规律性，取决于水资源的特点；基于水资源与作为水管理系统一部分的各种结构之间现有关系的水关系的规律性；水资源使用的透明度，根据该水资源供任何人使用；水资源使用的复杂性，表现在几个水用户的存在。(6) 用水费；实施保护水资源的经济激励措施。用水费用考虑到用水者的水资源保护费用。(7) 组织土著人民领土上的传统用水。

（二）俄罗斯国家水管理程序系统

俄罗斯国家水资源管理程序由俄罗斯联邦水法规管。开展国家水权管理的国家机构包括：(1) 联邦一级：俄联邦政府以及授权的联邦机构，在联邦一级执行此管理。(2) 区域间一级：执行水权管理为俄罗斯地区的行政当局。(3) 地方一级：在法律规定可能性下，国家将管理水资源和设施的权力交给市政府机构，并必须向权力移交机构提供某些有针对性的资金。(4) 俄联邦实体一级：区域行政管理部门的水资源部门。①

各级政府机构对国家水资源管理中行使政府职能，水资源的管理分配由俄罗斯自然资源部掌握，该部通过地方分部系统在俄罗斯实施流域用水管理。与此同时，某些高度专业化的管理领域被分配给兽医监督处、卫生和流行病学处、环境保护处等国家机构。②

俄罗斯国家生态委员会的职能包括：(1) 参与与其他国家管理机构共同提供与水体有关的保护措施；(2) 从生物学角度保护物种多样性；(3) 监测水利用是否符合环境标准等。

① http://static.government.ru/media/files/9CuyqBZA2ZX4SvfIyf8eUAPXFMHkomAm.pdf.

② https://be5.biz/pravo/e006/8.html#3.

俄罗斯国家水资源管理局职能主要包括：(1) 可持续发展，这意味着经济发展和环境改善之间的平衡；(2) 合理利用水资源与保护水域资源相结合；(3) 在水资源保护和水利用方面管理职能的分离。

俄罗斯自然资源部在国家水管理系统中履行以下职能：(1) 水利用规划的实施；(2) 水体和资源的国家监测；(3) 维护水地籍、国家地下和地表水注册；(4) 监测水体和资源的使用和保护；(5) 在水资源和对象的保护和使用领域的活动许可证；(6) 实施流域协定的准备、缔结和执行等工作。

(三) 俄罗斯水资源管理机构

1. 水资源管理机构的演变

18 世纪采取的集中水管理的第一个步骤与精简人工水道管理的需要有关，主要是维什涅沃洛茨基水系统。1773 年俄罗斯设置了水通信总监职位，其主要任务是管理主要水路。水通信部的第一任主任是诺夫哥罗德州雅科夫・埃菲莫维奇・西弗斯州长。在他的倡议和领导下，于 1798 年，水通信部在俄罗斯成立，该部与参议院享有相同的权利。于 1810 年更名为铁路总部。直到 1899 年，在俄罗斯帝国的水管理问题是运输部门的单独部门的责任。1899 年，在道路和通信部下设立了水道司，其优先任务是研究河流、湖泊和流域以及改善航行的机会。与水道司并行的工作是 1894 年在俄罗斯农业和国有财产部创建土地改良部。该部门负责灌溉和供水、沼泽和泥炭开采的排水、水工和抗侵蚀工程、河流调节、建设取水井和其他类型的土地开垦，费用为国家资金以及当地水管理组织。

1917 年十月革命后的头几年重点放在水资源管理上，是围垦和改善人民以及整个国民经济的供水。在 1960 年，俄罗斯联邦政府部长理事会使用和保护地表和地下水资源的国家委员会成立。之后在苏联时期几次改变，于 1965 年转变为土地复垦和水资源部，又于 1990 年取消，在 1990 年 11 月创建俄罗斯联邦政府部长理事会水管理委员会。

1991 年 11 月，作为俄联邦政府行政当局大规模改造的一部分，俄联邦政府生态和自然资源部、俄联邦政府林业部、俄联邦政府地质和底土利用国家委员会以及俄联邦政府部长理事会下属的水资源管理委员会设立了俄联邦政府生态和自然资源部（后称俄罗斯联邦生态和自然资源部）。水管理问题分配给俄联邦政府生态和自然资源部水资源管理委员会。1993 年，水资源管理委员会撤销，成立了俄罗斯联邦水管理委员会。1996 年，当俄罗斯联邦行政当局的结构再次形成时，水管理委员会被取消，其职能被转移到俄罗斯联邦自然资源部，最后于 2004 年成立了俄罗斯联邦自然资源部的联邦机构和服务部门，其中包括由俄罗斯水资源管理部履行职能的联邦水资源管理署。

2. 联邦一级——联邦水资源管理署

在联邦一级，水资源管理问题由俄罗斯自然资源与生态部和联邦水资源管理署（Rosvodresursy）决定。2004 年作为行政改革的一部分，俄联邦水资源管理署成立。该部门是一个提供国家服务和管理水资源领域联邦财产的联邦行政机构，由俄罗斯联邦自然资源和生态部管辖，首长由俄罗斯政府根据俄罗斯联邦自然资源和生态部长的提议任命和免职，直接或通过其领土机构和附属组织开展活动。①

联邦水资源局有以下权力：（1）水保护工作（制定和实施水体综合利用和保护计划，保护水库，海洋或其单独的部分，防止其污染，堵塞和耗尽，实施消除这些现出现的措施）；（2）采取措施防止水的负面影响和消除其对水体的副作用；（3）管理属于俄联邦政府所有权的联邦财产和水体，包括提供水库、部分水库、海洋或其部分供使用的海洋；（4）综合水资源管理（水体状态监测，水文和水管理分区，水库运行模式安装，地表水流的领土重新分配组织，地下水体水资源补充）；（5）维护国家会计和水资源研究（国家水资源注册，俄罗斯水工结构注册），开发自动化分析系统，以处理俄罗斯联邦水资源信息；（6）履行国家客户的职能，下订单和缔结政府合同和其他民事合同；（7）对下属国有单一制企业和组织活动的控制；（8）与外国国家当局和国际组织的互动；（9）实施支持中小型企业的措施；（10）与国民的交流互动；（11）组织会议、研讨会、展览和其他活动；（12）与该机构的运作（行政、财务和人事问题）直接相关的权力，以及与文件和档案数据有关的工作。

① http://pravo.gov.ru/proxy/ips/?docbody&nd=102108264.

三、俄罗斯联邦水体使用费

（一）水体使用费

根据2020年6月14日生效的《俄罗斯联邦水法典》第20条，专门规定了水体使用费。水体使用费的收取基于以下原则：（1）促进对水资源的经济利用以及对水体的保护；（2）根据流域区分水体使用的支付率；（3）日历年期间水体使用费用的统一性。①

联邦政府财产，俄罗斯联邦组成实体的财产，市政当局的财产，计算和收取这种费用的程序分别由俄罗斯联邦政府，俄罗斯联邦组成实体的国家当局和地方自治机构确定。水资源使用付款按照水法典的规定，从事水资源使用的个人和企业必须定期向预算付款。这是补偿经济活动对生态系统造成的损害所必需的。组织用于修复和保护水体的集成系统也要收费。生态安全专家讨论收取此类款项的法律依据，并帮助确定其数额。

（二）使用水体的付款方式

俄罗斯使用水体的付款有两种方式：（1）通过水税支付（《俄罗斯联邦税法》第25章第2条）：俄罗斯水资源税的纳税人为所有的水资源使用者，包括不取水而使用水利设施者。目前俄罗斯水资源税主要包括四种：使用地下水资源税、开采地下水矿物原料基地再生产税、工业企业从水利系统取水税及向水资源设施排放污染物税。（2）根据用水协议或关于提供水体使用的决定支付（《俄罗斯联邦水法典》第12章）：联邦财产、俄罗斯联邦组成实体的财产、市政财产，计算和收取此类费用的程序的使用费率分别由俄罗斯联邦政府，俄罗斯联邦组成实体的国家当局和地方自治机构确定。俄罗斯联邦政府于2006年12月30日颁布的第876号法令批准了联邦政府拥有的水体使用费率，该费率自2007年1月1日起生效。俄罗斯联邦政府2006年12月14日第764号法令批准了联邦政府拥有的水体使用费的计算和收费规则，该规则自2007年1月1日起生效。

---

① https://www.nalog.gov.ru/rn77/taxation/taxes/watertax/.

（三）俄联邦居民用水价

联邦法律通过住房法规范了向公众提供公共服务的规定。提供此类服务的规定已获得俄罗斯政府的批准。供水、冷水和热水的价格，包括系数的增加幅度的制定，由供水服务组织根据与消费者达成的协议决定。支付的总额是根据设定的水费率确定的，水费率由俄罗斯国家机构和地方当局根据在特定地区运行的限值指标设定。在各地方政府成立专门的国家统一“水管道（Vodokanal）”机构，由该机构确定供水成本。

水费用的结算程序在支付冷热水费用时，居民不仅要支付水费，还要支付水税。价格包括：(1) 电力消耗；符合卫生标准的水处理化学品和其他组件的费用；(2) 水质实验室分析的费用；(3) 自来水公司雇员的工作报酬，包括现金所得税基金和转入社会基金费用；(4) 用于组织网络和通信，进行资本和日常维护以及维修的钱，用于水税的钱；(5) 文书工作，生态，废物处理等方面的现金支出。

四、俄罗斯水权制度对南方流域的借鉴

（一）重视立法，明晰水体权属

俄罗斯水资源的相关法律法规的完整和健全经历了较长的过程。在苏联时期对一些生态环境立法中，已经开始体现出水资源管理的具体内容，如 1920 年《俄罗斯联邦关于地下资源的特别法令》和 1923 年《关于地下资源及其开采的条例》等。除此之外，根据本土水资源的特点还出台了一系列的水资源管理法规及相应规定。俄罗斯联邦的水资源的法律和政策体系主要有《俄罗斯联邦宪法》《俄罗斯联邦法律》、俄罗斯联邦总统的规范性法律文件，和俄罗斯联邦权力执行机关的规范性法律文件中的相关规定构成。我国现行的《水法》中对水体所有制作出了一些规定，但比较笼统还不完善，借鉴俄罗斯经验有利于我国进一步加强水资源管理。[①]

① 李先波、陈勇：《我国现代水权制度建立的立法障碍与完善建议》，《中国软科学》2013 年第 11 期。

（二）健全制度，有效统分管理

在相对完整的水资源保护和利用法律法规的系统支持下，俄罗斯以联邦一级联邦水资源管理署为中心，分级分权管理，水资源的利用由联邦、州、区及其他地区分别联系进行管理和经营。在水资源管理上形成了较为完善的管理制度，在资源配置、水环境保护、流域一体化管理方面基本上形成了以预防控制水污染、开发利用水资源一级保护恢复水环境为核心内容的管理体系。

我国水事管理采取了统管与分管、流域与区域相结合的体制。中央与地方各管理部门之间缺乏有效的协商、协调的议事机制，造成管理效率的降低。我们应该充分借鉴俄罗斯在这方面的经验，根据水体不同形态等特征，从源头治理，针对不同级别与区域问题，利用当地资源和国家力量，综合全面地采取措施，从根本上解决在水资源利用上不均衡问题。①

（三）监测支撑，强化信息系统

经过了 20 多年的发展，我国已形成具有自身特点的环境监测体系，颁布了一系列技术规定，但在监测信息的管理和维护上还存在不足。建议加快提升水体数据监测的科学性、完整性和准确性，进一步完善水资源环境的动态监测系统和及时报告制度。另外，学习俄罗斯水籍簿制度，设立专门的机构、长期动态编制我国水资源信息状况，为立法和决策提供信息支持。

俄罗斯一直以来很重视对水资源的管理、保护和利用，经历了很长时间的实践与总结。我国与苏联在政治经济体制上有较高的相似性，而在地理位置上，中俄两国相互接壤，有着许多共同的水域，也同样面临着水污染、水资源分布不均等一系列问题，俄罗斯较为完善的水管理制度是值得我们学习和借鉴的，但是在管理治理上出现的问题，我们也可作为前车之鉴。

① 刘世庆、郭时君、林睿等：《中国水权制度特点和水权改革探索》，《工程研究：跨学科视野中的工程》2016 年第 1 期。

第十八章　芬兰水资源管理与水权制度特征与启示

芬兰作为一个拥有众多湖泊、河流和森林等丰富水资源的北欧国家，一直以来都十分注重水资源的保护和管理，其水权制度和水资源管理体系值得中国借鉴和学习。本章从芬兰水资源情况入手，重点关注其基于“水资源共有”原则建立的水权制度结构，进一步分析其水体使用费、跨境水资源管理合作等方面内容，尝试为我国南方流域水权制度建设特别是跨境水资源管理提供参考。

一、芬兰水权制度

（一）芬兰水权的制度结构

芬兰的水权制度建立在严格的法律框架下，其中包括水资源管理法和水资源税法等。芬兰政府主要负责制定和执行水资源管理政策和法规，以确保水资源的合理利用和保护。

以下是芬兰水权制度结构的一些关键特点：

法律框架：芬兰的水权制度建立在严格的法律框架下，其中包括水资源管理法、水资源税法、水质管理法等。这些法律规定了水资源管理的原则、目标和措施，以及各种水资源管理活动的许可、审批和监管等方面。

责任机构：芬兰环境管理中心（Finnish Environment Institute）是负责全国范围内的水资源管理和监管的主要机构。环境管理中心的职责包括制定和推动水资源管理政策、监测和评估水资源的状态和趋势、指导地方政府和水利公司等执行水资源管理职责等。

此外，芬兰还有其他政府部门、地方政府和水利公司等负责执行相关的水资源管理职责。例如，负责审批和颁发水资源许可证的机构包括地方政府和国家地质调查中心等。主要水资源管理部门机构如下图所示：

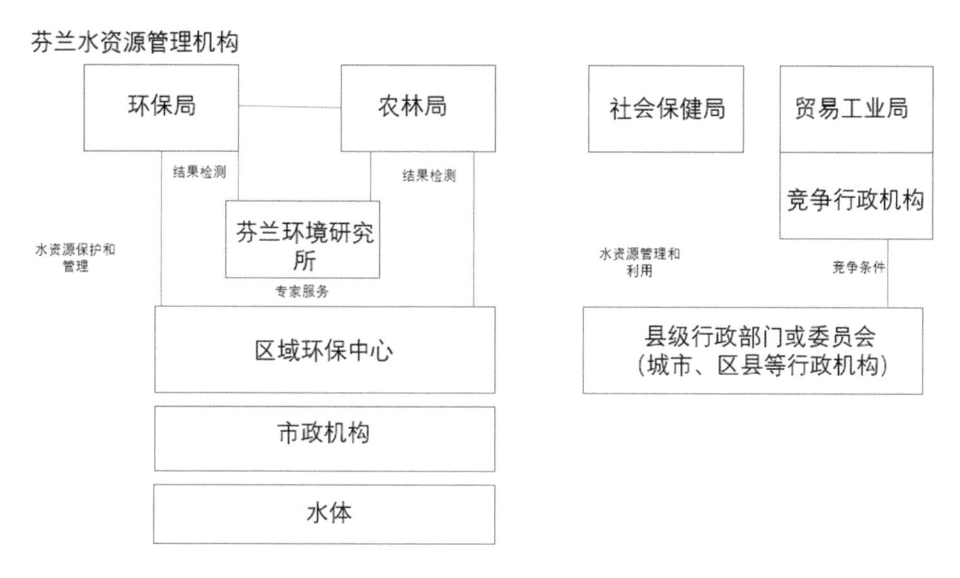

图 18-1　芬兰水资源管理机构图

资料来源：根据芬兰政府网站资料整理而得。

许可证制度：在芬兰，几乎所有使用水资源的活动都需要获得相关的许可证，包括取水、放水、污水排放等。许可证的颁发是根据《水资源管理法》进行的，并考虑到对水资源的综合管理和环境保护的要求。

申请许可证时，必须向当地政府提交详细的计划和资料，以证明该活动对水资源的影响和采取的保护措施。许可证的内容通常包括取水或放水的数量、质量要求、使用期限、污水排放标准等。许可证通常会规定一些条件和限制，如使用的时间、地点、方式等，以确保对水资源的合理利用和保护。

水资源税：芬兰实行水资源税制度，对于使用和污染水资源的活动收取税费，以此激励企业和个人减少水的使用和污染。税费的数额根据不同的活动和使用量而异，以及采取的保护措施和技术是否先进等因素。①

① Marjukka Hiltunen, *Economic environmental policy instruments in Finland// Finnish environment institute*, Edita Prima Ltd, Helsinki, 2004, p.35.

水资源税的征收是根据《水资源税法》进行的。税费的收入主要用于环境保护和水资源管理方面的开支，如用于提高水资源管理的效率和质量、保护水生态系统、修建水利设施等。

水资源监测和数据共享：芬兰拥有完善的水资源监测系统，能够收集、处理和分析水资源相关的数据，并将其分享给各个利益相关方。这些数据包括水资源的数量、质量、供需情况、水生态系统的状况等。

芬兰的水资源监测网络由多个机构和部门组成，包括环境管理中心、国家地质调查中心、水利公司等。这些机构负责水资源监测和数据共享的不同方面，例如水资源质量监测、河流流量监测、水资源需求预测等。

在数据共享方面，芬兰实行了开放式数据政策，旨在使水资源数据对所有人都可用。这些数据可以通过各种渠道获得，例如水资源管理网站、开放数据门户等。芬兰还定期发布水资源报告，提供最新的水资源数据和分析结果。

水资源管理计划：芬兰的水资源管理计划是一个重要的管理工具，用于指导和协调全国范围内的水资源管理活动。该计划根据《水资源管理法》编制，包括一系列目标、措施和行动计划，旨在确保水资源的可持续利用和保护。

水资源管理计划的编制需要广泛的参与和协商，包括各级政府、利益相关方、公众等。这些参与方共同制定和评估水资源管理计划的目标和措施，以确保管理计划的有效性和可行性。

总之，芬兰的水权制度建立在严格的法律框架下，包括许可证制度、水资源税、水资源监测和数据共享、水资源管理计划等一系列管理措施。这些措施旨在确保水资源的合理利用和保护，并且确保各个利益相关方的权益得到保护和平衡。

（二）芬兰水权的分配

芬兰的水资源被视为公共资源，因此不属于个人或私有组织。水资源的所有权归国家所有，由芬兰政府通过法律、法规和政策来管理和保护。芬兰宪法规定，水资源是一项公共资源，应该受到保护，以确保其可持续利用。因此，一般情况下，个人或组织不能私自占用或利用水资源。一种情况为例外，个人可以免费使用水体进行洗涤、沐浴、搬家等类似活动，前提是这不会引起水体利用许可证的拥有者的关注，并且不违反其他既定的禁令和限制（例如，禁止在定居点附近长时间乘坐嘈杂的船或有义务在足够远的距离上乘坐此类船只，并绕过渔民船只、渔具和岸上的渔民）。①

芬兰的水资源分配方式基于许可证制度。任何需要使用水的个人或组织都必须向当地政府机构申请水利用许可证。许可证的颁发取决于多种因素，包括水资源的可持续利用性、对环境的影响以及当地社区的需求等等。在申请许可证之前，申请人需要提交一份详细的计划，包括所需的水量和用途，以及对环境和周边社区的影响评估。②

一旦许可证获批准，使用者需要遵守一系列的规定和限制。许可证通常包括特定的时间期限，使用者需要按照规定的时间使用水资源。此外，许可证还可能规定使用者需要定期报告使用情况，以确保水资源得到合理利用。

芬兰的水资源是公共资源，因此不能被买卖或私有化。政府不会允许任何人或组织通过购买水来获得水资源的所有权。然而，在某些情况下，水的使用可能涉及商业活动，例如某些企业可能需要使用大量的水来进行生产活动。在这种情况下，这些企业必须向政府机构申请许可证，并支付相关的使用费用。这些费用是根据使用的水量和所在地区的费用标准而定的，并用于资助政府的水资源管理和保护活动。

此外，芬兰政府还通过一系列的税收和费用来保护水资源。例如，政府征收污水排放费用，以惩罚那些排放过多的污水的企业，同时也鼓励企业采取环境友好型措施。

芬兰政府还积极参与国际水资源管理和保护方面的工作。例如，芬兰政府积极参与了联合国的可持续发展目标，并制定了自己的可持续发展战略，其中包括保护和管理水资源。

总体上，芬兰政府通过制定法律、法规和政策来管理和保护水资源，以确保其可持续利用。政府通过许可证制度和相关机构来监督和管理水资源的使

---

① Павлов П.Н., Государственное управление и регулирование в области природопользования, окружающей среды и сельского хозяйства в Финляндской Республике//Недвижимость и инвестиции, Правовое регулирование, 2007, №1-2, С.30-31.

② https://www.finlex.fi/en/laki/kaannokset/2006/en20061040.

用，以确保其合理和可持续的利用。此外，政府还通过收取水资源使用费用和污水排放费用来保护和管理水资源。

（三）芬兰水资源的法律体系

芬兰的水资源管理法律框架相对完善，其中包括多个法律和法规，涉及水资源的保护、管理和利用。以下是其中一些重要的法律和法规：

水资源管理法：该法律是芬兰水资源管理的核心法律。该法律规定了水资源的管理、保护、利用和监测的基本原则，包括水资源的持续利用、保护、合理分配和公平管理等。根据该法律，芬兰的水资源被划分为地表水、地下水和海水三类。该法律还规定了水资源许可制度的具体实施细则，许可机关为地方环境保护部门或芬兰环境研究中心。

河流保护法：该法律旨在保护河流及其流域生态系统。该法律规定了河流保护的基本原则和管理要求，包括水生态系统的保护、河流水质的监测和改善、河流污染控制等方面。该法律还规定了河流保护计划和监测报告的编制和实施要求。

水资源税法：该法律规定了水资源税的具体征收标准和实施细则。水资源税的征收旨在促进水资源的节约和有效利用，同时也为水资源管理和保护提供了一定的财政支持。根据该法律，水资源税的税率根据地区、水资源类型和用途的不同而有所差异。

水污染防治法：该法律规定了水污染的防治措施。该法律包括水污染的监测、治理、预防等方面，旨在减少水污染对环境和人类健康的危害。该法律还规定了水污染责任的划分和追究制度，确保水污染行为者承担相应的责任和赔偿。

海岸线法：该法律规定了海岸线的管理和保护措施。该法律包括海岸线的划定、使用、建设等方面。该法律还规定了海岸线的公共通行权和公众参与制度，确保公众有权参与海岸线的管理和保护。

水力工程法：该法律规定了水力工程建设的审批程序和管理要求。该法律包括水电站、水库等水力工程的建设、运行和监管等方面。该法律规定了水力工程建设的环境影响评价要求和环境保护措施。该法律还规定了水力工程建设的土地使用要求和土地征收程序。

地下水资源法：该法律规定了地下水资源的管理和保护措施。该法律规定了地下水资源的分级管理和利用要求，包括地下水的采集、利用和排放等方面。该法律还规定了地下水的保护措施和监测要求，确保地下水资源的可持续利用和保护。

农业环境保护法：该法律旨在保护农业环境和水资源。该法律规定了农业活动的环境影响评价要求和环境保护措施，包括农业废水的处理和利用等方面。该法律还规定了农业活动的许可制度和监管要求，确保农业活动的环境可持续性。

湖泊保护法：该法律旨在保护湖泊及其生态系统。该法律规定了湖泊保护的基本原则和管理要求，包括湖泊水质的监测和改善、湖泊生态系统的保护、湖泊污染控制等方面。该法律还规定了湖泊保护计划和监测报告的编制和实施要求。①

总体来说，芬兰的水资源法律体系涉及了水资源管理、水污染防治、水力工程建设、地下水资源、湖泊保护、河流保护、海岸线保护、农业环境保护等方面。这些法律和法规为芬兰的水资源管理提供了重要的法律依据和管理工具，其旨在确保水资源的可持续利用和保护，促进经济、社会和环境的协调发展。同时，芬兰也注重对这些法律和法规的实施和监督，建立了相应的监管机构和管理制度，确保法律和法规的有效实施和水资源的合理利用。

二、芬兰水体使用费

芬兰实行的水体使用费制度是指对水资源的使用征收一定的税费，以促进对水资源的合理利用和保护。芬兰的水税制度主要包括水资源税和排放污染物税两个方面。②

① Water acts and decrees, Translations of Finnish acts and decrees, URL-https://www.finlex.fi/en/laki/kaannokset/aakkos.phplang=en&letter=W.

② Translation of Water Act(587/2011), URL-https://www.finlex.fi/en/laki/kaannokset/2011/en20110587?search % 5Btype % 5D=pika&search % 5Bkieli % 5D % 5B0 % 5D=en&search % 5Bpika% 5D=water.

水资源税是对水资源的使用征收的税费，包括表层水、地下水、河流、湖泊和海洋等水资源的使用税。水资源税的征收标准主要根据用水量计算，按照不同用途和行业分别制定不同的税率和收费标准。例如，工业用水、农业灌溉用水和饮用水等不同用途的水资源征收的税费不同。

排放污染物税是针对对水体造成污染的企业或个人征收的税费。根据排放的污染物种类、数量和浓度等不同，征收的税费也不同。芬兰政府通过这种税收手段，鼓励企业采用清洁生产技术，降低污染物的排放量，从而保护水资源。①

芬兰的水税收入主要用于以下几个方面：一是水资源管理和保护：包括水源地的保护、水资源的监测和评估、水资源的管理和规划等方面。二是水环境保护：主要包括对水体的污染防治、生态修复、废水处理等方面。三是基础设施建设：包括水利工程、水库建设、排水系统建设等方面。

芬兰的水税制度已经形成了比较完善的法律体系，其中最主要的法规是《水法》和《环境保护法》。这些法规规定了水资源的管理和保护原则、水资源的征税标准和征收程序、税费的用途和分配等方面的内容。此外，还有其他相关的法规和政策文件，如《水质保护指南》等，都对芬兰的水税制度起到了重要的指导作用。

水税的目的是为了鼓励节约用水，促进环境保护和可持续发展。此外，通过征收水税，还可以为水资源管理和保护提供经费支持，推动水资源的合理开发和利用。

芬兰的水税税率相对较低，主要是因为该国的水资源丰富，水资源管理较为先进，对水的使用进行了严格的监管。根据 2017 年的数据，芬兰的水税税率大约为 0.2 欧元 / 立方米。

总体来说，芬兰的水税制度为水资源的合理利用和环境保护提供了有效的经济手段，并为水资源管理和保护提供了重要的经费来源。

---

① https://ym.fi/en/legislation-on-the-protection-of-water-and-the-sea.

三、芬兰与俄罗斯跨国境水资源管理合作

跨越国界或被国界穿过的湖泊、河流和溪流被认为是跨境水系统。芬兰和俄罗斯有 19 个这样的跨境水系统，其中主要是从芬兰到俄罗斯，大约共有 450 条河流和溪流穿过俄罗斯和芬兰的边界。最重要的跨国境水系是武克希河（Vuoksa）、科科兰河（Hiitolanjoki）、奥兰卡约基河（Oulankajoki）、帕茨河（Paatsjoki）和图洛马河（Tuulomajoki）。从芬兰到俄罗斯的径流平均为 780 立方米 / 秒，其中最大的部分（600 立方米 / 秒）来自武克希河。

武克希河是一个复杂的湖泊和河流水文系统，由芬兰和俄罗斯的湖泊和渠道网络组成。武克希河是北欧最大的河流之一，连接着欧洲最大的两个湖泊，即塞马湖和拉多加湖。在所有流入拉多加湖的河流中，武克希河是继斯维里河之后的第二大河(约 660 立方米 / 秒)。武克希河是卡累利阿地峡上最大的河流。河流总长度为 156 公里（在俄罗斯境内为 143 公里），平均水流量为 684 立方米 / 秒。流域面积为 68501 平方公里，在芬兰和俄罗斯之间的分布比例为 77%（52696 平方公里）和 23%（15805 平方公里）[①]。

俄罗斯和芬兰在跨境水系统方面的合作涵盖了水管理的所有领域：水电、监管制度、建筑、水体保护、水运、渔业、水上旅游和娱乐。边境水系的水制度管理和河流流域的紧急情况在合作中具有重要地位。近年来，联合工作的重点是减少洪水和干旱的风险，评估气候变化的影响和改善水体的状况。这种合作并不局限于官方机构之间的合作，而是涉及所有参与水相关活动的利益相关者和机构。

俄罗斯和芬兰在跨境水系统方面的合作发展主要与面对气候变化实施联合水安全战略，以及保护自然多样性和促进对自然的尊重有关。边境地区的人口和经济活动在保持其自然多样性的同时，也得到了必要数量的清洁水和良好的河道娱乐机会。芬兰和俄罗斯之间的跨境合作是基于 1964 年的《边界水系统

---

① Козлов Д.В., Российско-финляндское трансграничное водное сотрудничество// Видеоконференция СВО ВЕКЦА «Трансграничное водное сотрудничество в странах ВЕКЦА: извлеченные уроки и направления будущего развития», 2021.

协议》，该协议涵盖了两国的所有跨界水道，包括武克希河流域。

1964 年，苏维埃社会主义共和国联盟和芬兰共和国签署了一项关于跨境水系统的协议。该协议确立了共享跨界河流和湖泊的使用原则。该协议的规定广泛涵盖了水系统的使用、维护和保护：水力发电、水体监管制度、水力建设、水体防污染保护、水上运输、木材水上运输和渔业。

协议中最重要的条款是：（1）在存在洪水或干旱威胁时，对塞马湖和武克希河的水流量进行监控。（2）施行关于伊马特拉和斯韦托戈尔斯克水电站的协议。（3）共同保护跨境水系统的质量。（4）确保鱼类的自由通行，防止对渔业资源的损害。①

1964 年协议的五个显著特点：一是该协议涵盖两国之间的所有跨境水系统，从大河到湖泊和溪流。 据估计，这样的水体有数百个。1964 年协议管理着这些所有的跨国界水体。二是该协议的基本原则在当时是相当先进的，其中包括补偿机制，即使在今天，许多跨境协议也没有这种机制。它为后来的全球范围内的双边跨界水体合作协议树立了典范，两国都为它的长期可持续性和积极成果感到自豪。三是 1964 年协议在两国动荡时期保持不变，包括 1991 年苏联解体和最近对俄罗斯实施的国际制裁。四是与许多其他全球跨境协定不同，1964 年协议通过没有秘书处的联合委员会成功实施。委员会通过由两国代表组成的多个专题工作组共同开展工作。五是俄芬合作有完善的机制，让水电部门的私营部门代表参与工作，并邀请他们参加工作组和委员会会议。国家内部和国家之间公共和私营部门之间的良好沟通对于武克希河来说尤为重要，因为在这条河上运营着的水力发电厂是私营公司。

在协议的基础上，双方还共同创建了关于使用跨境水系统的联合委员会——俄芬跨境水系统使用联合委员会。委员会主要关注《边界水系统协议》中规定的问题，特别是：边界水体、渔业的使用、制度改变和保护。此外，委员会还监督协议的遵守情况并监督边界水体的状况。

芬兰和俄罗斯之间在跨界水体的水质监管和控制制度方面的合作已经持续

① Зиганшина Д.Р., Сотрудничество Финляндиис Россией, Швецией и Норвегией по трансграничным водотокам// Юридический сборник Межгосударственной Координационной Водохозяйственной Комиссии Научно-Информационного Центра, 2019, №19, С.88.

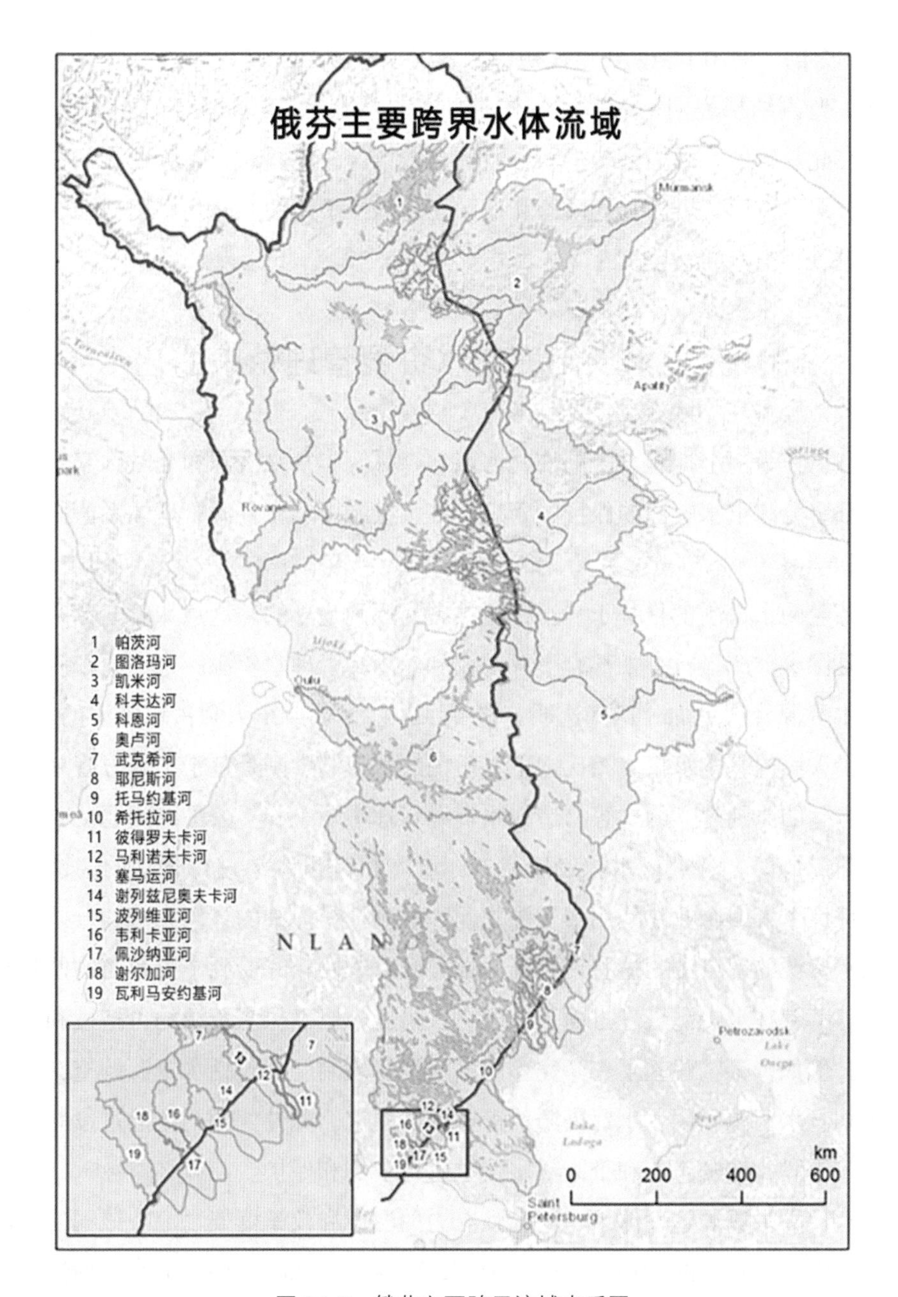

图 18-2　俄芬主要跨界流域水系图

注：图中河流分别为：1. 帕茨河 2. 图洛玛河 3. 凯米河 4. 科夫达河 5. 科恩河 6. 奥卢河 7. 武克希河 8. 耶尼斯河 9. 托马约基河 10. 希托拉河 11. 彼得罗夫卡河 12. 马利诺夫卡河 13. 塞马运河 14. 谢列兹尼奥夫卡河 15. 波列维亚河 16. 韦利卡亚河 17. 佩沙纳亚河 18. 谢尔加河 19. 瓦利马安约基河。本图系根据自然资源部公布世界地图绘制。

了50多年。自20世纪70年代初以来，对所有主要的跨界河流都进行了水文监测。监测结果表明，大多数水体都处于自然状态，或只受到人为的轻微影响。在此基础上，两国已减少联合监测点的数量。俄罗斯和芬兰在实践中所实施的长期合作模式，为其他国家和地区在跨国界水体的共同利用领域开展国际合作提供了宝贵的经验。①

四、芬兰水权制度与水资源管理带来的启示

芬兰作为一个拥有众多湖泊、河流和森林等丰富水资源的北欧国家，一直以来都十分注重水资源的保护和管理。其水权制度和水资源管理体系值得中国借鉴和学习。

芬兰的水权制度是基于“水资源共有”原则建立的。这意味着，芬兰的水资源是国家财产，所有人都有平等的权利使用和管理水资源。这一原则使得芬兰的水资源管理更加公正和透明，避免了一些企业或个人独占水资源的情况，保证了人民的基本水权。相比之下，中国的水权制度则是基于“地方管理、分级负责”的原则建立的，容易造成水资源管理不统一和不公平的问题。

与此同时，芬兰的水权制度是基于“水权许可制”进行管理的。这意味着，任何个人或企业在使用水资源之前，必须提交详细的计划和资料，以获得使用水资源的许可证。这些许可证由地方政府颁发，并受到中央政府的监管和协调。芬兰在水资源管理方面采取了多种措施，以确保水资源的可持续利用和保护。例如，芬兰建立了一套完整的水资源管理制度，包括水资源调查、水资源规划、水资源利用、水污染防治等方面的规定。此外，芬兰还通过设立水资源税等手段，鼓励企业和个人对水资源进行节约和保护。

芬兰的水资源管理体系建立在强有力的法律和政策框架之上。该国的《水法》规定了水资源的保护、管理和利用，包括各种水源，如地下水、湖泊、河流和沿海水域。在该法规下，水权的许可证是必需的，以确保水资源的可持续

① Зиганшина Д.Р., Сотрудничество Финляндиис Россией, Швецией и Норвегией по трансграничным водотокам// Юридический сборник Межгосударственной Координационной Водохозяйственной Комиссии Научно-Информационного Центра, 2019, №19, С.88.

利用和保护。

芬兰的水资源管理重视公众参与和合作。政府部门、水资源利用者和利益相关者之间的合作是该国水资源管理成功的关键。例如，芬兰的水资源管理委员会由政府部门、学术机构、水资源利用者和非政府组织等组成，负责制定和实施水资源管理政策和计划。此外，公众参与也是该委员会决策的重要组成部分，以确保决策能够得到社会各方的支持。在芬兰，水资源管理是一个系统工程，政府、企业和公众各尽其责，共同维护水资源的健康和可持续发展。相比之下，中国的水资源管理还存在着政府主导、缺乏民间参与和多部门协调不畅等问题。

另外，芬兰的水资源管理也注重跨界沟通和协调。芬兰在与邻国、欧盟和国际组织的合作中，通过协调和合作实现了跨国流域的水资源共同管理，保护和管理水资源。中国在一些跨国流域的水资源管理方面仍存在着协调不畅和国际合作不足等问题，可以借鉴芬兰的做法，加强跨界沟通和协调，推进水资源的跨国流域共同管理。

对于中国的水资源管理来说，芬兰的经验提供了一些启示。首先，中国可以采用许可证制度来管理水资源，以确保水的可持续利用和保护。其次，政府应该加强法律和政策框架的制定和实施，以建立更加完善的水资源管理体系。同时，中国的水资源收费制度相对薄弱，收费标准不够合理、制度不够完善等问题依然存在。中国可以借鉴芬兰的水使用费制度，以资助中国的水资源管理和保护活动。最后，政府、水资源利用者和利益相关者之间的合作和公众参与应该被视为成功的关键因素，并应该被纳入到水资源管理的政策和决策中。

此外，芬兰的水资源管理也注重科技创新和技术应用。例如，芬兰拥有先进的水处理技术，能够高效地处理各种污水，使其变成清洁的可重复利用水资源。中国可以学习芬兰在水资源处理技术方面的经验，通过技术创新和应用提高水资源的利用效率。而且，芬兰积极参与国际水资源管理和保护方面的工作。这种开放和创新的态度有助于芬兰在水资源管理方面始终保持先进的水平。相比之下，中国的水资源技术和管理还存在着相对滞后的问题，需要加强技术创新和国际交流合作。

中国应当同芬兰继续在水资源管理和保护方面加强合作。这种国际合作可以促进经验交流和技术转移，进一步提升水资源管理和保护的能力和水平。中国可以学习芬兰的国际合作经验，积极参与国际合作，从国际上获取最新的技术和经验，以不断提高中国水资源管理和保护的能力。

总之，芬兰的水资源管理经验提供了对中国水权制度和水资源管理的一些有益的启示。其水权制度和水资源管理具有可借鉴性。芬兰在水资源管理方面强调公平、科技创新和国际合作，建立了完善的水资源管理制度和体系，为保护和可持续利用水资源提供了有力的保障。这些经验可以为中国建立更加可持续的水资源管理体系提供指导。中国政府可以借鉴芬兰的经验，通过加强法律和政策框架的制定和实施，建立起更加科学、公正和透明的水权制度，加强政府、企业和公众之间的合作与协调，积极参与他国的跨界水系统的合作管理，推动水资源的可持续利用和保护，实现更加有效的水资源管理。此外，公众参与和合作应该成为中国水资源管理的重要组成部分，政府和利益相关者应该积极促进公众的参与和反馈。在技术创新和应用方面，中国也可以学习芬兰在水资源处理技术方面的经验，加强水资源技术创新和交流合作，提高水资源管理的水平和能力，并采取更加高效、可持续的技术手段来提高水资源的利用效率。通过借鉴和学习芬兰的经验和做法，中国可以进一步完善水资源管理制度和体系，实现水资源的可持续利用和保护，为经济和社会发展提供有力的支撑。

参考文献

一、专著

1. 胡碧玉:《流域经济非均衡协调发展制度创新研究》，四川人民出版社 2005 年版。

2. 沈满洪、陈庆能:《水资源经济学》，中国环境科学出版社 2008 年版。

3. 王浩、阮本军、沈大军等:《面向可持续发展的水价理论与实践》，科学出版社 2003 年版。

4. 王亚华:《水权解释》，上海人民出版社 2005 年版。

5. 许长新:《论区域水权》，中国水利水电出版社 2011 年版。

6. 袁丽萍:《可交易水权研究》，中国社会科学出版社 2008 年版。

7. 刘世庆等:《中国水权制度建设考察报告》，社会科学文献出版社 2015 年版。

8. 文传浩、马文斌、左金隆等:《西部民族地区生态文明建设模式研究》，科学出版社 2013 年版。

9. 高而坤:《中国水权制度建设》，中国水利水电出版社 2007 年版。

10. 王宗志、胡四一、王银堂:《流域初始水权分配及水量水质调控》，科学出版社 2011 年版。

11. 许长新:《区域水权论》，中国水利水电出版社 2011 版。

12. 李晶等:《中国水权》，知识产权出版社 2008 年版。

二、论文

1. 曹永潇、方国华:《黄河流域水权分配体系研究》,《人民黄河》2008 年第 5 期。

2. 蔡守秋:《论水权体系和水市场（下)》,《中国法学》2001 年增刊。

3. 陈洪转、杨向辉、羊震:《中国水权交易定价决策博弈分析》,《系统工程》

2006 年第 4 期。

4. 陈洁、许长新：《我国水权期权交易模式研究》，《中国人口 · 资源与环境》2006 年第 2 期。

5. 陈湘满：《我国流域开发管理的目标模式与体制创新》，《湘潭大学社会科学学报》2003 年第 1 期。

6. 陈艳萍、吴凤平：《基于演化博弈的初始水权分配中的冲突分析》，《中国人口 · 资源与环境》2010 年第 11 期。

7. 郭思哲：《国际河流水权制度构建与实证研究》，昆明理工大学 2014 年硕士学位论文。

8. 陈燕飞、郭大军、王祥三：《流域初始水权配置模型研究》，《湖北水力发电》2006 年第 3 期。

9. 陈志军：《水权如何配置管理和流转》，《中国水利报》2002 年 4 月 23 日。

10. 段雷振：《阿克苏河流域水权分配模式》，《中国西部科技》2009 年第 19 期。

11. 佟金萍、王慧敏、牛文娟：《流域水权初始分配系统模型》，《系统工程》2007 年第 3 期。

12. 范可旭、李可可：《长江流域初始水权分配的初步研究》，《人民长江》2007 年第 11 期。

13. 范群芳、董增川、杜芙蓉：《层次分析法在初始水权第二层次配置中的应用》，《水电能源科学》2008 年第 2 期。

14. 付实：《国际水权制度总结及对我国的借鉴》，《农村经济》2017 年第 4 期。

15. 关爱萍、王科：《南水北调调水水权区域间初始配置研究》，《人民长江》2011 年第 3 期。

16. 关涛：《民法中的水权制度》，《烟台大学学报（哲学社会科学版）》2002 年第 2 期。

17. 何俊仕、李秀明、尉成海等：《大凌河流域水量分配方法研究》，《人民黄河》2008 年第 4 期。

18. 洪耀勋、赵宏兴、魏国等：《辽宁省大凌河流域水量分配方案研究》，《水利经济》2010 年第 6 期。

19. 侯成波：《初始水权内涵分析》，《水利发展研究》2005 年第 12 期。

20. 胡鞍钢、王亚华：《从东阳—义乌水权交易看我国水分配体制改革》，《中国水利》2001 年第 6 期。

21. 胡鞍钢、王亚华：《转型期水资源配置的公共政策：准市场和政治民主协商》，《中国水利》2001 年第 11 期。

22. 胡继连、葛颜祥：《黄河水资源的分配模式与协调机制：兼论黄河水权市场的建设与管理》，《管理世界》2004 年第 8 期。

23. 胡文俊、张捷斌：《国际河流利用权益的几种学说及其影响述评》，《水利经济》2007 年第 11 期。

24. 李胚、窦明，赵培培：《最严格水资源管理需求下的水权交易机制》，《人民黄河》2014 年第 8 期。

25. 黄锡生、曾彩琳：《跨界水资源公平合理利用原则的困境与对策》，《长江流域资源与环境》2012 年第 2 期。

26. 黄锡生、黄金平：《水权交易理论研究》，《重庆大学学报（社会科学版）》2005 年第 1 期。

27. 李宗礼、冯起、刘光琇等：《基于生态安全的石羊河流域初始水权分配》，《水利发展研究》2008 年第 1 期。

28. 李浩、胡继连：《基于两部门模型的黄河水权转换影响因素研究》，《水利经济》2011 年第 1 期。

29. 梁慧稳：《流域水务一体化管理下水权配置与定价》，《东北水利水电》2002 年第 5 期。

30. 林凌、巨栋、刘世庆：《上下游水资源管理与水权探索——东江流域广东河源考察》，《开放导报》2016 年第 1 期。

31. 刘斌：《浅议初始水权界定》，《水利发展研究》2003 年第 2 期。

32. 刘红梅、王克强、郑策：《水权交易中第三方回流问题研究》，《财经科学》2006 年第 1 期。

33. 刘世庆、郭时君、林睿等：《中国水权制度特点及水权改革探索》，《工程研究——跨学科视野中的工程》2016 年第 8 期。

34. 刘世庆、巨栋、林睿：《跨流域水权交易实践与水权制度创新——化解黄河上游缺水问题的新思路》，《宁夏社会科学》2016 年第 11 期。

35. 刘世庆、巨栋、林睿:《上下游水权交易及初始水权改革思考》,《当代经济管理》2016 年第 11 期。

36. 刘世庆、巨栋、林睿:《水质换水权:创新开源与节流并重的水权制度》,《开发研究》2016 年第 1 期。

37. 刘文、黄河、王春元:《培育水权交易机制促进水资源优化配置》,《水利发展研究》2001 年第 1 期。

38. 马晓强、韩锦绵、常云昆:《黄河水权制度变迁研究》,《中国经济史研究》2007 年第 3 期。

39. 马晓强、韩绵绵:《我国水权制度 60 年:变迁、启示与展望》,《生态经济》2009 年第 12 期。

40. 潘闻闻、吴凤平:《水银行制度下水权交易综合定价研究》,《干旱区资源与环境》2012 年第 8 期。

41. 裴源生、李云玲、于福亮:《黄河置换水量的水权分配方法探讨》,《资源科学》2003 年第 3 期。

42. 秦思平:《水权制度及初始水权分配的探讨》,河海大学 2005 年硕士学位论文。

43. 姜文来:《水权及其作用探讨》,《中国水利》2000 年第 12 期。

44. 牛文娟、王伟伟、邵玲玲、王慧敏、牛富等:《政府强互惠激励下跨界流域一级水权分散优化配置模型》,《中国人口·资源与环境》2016 年第 4 期。

45. 沈大军、刘斌、李木山等:《海河流域水权制度建设及其实践》,《中国水利》2006 年第 21 期。

46. 沈静:《流域初始水权分配研究》,河海大学 2006 年硕士学位论文。

47. 马苏文:《宁夏引黄水权初始分配模式及应用研究》,西安理工大学 2008 年硕士学位论文。

48. 石玉波:《关于水权与水市场的几点认识》,《中国水利》2001 年第 2 期。

49. 宋元文:《资源节约型社会建设中的水权优化配置研究》,上海交通大学 2008 年硕士学位论文。

50. 汪恕诚:《水权和水市场》,《水电能源科学》2001 年第 3 期。

51. 汪恕诚:《水权与水市场:谈实现水资源优化配置的经济手段》,《中国水利》

2000 年第 11 期。

52. 王琳、董延军：《基于生态保护的流域水权分配的思考》，《水利发展研究》2011 年第 7 期。

53. 王亚华、舒全峰、吴佳喆：《水权市场研究述评与中国特色水权市场研究展望》，《中国人口 · 资源与环境》2017 年第 6 期。

54. 张晓：《中国水污染趋势与治理制度》，《中国软科学》2014 年第 10 期。

55. 马改艳、徐学荣：《基于可持续发展的全成本水价机制研究》，《长春理工大学学报》2013 年第 8 期。

56. 陈进、李青云：《长江流域水环境综合治理的技术支撑体系探讨》，《人民长江》2011 年第 2 期。

57. 王晓娟、王宝林、谢元鉴等：《求解水权水市场》，《河南水利》2014 年第 21 期。

58. 王俊：《长江流域水资源现状及其研究》，《水资源研究》2018 年第 1 期。

59. 王蓉、祝水贵、杨永生等：《江西省水权制度建设与探讨》，《中国水利》2006 年第 21 期。

60. 王学鹏：《淮河流域水权制度形成的研究》，《特区经济》2007 年第 12 期。

61. 王学凤：《水资源使用权分配模型研究》，《水利学进展》2007 年第 2 期。

62. 王志璋、杜一民、谢新民：《水权制度建立的经济学分析》，《管理现代化》2006 年第 6 期。

63. 王宗志、胡四一、王银堂：《基于水量与水质的流域初始二维水权分配模型》，《水利学报》2010 年第 5 期。

64. 赵世瑜：分水之争：《公共资源与乡土社会的权力和象征——以明清山西汾水流域的若干案例为中心》，《中国社会科学》2005 年第 3 期。

65. 吴丹：《科层结构下流域初始水权分配制度变迁评析》，《软科学》2012 年第 8 期。

66. 吴丹、吴凤平：《基于双层优化模型的流域初始二维水权耦合配置》，《中国人口 · 资源与环境》2012 年第 10 期。

67. 吴丹：《流域初始水权配置方法研究进展》，《水利水电科技进展》2012 年第 2 期。

68. 吴凤平、葛敏：《水权第一层次初始分配模型》，《河海大学学报（自然科学版）》2005 年第 2 期。

69. 肖淳、邵东国、杨丰顺等：《基于友好度函数的流域初始水权分配模型》，《农业工程学报》2012 年第 12 期。

70. 邢鸿飞、徐金海：《水权及相关范畴研究》，《江苏社会科学》2006 年第 4 期。

71. 许林华、杨林芹：《水权交易及其政府管制》，《水资源研究》2008 年第 2 期。

72. 吴凤平、于倩雯、沈俊源等：《基于市场导向的水权交易价格形成机制理论框架研究》，《中国人口 · 资源与环境》2018 年第 7 期。

73. 杨永生、许新发、祝水贵等：《江西抚河流域水量分配方案研究》，《中国水利》2006 年第 9 期。

74. 杨永生、张戴军：《抚河流域水量分配原则及方法解析》，《江西水利科技》2006 年第 9 期。

75. 姚宝、王道席、柴成果：《黄河流域初始水权配置优先位序初步研究》，《人民黄河》2005 年第 5 期。

76. 姚树荣、张杰：《中国水权交易与水市场制度的经济学分析》，《四川大学学报（哲学社会科学版）》2007 年第 4 期。

77. 尹明万、张延坤、王浩等：《流域水资源使用权定量分配方法探讨》，《水利水电科技进展》2007 年第 1 期。

78. 张洪波：《基于水权交易的流域水量联合调度系统研究》，河海大学 2006 年硕士学位论文。

79. 郑航：《初始水权分配及其调度实现》，清华大学 2009 年硕士学位论文。

80. 潘小娟、余锦海：《地方政府合作的一个分析框架——基于永嘉与乐清的供水合作》，《管理世界》2015 年第 7 期。

81. 刘海生：人的异质性：《“经济人”假设的新内容》，《经济学家》2003 年第 5 期。

82. 郑剑锋：《内陆干旱区河流取水权初始分配研究》，新疆农业大学 2006 年硕士学位论文。

83. 郑通汉、许长新：《我国水权价格的影响因素分析》，《中国水利》2007 年第 8 期。

84. 朱颂梅、唐德善：《塔里木河流域初始水权与政府效用的博弈分析》，《节水灌溉》2008 年第 2 期。

85. 朱晓春、王白陆：《卫河流域初始水权分配方案研究》，《海河水利》2008 年第 1 期。

86. 张建云、贺瑞敏、齐晶等：《关于中国北方水资源问题的再认识》，《水科学进展》2013 年第 24 期。

87. 葛勇平、张慧：《科罗拉多河水资源分配模式评析及其借鉴》，《水利经济》2022 年第 7 期。

88. 刘钢、杨柳、石玉波等：《准市场条件下的水权交易双层动态博弈定价机制实证研究》，《中国人口 · 资源与环境》2017 年第 4 期。

89. 田贵良：《南方丰水地区水权制度改革的现实困境与推进对策》，《水利发展研究》2017 年第 12 期。

90. 盛洪：《对〈水权交易与政府创新——以东阳、义乌水权交易案为例〉一文的评论》，《中国制度变迁的案例研究》2006 年第 3 期。

91. 李家才：《水环境治理产权手段的作用及应用》，《中国水利》2017 年第 6 期。

92. 阮荣平、徐一鸣、郑风田：《水域滩涂养殖使用权确权与渔业生产投资——基于湖北、江西、山东和河北四省渔户调查数据的实证分析》，《中国农村经济》2016 年第 5 期。

93. 王冠军、王志强、戴向前等：《关于推进水流产权综合改革的几点思考》，《中国水利》2017 年第 4 期。

94. 张富刚、刘烜赫：《水流产权确权改革的问题与思考》，《中国土地》2019 年第 12 期。

95. 林旭、鲍淑君、雷晓辉等：《黄河流域初始水权分配的 Pareto 前沿求解》，《人民黄河》2014 年第 6 期。

96. 胡洁、徐中民、钟方雷等：《张掖市水权制度问题初探》，《人民黄河》2013 年第 3 期。

97. 李磊、徐宗学、于伟东等：《基于模糊优选和 CRITIC 法的流域初始水权分配——以漳卫南子流域为例》，《水利水电技术》2012 年第 7 期。

98. 蔡尚途：《中国南方地区水权交易若干问题的探讨》，《人民珠江》2017 年第 8 期。

99. 甘泓、秦长海、汪林等:《水资源定价方法与实践研究Ⅰ:水资源价值内涵浅析》,《水利学报》2012 年第 3 期。

100. 张向达、朱帅:《基于技术效率及影子价格的农业灌溉弹性需水研究——以黑龙江省为例》,《地理科学》2018 年第 7 期。

101. 周进梅、吴凤平:《南水北调东线工程水期权交易及其定价模型》,《水资源保护》2014 年第 5 期。

102. 郭飞、陈向东、刘睿等:《水质水量双变量水权交易模式研究》,《人民黄河》2020 年第 11 期。

103. 单以红:《水权市场建设与运作研究》,河海大学 2007 年博士学位论文。

104. 沈满洪:《水权交易制度研究》,浙江大学 2004 年博士学位论文。

105. 新华社:《习近平在江苏考察时强调 贯彻新发展理念 建新发展格局 推动经济社会高质量发展可持续发展》,https://baijiahao.baidu.com/s?id=1683323386358211086&wfr=spider&for=pc。

106. 董明锐:《加快推进试点工作 探索建立健全水权制度》,《中国水利报》2015 年 12 月 17 日。

107. 张丽珩:《水权交易中的外部性问题研究》,《生产力研究》2009 年第 15 期。

108. 张丽娜、吴凤平:《基于 GSR 理论的省区初始水权量质耦合配置模型研究》,《资源科学》2017 年第 3 期。

109. 季祥、朱磊、乔欣:《科罗拉多河流域水资源利用和气候条件对农民收入的影响及其对我国农业发展的启示》,《节水灌溉》2020 年第 11 期。

110. 沈百鑫:《德国和欧盟水法概念考察及对中国水法之意义(上)》,《水利发展研究》2012 年第 1 期。

111. 张文理、郝仲勇:《德国的水资源保护及利用》,《北京水利》2001 年第 3 期。

112. 李先波、陈勇:《我国现代水权制度建立的立法障碍与完善建议》,《中国软科学》2013 年第 11 期。

三、外文文献

[1] Agriculture and Resources Management Council of Australia, Water Allocations and Entitlement: A National Framework for the Implementation of Property Rights in

Water.Standing Committee on Agriculture and Resource Management, Canberra, 1995.

[2] Arriaza, Manuel and Gomez-Limon, José Antonio and Upton, Martin, "Local Water Markets for Irrigation in Southern Spain: A Multicriteria Approach", *The Australian Journal of Agricultural and Resource Economics*, NO.2, 2002.

[3] Bauer C J, "Bringing Water Markets Down to Earth: The Political Economy of Water Rights in Chile, 1976-95", *World Development*, NO.5, 1997.

[4] Coase R H, "The Problem of Social Cost", *The Journal of Law and Economics*, NO.4, 1960.

[5] C.J.Perry, M.Rock and D.Seckler, *Water and Economics Good: A Solution, ora problem*. Research Report 14, Sri Lanka: International Irrigation Management Institute, 1997.

[6] Green G P, Hamilton R, "Water Allocation, Transfers and Conservation: Links Between Policy and Hydrology", *Water Resources Development*, NO.2, 2002.

[7] Charles W, Howe Dennis R, Schurmeier W, Douglas Shaw Jr, "Innovative Approaches to Water Allocation: The Potential for Water Markets", *Water Resources Research*, NO.4, 1986.

[8] H.J.Vaux, Richard E, Howitt, "Managing Water Scarcity: An Evaluation of Interregional Transfers", *Water Resources Research*, NO.20, 1984.

[9] Howe.W, C.Goemans, "Water Transfers and The ir Impacts: Lessons Form Three Colorado Water Markets", *Journal of American Water Resources Association*, NO.5, 2003.

[10] "Integrated Water Resources Management（IWRM）: An Approachto Face the Challenges of the Next Century and to Avert Future Crises", *Desalination*, NO.124, 1999.

[11] Ioslovich, I.Gutman, "P.O.A model for the global optimization of water prices and usage for the case," *Mathematics and Computers in Stimulation*, NO.56, 2001.

[12] Jean-MarcBourgeon, "Water Markets and Third Party Effects", *American journal of Agricultural Economies*, 2008.

[13] John J P, Warren F M, "Transfer ability of Water Entitlement in Australia", *Regulated Rivers:Research & Management*, NO.5, 2006.

[14] Mateen T, "Tradable Property RightstoWater: How to Improve Use and Resolve

Water Conflicts", *Public Policy for the Private Sector*, NO.34, 1995.

[15] Manuel Marino, Karin E.Kemperedited.Institutional, "framework in successful watermarkets-Brazil, Spain and Colorado USA", *World Bank Technical Paper*, World Bank, 1999.

[16] Mather, John Russell, *Water Resources Development*, John Wiley & Sons, Inc.1984.

[17] Moore S, *The Politics of Thirst: Managing Water Resources under Scarcity in the Yellow River Basin, People's Republic of China*, Cambridge, MA: Harvard Kennedy School, 2014.

[18] Narayanan, R.and Beladi H, "Feasibility of seasonal water pricing considering metering costs", *Water Resources Research*, NO.6, 1987.

[19] P.Holden, M.Thobani, "Tradable Water Rights: A Property Rights Approach to Resolving Water Shortage and Promoting Investment", *Policy Research Working Paper*, World Bank, No.1627, 1996.

[20] Pieter Van Der Zaag, Seyam IM, Savenije HHG, "Toward smeasurable criteria for the equitable sharing of international water resources", *Water Policy*, No.1, 2002.

[21] R.J.Grimble, "Economic Instruments for Improving Water Use Efficiency: Theory and Practice", *Agricultural Water Management*, No.40, 1999.

[22] R.Quentin Grafton, Clay Landry, GaryD.Libecap, et al., "An Integrated Assessment of Water Markets: Australia, Chile, China, South Africa and the USA", *National Bureau of Economic Research*, 2010.

[23] Rosegrant.M, Binswanger, "Markets in Tradable Water Rights: Potential for Efficiency Gainsin Developing Country Water Resource Allocation", *World Development*, No.11, 1994.

[24] Robert R.Hearne, K.William Easter, "The Economic and Financial Returns from Chile's Water Markets", *Agricultural Economics of Agricultural Economists*, No.15, 1997.

[25] Simpson Larry, Ringskog Klas, "Water markets in the Americas", *World Bank Publications*, 1997.

[26] V. Ostrom, E. Ostrom, "Legal and Political Conditions of Water Resources Development" , *Land Economics*, No.48, 1972.

[27] WANG Y A, "Simulation of Water Markets with Transaction Costs" , *Agricultural Water Management*, No.103, 2012.

[28] Yang YCE, Zhao J, Cai X, "Decentralized Optimization Method for Water Allocation Management in the Yellow River Basin" , *Journal of Water Resources Planning and Management*, No.4, 2011.

[29] Siljak D D, "Decentralized Control of Complex Systems" , *Courier Corporation*, 2011.

[30] OECD, "Water Governance in OECD Countries: A Multi-level Approach, OECD StudiesonWater" , *OECD Publishing*, 2011.

[31] Garrit Hadin, *The Tragedy of the CommonsScience*, No.162, 1968.

[32] O. Hart, J. Moore, "Property Rights and the Nature of the Firm" , *Journal of Political Economy*, No.6, 1990.

[33] Huffman J L, *A brief history of North American water diplomacy*, PIPPR, 1994.

[34] Bekchanov M, Bhaduri A, Ringler C, "Potential gains from water rights trading in the Aral Sea Basin" , *Agricultural water management*, No.152, 2015.

[35] Hearne R R, "Institutional and organizational arrangements for water markets in Chile" , *Markets for water. Springer US*, 1998.

[36] Antoci A, Borghesi S, "Sodini M.Water resource use and competition in an evolutionary model" , *Water resources management*, No.8, 2017.

[37] Shen X, Lin B, "The shadow prices and demand elasticities of agricultural water in China:A Stoned-based analysis" , *Resources conservation & recycling*, No.127, 2017.

[38] Sylla C, "A Penaltybased Optimization for Reservoirs System Management" , *Computers & Industrial Engineering*, No.2, 1995.

[39] Brackemann H, "Strukturentwicklung in der Wasserwirtschaft" , *Gwf: Wasser Abwasser*, 2001, Nr. 13, S.20-26.

[40] Финский институт окружающей среды, Состояние водных ресурсов и качество воды в озерах, реках и прибрежных морских районах финляндии// Вода

Magazine. №9, 2009.

[41] Marjukka Hiltunen, *Economic environmental policy instruments in Finland// Finnish environment institute*, Edita Prima Ltd, Helsinki, 2004.

[42] Павлов П.Н, Государственное управление и регулирование в области природопользования, окружающей среды и сельского хозяйства в Финляндской Республике//Недвижимость и инвестиции. Правовое регулирование, 2007, №1-2.

[43] Козлов Д.В, Российско-финляндское трансграничное водное сотрудничество// Видеоконференция СВО ВЕКЦА «Трансграничное водное сотрудничество в странах ВЕКЦА: извлеченные уроки и направления будущего развития», 2021.

[44] Зиганшина Д.Р, Сотрудничество Финляндиис Россией, Швецией и Норвегией по трансграничным водотокам// Юридический сборник Межгосударственной Координационной Водохозяйственной Комиссии Научно-Информационного Центра, 2019, №19.

后 记

本书为国家社科基金项目“我国南方流域水权制度建设及政策优化研究”（编号 19BJY078）最终成果。全书共十九章，各章撰稿人：第一章：洪昌红、巨栋；第二章：巨栋；第三章：巨栋、洪昌红；第四章：刘世庆、巨栋；第五章：刘世庆、巨栋、王水平；第六章：刘世庆、巨栋；第七章至十三章：洪昌红、黄锋华；第十四章：刘新民、夏溶娇；第十五章：王水平；第十六章：付实、巨栋、邵平桢；第十七章：王骏涛、安娜·谢尔盖耶夫娜·马特维耶夫斯卡娅；第十八章：王骏涛、谢尔盖·尼古拉耶维奇·博格金、张弘毅；第十九章：王骏涛、王明君、张弘毅。全书由刘世庆、巨栋统稿。

本书的调研和撰写要特别感谢：水利部、水利部长江水利委员会、水利部珠江水利委员会、交通部长江航务管理局、中国水利水电科学研究院、广东省水科院、四川省水利厅水资源处、四川省交通厅航务管理局、四川省水利科学研究院、四川省交通勘察设计研究院、四川省都江堰管理局、都江堰东风渠管理处、都江堰人民渠第一管理处、都江堰外江管理处、都江堰黑龙滩灌区管理处、玉溪河灌区管理局、成都市水务局、成都市青白江区水务局、凉山州水利局、中国三峡集团流域管理中心向溪管理分中心等给予的大力帮助。本书研究撰写中，参阅和吸收了大量国内外研究成果和各方面资料数据；出版过程中，得到人民出版社的热诚耐心帮助，在此一并表示衷心感谢！

本书专题领域新，内容广，研究难度大，尽管在研究过程中我们始终兢兢业业，力求精益求精，但由于专业水平、研究能力和时间资料所限，不足甚或错误之处在所难免，衷心希望专家读者提出宝贵意见。

作者

2023 年 12 月

责任编辑：杨瑞勇
封面设计：石笑梦

图书在版编目（CIP）数据

我国南方流域水权制度建设考察报告 / 刘世庆等著．
北京 ：人民出版社，2024．11．-- ISBN 978－7－01－026926－9

Ⅰ．TV213．4

中国国家版本馆 CIP 数据核字第 2024FU6819 号

我国南方流域水权制度建设考察报告

WOGUO NANFANG LIUYU SHUIQUAN ZHIDU JIANSHE KAOCHA BAOGAO

刘世庆　巨 栋　洪昌红　王骏涛　王水平　著

人民出版社 出版发行
（100706　北京市东城区隆福寺街 99 号）

北京汇林印务有限公司印刷　新华书店经销

2024 年 11 月第 1 版　2024 年 11 月北京第 1 次印刷
开本：710 毫米 ×1000 毫米 1/16　印张：21.75
字数：336 千字

ISBN 978－7－01－026926－9　定价：178.00 元

邮购地址 100706　北京市东城区隆福寺街 99 号
人民东方图书销售中心　电话（010）65250042　65289539